高等学校通识教育系列教材

C/C++案例教程

王朝晖 凌云 周克兰 张志强 编著

U0271385

清华大学出版社

北 京

内 容 简 介

本书以 C/C++语言程序设计为蓝本阐述计算机程序设计的方法。全书内容由浅入深，例题经典、丰富。全书共分 17 章，每章内容包括知识要点、例题分析与解答、测试题和实验案例四部分。本书附录给出测试题的参考答案。

本书既可作为普通本科院校、普通高等专科学校的计算机程序设计实验教材，也可作为相关教师和学生的参考用书。

本书封面贴有清华大学出版社防伪标签，无标签者不得销售。

版权所有，侵权必究。举报：**010-62782989，beiqinquan@tup.tsinghua.edu.cn**。

图书在版编目（CIP）数据

C/C++案例教程/王朝晖等编著. —北京：清华大学出版社，2019（2023.1重印）
（高等学校通识教育系列教材）
ISBN 978-7-302-52438-0

Ⅰ. ①C… Ⅱ. ①王… Ⅲ. ①C 语言 – 程序设计 – 高等学校 – 教材 Ⅳ. ①TP312.8

中国版本图书馆 CIP 数据核字（2019）第 039284 号

责任编辑：刘向威
封面设计：文　静
责任校对：焦丽丽
责任印制：丛怀宇

出版发行：清华大学出版社
　　　网　　址：http://www.tup.com.cn, http://www.wqbook.com
　　　地　　址：北京清华大学学研大厦 A 座　　　邮　　编：100084
　　　社 总 机：010–83470000　　　邮　　购：010-62786544
　　　投稿与读者服务：010-62776969，c-service@tup.tsinghua.edu.cn
　　　质量反馈：010-62772015，zhiliang@tup.tsinghua.edu.cn
印 装 者：三河市铭诚印务有限公司
经　　销：全国新华书店
开　　本：185mm×260mm　　　印　张：24　　　字　数：588 千字
版　　次：2019 年 4 月第 1 版　　　印　次：2023 年 1 月第 9 次印刷
印　　数：11201～13200
定　　价：59.00 元

产品编号：082998-01

前　言

C/C++语言是国内外广泛使用的计算机程序设计语言，其功能强，可移植性好，既具有高级语言的优点，又具有低级语言的特点，特别适合编写系统软件。

C/C++语言不仅受到计算机专业人士的喜爱，也受到非计算机专业人士的青睐。许多高等院校在计算机专业和非计算机专业都开设了"C/C++语言程序设计"课程。全国的计算机等级考试、江苏省的计算机等级考试以及其他各省的计算机等级考试都把C/C++语言列入了二级考试范围。为了帮助学生更快更好地掌握C/C++语言程序设计的特点，理解和掌握常用的程序设计算法和思想，本书作者结合二十多年一线教学的实践经验，参照《全国计算机等级考试二级C/C++语言程序设计大纲》和《江苏省高等学校非计算机专业学生计算机知识与应用能力等级考试大纲》规定的二级C/C++语言考试要求编写了本书。

本书的最大特点是由易到难、循序渐进，列举了大量的典型题目，同时给出了详细的分析和解答。为了使读者能进一步自主进行强化训练，根据C语言的每个知识点给出相应的练习题目，同时在附录中也给出了正确的参考答案，方便读者判断自己解题正确与否，提高学习效率。

全书共分 17 章。每章知识要点部分对相应章节的重点内容进行了归纳和总结；在例题分析与解答部分列举了一些容易出错、具有一定难度的选择题和填空题，对其给予详尽的分析和解答；之后，为了强化和掌握本章知识，给出相关的测试题目和参考答案。在每章实验里，针对每个实验题目，都提出实验要求、给出算法提示，要求学生给出完整的代码；根据问题需要，提出了相关的思考问题，帮助学生更加深刻透彻地理解该实验的知识要点。如果初学者能够认真做好本书提供的每个题目，就能够掌握C/C++语言程序设计的基本要领和技巧，进而也就掌握了计算机程序设计的基本思想，通过国家和各省C/C++语言程序设计二级考试也就更加顺利了。

本书在编写过程中得到了苏州大学计算机公共教学部所有老师的大力支持和参与，他们提出了宝贵建议，在此表示衷心的感谢！

本书编写是由王朝晖、凌云、周克兰和张志强合作完成的，由张志强负责全书统稿。第1~12章由王朝晖编写；第13~15章由张志强编写；第16章由周克兰编写，第16章案例由张玉华提供；第17章由凌云编写。

本书在编写过程中参考了许多同行的著作，作者在此一并表示感谢。

本书的编写得到了江苏省高等教育教改研究课题（2017JSJG532）资助。感谢为本书提供直接或间接帮助的每一位朋友，你们的帮助和鼓励促成了本书的顺利完成。

尽管作者试图把本书写得更加完美，但由于时间和能力所限，书中难免会有错误和不当之处，恳请读者批评指正，以便下次再版或印刷时修订。

编　者

2018 年 11 月

目 录

第 1 章 C 语言导论

1.1 知 识 要 点

1.1.1 程序设计语言概述

1. 程序设计语言的发展

程序设计语言的发展经历了以下几个阶段。

1）机器语言

机器语言是直接用二进制代码指令表达的计算机语言，指令是用 0 和 1 组成的一串代码。用机器语言编写的程序可以被机器直接执行，但不直观，且难记、难理解、不易掌握。

2）汇编语言

汇编语言是用一些助记符号来代替机器语言中由 0 和 1 所组成的操作码，如 ADD、SUB 分别代表加、减等。用汇编语言编写的程序不能被机器直接执行，要翻译成机器语言程序才能执行。

汇编语言和机器语言都依 CPU 的不同而异，统称为面向机器的语言。

3）高级语言

高级语言接近自然语言和数学语言，是不依赖任何机器的一种容易理解和掌握的语言。

用高级语言编写的程序称为"源程序"。源程序不能在计算机上直接运行，必须将其翻译成由 0 和 1 组成的二进制程序才能执行。翻译过程有两种方式：一种是翻译一句执行一句，称为"解释执行"方式，完成翻译工作的程序称为"解释程序"；另一种是全部翻译成二进制程序后再执行，称为"编译执行"，完成翻译工作的程序称为"编译程序"，编译后的二进制程序称为"目标程序"。

2. 结构化的程序设计方法

结构化的程序设计方法强调程序结构的规范化，一般采用顺序结构、分支结构和循环结构 3 种基本结构。结构化的程序设计可以总结为"自顶向下、逐步细化"和"模块化"的设计方法。

"自顶向下，逐步细化"是指先整体后局部的设计方法。即先求解问题的轮廓，然后再逐步求精，是先整体后细节，先抽象后具体的过程。"模块化"是将一个大任务分成若干较小任务，即复杂问题简单化。每个小任务完成一定的功能，称为"功能模块"。各个功能模块组合在一起就解决了一个复杂的大问题。

1.1.2　C语言的特点

C语言是一种结构紧凑、使用方便、程序执行效率高的编程语言，它有9种控制语句、32个关键字和34种运算符。C语言的主要特点如下：

（1）语言表达能力强。

（2）语言简洁、紧凑，使用灵活，易于学习和使用。

（3）数据类型丰富，具有很强的结构化控制性。

（4）语言生成的代码质量高。

（5）语法限制不严格，程序设计自由度大。

（6）可移植性好。

C语言的32个关键字如下：auto，break，case，char，const，continue，default，double，else，enum，extern，float，for，goto，int，long，register，return，short，signed，sizeof，do，if，static，struct，switch，typedef，union，unsigned，void，volatile和while。

1.1.3　C语言程序的构成

（1）C语言的源程序是由函数构成的，每一个函数完成相对独立的功能，其中至少必须包括一个main()函数。

（2）C程序总是从main()函数开始执行。

（3）C语言规定每个语句以分号结束，分号是语句组成不可缺少的部分。

（4）程序的注释部分应括在/*与*/之间，注释部分可以出现在程序的任何位置。

1.1.4　C源程序的编辑、编译、链接与执行

C语言的源程序必须先由源文件（.c）经编译生成目标文件（.obj），再经过链接方可生成可执行的文件（.exe）。

1.2　例题分析与解答

一、选择题

1. 以下叙述中正确的是_____。

    A. 程序设计的任务就是编写程序代码并上机调试

    B. 程序设计的任务就是确定所用数据结构

    C. 程序设计的任务就是确定所用算法

    D. 以上3种说法都不完整

分析：程序设计的任务是根据实际需求，设计解决问题的算法和所用的数据结构，然后编写程序代码并上机调试，最终完成解决实际问题的计算机程序。

答案：D

2．C语言源程序文件名的扩展名是_____。

    A．.exe   B．.c   C．.obj   D．.cpp

分析：C语言源程序的扩展名是.c或.C；扩展名为.exe的文件是可执行文件；扩展名为.obj的文件是目标文件；C++源程序扩展名为.cpp。

答案：B

3．以下叙述错误的是_____。

    A．C语言源程序文件经编译后生成扩展名为.obj的目标程序文件

    B．C语言源程序经过编译、链接步骤之后才能生成一个真正可执行的二进制机器指令文件

    C．用C语言编写的程序称为源程序，它以ASCII码形式存放在一个文本文件中

    D．C语言中的每条可执行语句和非执行语句最终都将被转换成二进制的机器指令

分析：C语言源程序经过编译后生成.obj目标程序；C程序经过编译、链接后才能形成一个可执行的二进制机器指令文件；用C语言编写的程序称为源程序，以ASCII码形式存放在一个文本文件中，如.c文件；C语言中的每条可执行语句将被转换成二进制的机器指令；非执行语句不能被转换成二进制的机器指令。

答案：D

4．一个C程序的执行是从_____。

    A．本程序的main函数开始，本程序的main函数结束

    B．本程序的第一个函数开始，本程序的最后一个函数结束

    C．本程序的main函数开始，本程序的最后一个函数结束

    D．本程序的第一个函数开始，本程序的main函数结束

分析：一个C程序总是从main函数开始执行的，而不论main函数在整个程序中的位置如何，main函数可以放在程序的最前头，也可以放在程序最后，或在一些函数之前，在另一些函数之后。一个C程序的结束也是在本程序的main函数中结束。

答案：A

5．以下叙述不正确的是_____。

    A．一个C源程序可由一个或多个函数组成

    B．一个C源程序必须包含一个main函数

    C．C程序的基本组成单位是函数

    D．在C程序中，注释说明只能位于一条语句的后面

分析：在C语言中，/*···*/表示注释部分，为便于理解，常用汉字表示注释，当然也可以用英语或拼音作为注释。注释是给人看的，对编译和运行不起作用。注释可以加在程序中的任何位置。

答案：D

6．C语言规定，在一个源程序中，main函数的位置_____。

    A．必须在最开始   B．必须在系统调用的库函数的后面

    C．可以在任意位置   D．必须在最后

分析：一个 C 程序至少包含一个 main()函数，也可以包含一个 main 函数和若干其他函数。main 函数可以在整个程序中的任意位置，可以放在程序的最前头，也可以放在程序最后；或在一些函数之前，在另一些函数之后。

答案：C

7. 一个 C 语言程序由_____。

    A. 一个主程序和若干子程序组成   B. 函数组成

    C. 若干过程组成   D. 若干子程序组成

分析：C 程序是由函数构成的。一个 C 程序至少包含一个 main 函数，也可以包含一个 main 函数和若干其他函数。因此，函数是 C 程序的基本单位。被调用的函数可以是系统提供的库函数（如 printf 和 scanf 函数），也可以是用户根据需要自己编写的函数（自定义函数）。C 的函数相当于其他语言中的子程序。

答案：B

二、填空题

1. 用高级语言编写的源程序必须通过_____程序翻译成二进制程序才能执行，这个二进制程序称为程序。

分析：用高级语言编写的源程序有两种执行方式：一是利用"解释程序"，翻译一条语句，执行一条语句，这种方式不会产生可以执行的二进制程序，例如 BASIC 语言；二是利用"编译程序"一次翻译形成可以执行的二进制程序，例如 C 语言。凡是编译后生成的可执行二进制程序都称为"目标程序"。

答案：编译 目标

2. C 源程序的基本单位是_____。

分析：C 程序是由函数构成的。一个 C 程序至少包含一个 main 函数，也可以包含一个 main 函数和若干其他函数。因此，函数是 C 程序的基本单位。

答案：函数

3. 一个 C 源程序中至少应包括一个_____。

分析：一个 C 程序至少包含一个 main 函数，也可以包含一个 main 函数和若干其他函数。

答案：main 函数

4. 在一个 C 源程序中，注释部分两侧的分界符分别为_____和_____。

分析：在 C 语言中，用/*和*/括起来的内容表示注释内容，为便于理解，我们常用汉字表示注释，当然也可以用英语或拼音作注释。注释是给人看的，对编译和运行不起作用。

答案：/* */

5. 在 C 语言中，输入操作是由库函数_____完成的，输出操作是由库函数_____完成的。

分析：在 C 语言中输入源数据用格式输入函数 scanf 来完成，而输出数据由 printf 来负责。语法格式见主教材。

答案：scanf printf

1.3 测 试 题

一、选择题

1. 以下叙述正确的是_____。
    A. 用 C 程序实现的算法必须要有输入和输出操作
    B. 用 C 程序实现的算法可以没有输出但必须要有输入
    C. 用 C 程序实现的算法可以没有输入但必须要有输出
    D. 用 C 程序实现的算法可以既没有输入也没有输出

2. 以下叙述错误的是_____。
    A. 算法正确的程序最终一定会结束
    B. 算法正确的程序可以有 0 个输出
    C. 算法正确的程序可以有 0 个输入
    D. 算法正确的程序对于相同的输入一定有相同的结果

3. 以下叙述正确的是_____。
    A. C 程序是由函数构成的
    B. C 程序是由过程构成的
    C. C 程序由函数和过程构成
    D. 一个 C 程序可以有多个 main 函数

4. 以下不是算法特点的是_____。
    A. 有穷性   B. 确定性
    C. 有效性   D. 有一个输入或多个输入

5. 表示一个算法，可以用不同的方法，不常用的有_____。
    A. 自然语言   B. 传统流程图
    C. 结构化流程图   D. ASCII 码

6. 以下不属于结构化程序设计特点的是_____。
    A. 自顶向下   B 逐步细化
    C. 模块化设计   D 使用无条件 GOTO 语句

二、填空题

1. 一个 C 程序是由一个主函数和若干_____组成的。

2. C 语言提供的合法关键字有_____个。

3. 在 C 语言程序中，主函数的名字是_____。

4. C 程序的编译过程一般分成 5 个步骤：编译预处理、_____、优化、汇编和链接。

5. 在 C 语言程序中，经常使用_____函数输入数据。

6. 在 C 语言程序中，经常使用_____函数输出结果。

7. 把高级语言源程序翻译成等价的机器语言程序的软件被称为翻译程序或_____。

8. 用户编写的程序可能存在的错误有 3 大类，分别是_____、逻辑错误和运行错误。

9. _____是用户编写的程序违背了 C 语言的语法规则，这些错误通常在程序编译、链接过程中可以发现。

三、编程题

1. 参照主教材例题，编写一个 C 程序，输出信息：Very good!。

2. 编写程序，输入两个数，计算这两个数的和，并输出。

第2章 | 基本数据类型、运算符与表达式

2.1　知　识　要　点

2.1.1　C 语言的数据类型

C 语言的数据类型非常丰富，包括：基本类型、构造类型、指针类型和空类型。

基本类型包括整型、字符型、实型和枚举类型。实型（浮点型）又分为单精度型和双精度型。构造类型包括数组、结构体和共用体。

在 C 语言中，表达数据分别用常量和变量，它们都属于以上这些类型。在程序中对用到的所有变量都必须指定其数据类型。本章主要介绍基本数据类型。

2.1.2　常量与变量

1. 常量

在程序运行过程中，其值不能被改变的量称为常量。如 12，0，34 为整型常量，1.4，−2.3 为实型常量，'a', '1'为字符型常量，"china"为字符串常量。也可以用一个标识符代表一个常量，称为符号常量。整型常量有 3 种形式：十进制整型常量、八进制整型常量和十六进制整型常量。带前缀 0 的整型常量表示为八进制形式，前缀为 0x 或 0X 则表示十六进制形式。例如，十进制数 31 写成八进制形式为 037，写成十六进制形式为 0x1f 或 0X1F。

2. 变量

在程序运行过程中，其值可以改变的量称为变量。一个变量有一个名字，在内存中占据一定的存储单元。在该存储单元中存放变量的值。在 C 语言中，变量名只能由字母、数字和下画线 3 种字符组成，且第一个字符必须为字母或下画线，如 sum，_total，x1 等。注意，在变量的名字中出现的大写字母和小写字母被认为是两个不同的字符，所以 sum 和 SUM、a 和 A 分别是两个不同的变量名。

2.1.3　C 语言运算符

C 语言中数据的计算是由运算符实现的，C 语言的运算符有以下几种。

（1）算术运算符：+，−，*，/，%。

（2）关系运算符：>，<，==，<=，>=，!=。

（3）逻辑运算符：!，&&，||。

（4）赋值运算符：=。

（5）条件运算符：? ,:。

（6）逗号运算符：，。

（7）指针运算符：*，&。

（8）位运算符：<<，>>，~，|，^，&。

（9）求字节数运算符：sizeof。

（10）强制类型转换运算符：（类型）。

（11）分量运算符：.，-，>。

（12）下标运算符：[ ]。

2.1.4　C语言运算符的结合性和优先级

C语言运算符是有一定的优先级的，使用中应该注意运算符的结合性：

（1）在C语言的运算符中，所有的单目运算符、条件运算符、赋值运算符及其扩展运算符结合方向都是从右向左，其余运算符的结合方向是从左向右。

（2）各类运算符的优先级比较：单目运算符>算术运算符（先乘除后加减）>关系运算符>逻辑运算符（不包括"！"）>条件运算符>赋值运算符>逗号运算符。

说明：以上优先级别由左到右递减，算术运算符优先级最高，逗号运算符优先级最低。

2.1.5　C语言表达式

用运算符和括号将运算对象（操作数）连接起来的、符合C语法规则的式子称为C语言表达式。运算对象包括常量、变量和函数等。例如，a*b/c+1.5（算术表达式）、a=a+2（赋值表达式）、3+5，7+8（逗号表达式）。

2.2　例题分析与解答

一、选择题

1. 在C语言中，5种基本数据类型的存储空间长度的排列顺序一般为_____。

    A．char<int<long int<=float<double

    B．char=int<long int<=float<double

    C．char<int<long int=float=double

    D．char=int=long int<=float<double

分析：char在内存中一般占用1字节，int一般占用2字节，long int一般占用4字节，float一般至少占用4字节，double一般占用8字节。

答案：A

2. 若x，i，j和k都是int型变量，则计算表达式x=(i=4，j=16，k=32)后，x的值为_____。

    A．4　　　　　　B．16　　　　　　C．32　　　　　　D．52

分析：(i=4, j=16, k=32)是逗号表达式，它的求解过程是：先求i=4的值为4，再求j=16的值为16，最后求k=32的值为32。整个表达式(i=4, j=16, k=32)的值为表达式k=32的值32。

答案：C

3. 以下程序的输出结果是_____。

```
#include <stdio.h>
int main( )
{int i=4,a;
 a=i++;
 printf("a=%d,i=%d",a,i);
}
```

    A．a=4,i=4   B．a=5,i=4   C．a=4,i=5   D．a=5,i=5

分析：本题考查的是自增运算符及赋值运算符的综合使用问题。自增运算符是一元运算符，其优先级比赋值运算符高，要先计算。把表达式i++的值赋予a，由于i++的结果为当前i的值（当前i的值为4），所以i++的值为4，得到a的值为4。同时，计算了i++后，i由4变为5。

答案：C

4. 下述程序的输出结果是_____。

```
#include <stdio.h>
int main( )
{char a=3,b=6,c;
 c=a^b<<2;
 printf("\n%d",c);
}
```

    A．27   B．10   C．20   D．28

分析：本例的关键是位运算符的优先次序问题。因为"<<"运算符优先于"^"运算符，即c=a^(b<<2)=3^24=00000011^00011000=27。

答案：A

5. 若变量已正确定义并赋值，符合C语言语法的表达式是_____。

    A．a=a+7;   B．a=7+b+c,a++   C．int(12.3/4)   D．a=a+7=c+b

分析：选项A中，"a=a+7;"赋值表达式的最后有一个分号";"，C语言规定，语句以分号结束，所以"a=a+7;"是一条赋值语句。选项B中，"a=7+b+c,a++"是一个逗号表达式，它由"a=7+b+c"和"a++"两个表达式组成，前者是一个赋值表达式，后者是一个自增1的赋值表达式，所以它是一个合法的表达式。选项C中，"int(12.3/4)"看似是一个强制类型转换表达式，但语法规定，类型名应当放在一对圆括号内才构成强制类型转换运算符，因此写成"(int)(12.3/4)"才是正确的。在使用强制类型转换运算符时，需要注意运算符的优先级，例如，"(int)(3.6*4)"和"(int)3.6*4"中"(int)"的优先级高于"*"运算符，因此它们将有不同的计算结果。选项D中，"a=a+7=c+b"看似是一个赋值表达式，但是在"a+7=c+b"中，赋值号的左边是一个算术表达式"a+7"。按规定，赋值号的左边应该是一个变量或一个代表某个存储单元的表达式，以便把赋值号右边的值放在该存储单元中，因此赋值号的左边不可以是算术表达式，它不能代表内存中的任何一个存储单元。

答案：B

6. 若 a 为整型变量，则以下语句_____。

```
a=-2L;
printf("%d\n",a);
```

    A．赋值不合法   B．输出值为-2   C．输出为不确定值   D．输出值为 2

分析：本题的关键是要清楚 C 语言中常量的表示方法和有关的赋值规则。在一个整型常量后面加一个字母 l 或 L，则认为是 long int 型常量。一个整型常量，如果其值在-32768～+32767 范围内，可以赋给一个 int 型或 long int 型变量；但如果整型常量的值超出了上述范围，而在-2147483648～2147483647 范围内，则应将其赋值给一个 long int 型变量。本例中-2L 虽然为 long int 型常量，但其值为-2，因此可以通过类型转换把长整型转换为短整型，然后赋给 int 型变量 a，并按照"%d"格式输出该值。

答案：B

7. 若有说明语句"char c='\0'; "，则变量 c_____。

    A．包含 1 字符   B．包含 2 字符

    C．包含 3 字符   D．说明不合法，c 的值不确定

分析：\0'代表 ASCII 码为 0 的字符，从 ASCII 码表中可以查到，ASCII 码为 0 的字符不是一个可以显示的字符，而是一个"空操作符"，即它什么也不干。它是 C 语言中字符串的结束标识符，只起供辨别的标志的作用。

答案：A

8. 已知字符 A 的 ASCII 码值是 65，以下程序_____。

```
#include <stdio.h`>
int main( )
{char a='A';
 int b=20;
 printf("%d, %o", (a=a+1, a+b, b), a+'a' - 'A', b );
}
```

    A．表达式非法，输出 0 或不确定值

    B．因输出项过多，无输出或输出不确定值

    C．输出结果为 20，142

    D．输出结果为 20，1541，20

分析：首先注意到 printf( )函数有 3 个实参数，即(a=a+1,a+b,b)，a+'a'- 'A'和 b，并没有问题，可见选项 A 错误。由于格式控制符串"%d, %o"中有两个描述符项，后面又有表达式，因此，必定会产生输出，选项 B 也是错误的。既然控制字符串中只有两个格式描述符，输出必然只有两个数据，故选项 D 错误。

答案：C

9. 对于条件表达式(M)?(a++):(a--)，其中的表达式 M 等价于_____。

    A．M==0   B．M==1   C．M!=0   D．M!=1

分析：因为条件表达式 e1?e2：e3 的含义是 e1 为真时，其值等于表达式 e2 的值，否则为表达式 e3 的值。"为真"就是"不等于假"，因此 M 等价于 M!=0。

答案：C

10. 若 k 为 int 型变量，则以下语句_____。

```
k=6789
printf("|%-6d |",k);
```

    A．输出格式描述不合法   B．输出为|006789|

    C．输出为|6789 | D．输出为|-6789|

分析：输出格式符是"%-6d"，含义是输出占 6 个位置，左边对齐，右边不满 6 个补空格，其他都原样输出。

答案：C

11. 在 x 值处于 –2～2，4～8 时，值为"真"，否则为"假"的表达式是_____。

    A．(2>x>–2)||(4>x>8)

    B．!(((x<–2||(x>2))&&((x<4)||(x>8))))

    C．(x<2)&&(x>=–2)&&(x>4)&&(x<8)

    D．(x>–2)&&(x>4)||(x<8)&&(x<2)

分析：首先要了解数学上的区间在 C 语言中的表示方法，如 x 在[a,b]区间，其含义是 x 既大于或等于 a 又小于或等于 b，相应的 C 语言表达式是"x>=a && x<=b"。本例给出了两个区间，一个数只要属于其中一个区间就可以了，这是"逻辑或"的关系。在选项 A 中，区间的描述不正确。选项 B 把"!"去掉，剩下的表达式描述的是原问题中给定的两个区间之外的部分，加上"!"否定正好是题中的两个区间的部分，是正确的。选项 C 是恒假的，它的含义是 x 同时处于两个不同的区间内。选项 D 所表达的也不是题目中的区间。

答案：B

12. 以下程序的输出结果是_____。

```
#include <stdio.h>
int main ()
{char  x=040;
 printf("%o\n",x<<1);
}
```

    A．100   B．80   C．64   D．32

分析：题目中将八进制数 040 左移 1 位后按八进制输出，040 的二进制是 00100000，左移 1 位后，变为 01000000，转换成八进制是 0100。

答案：A

13. 整型变量 x 和 y 的值相等，且为非 0 值，则以下选项中，结果为 0 的表达式是_____。

    A．x||y   B．x|y   C．x&y   D．x^y

分析：选项 A 中，两个非 0 值表示两个逻辑真，进行或运算，结果仍然是逻辑真，在 C 语言里就是 1。选项 B 中，两个相等的数进行按位或运算，其值不变。选项 C 中，两个相等的数进行按位与运算，其值也不变。选项 D 中，两个相同的数进行按位异或运算，因为每一位都相等，所以计算结果为 0。

答案：D

14. 下面语句：

```
printf("%d\n",12&012);
```

的输出结果是_____。

  A. 12   B. 8   C. 6   D. 012

  分析：本题涉及按位运算，表达式 12&012 中，12 是十进制数，其二进制是 00001100，012 是八进制数，其二进制是 00001010，两数按位进行与运算，计算结果为 00001000。

  答案：B

15. 假设：int b=2;，则表达式(b>>2)/(b>>1)的值是_____。

  A. 0   B. 2   C. 4   D. 8

  分析：题目中变量 b 赋初值 2，即 00000010，表达式 b>>2 表示右移 2 位，变为 00000000，表达式 b>>1 表示右移 1 位，变成 00000001，最后计算结果为 0。

  答案：A

二、填空题

1. 若 i 为 int 整型变量且赋值为 6，则运算 i++ 后表达式的值是_____，变量 i 的值是_____。

  分析：i++ 是自加运算，由于加号在后面，所以是先取 i 的值，之后再 i=i+1，因此表达式 i++ 的值是 6，i 经过自加后本身的值已变为 7。

  答案：6，7

2. 设二进制数 a 是 00101101，若想通过异或运算 a^b 使 a 的高 4 位取反，低 4 位不变，则二进制数 b 应是_____。

  分析：本题考查的是位运算中的按位异或运算表达式的计算方法。根据二进制按位进行异或运算的原则，只有对应的两个二进制位不同时，结果相应的二进制位才为 1，否则为 0。很容易得到 b 的值为 11110000。

  答案：11110000

3. 若有定义 int m=5，y=2;，则计算表达式 y+=y-=m*=y 后 y 值是_____。

  分析：复合赋值运算符的优先级与赋值运算符相同。先计算 m*=y，相当于 m=m*y=5*2=10；再计算 y-=10，相当于 y=y-10=2-10=-8；最后计算 y+=-8，相当于 y=y+(-8)。注意，上一步计算结果是 y=-8，所以 y=-8+(-8)=-16。

  答案：-16

4. 假设 C 语言中，一个 int 型数据在内存中占 2 字节，则 int 型数据的取值范围为_____。

  分析：数据在内存中的存储形式是最高位为符号位，其余为数值位。因为计算机中数据的存储是用二进制表示的，所以数值位最大值为 15 个 1，即 111111111111111，对应十进制值是 32767，又因为大部分计算机中的数据用补码表示，而 +0 和 -0 对应一个补码 16 个 0，即 0000000000000000，为了一一对应，所以补码系统中增加一个数 -32768，故 int 型数据取值范围为 -32768～+32767。

  答案：-32768～+32767

2.3 测 试 题

一、选择题

1. 下列选项中，用户标识符均不合法的是_____。

    A. A   B. float   C. b−a   D. _123

       P_0   1a0   goto   temp

       do   _A   int   INT

2. 下列选项中，均是合法整型常量的是_____。

    A. 160   B. −0Xcdf   C. −018   D. −0X48eg

       −0xffff   01a   999   2e5

       011   12，456   5e2   0x

3. 已知各变量的类型说明如下：

```
int k,a,b;
unsigned long w=5;
double x=1.42;
```

则以下不符合 C 语言语法的表达式是_____。

    A．x%(−3)   B．w+=−2

    C．k=(a=2,b=3,a+b)   D．a+=a−=(b=4)*(a=3)

4. 以下叙述不正确的是_____。

    A. 在 C 程序中，逗号运算符的优先级最低

    B. 在 C 程序中，APH 和 aph 是两个不同的变量

    C. 若 a 和 b 类型相同，在计算了赋值表达式 a=b 后，b 中的值将放入 a 中，而 b 中的值不变

    D. 当从键盘输入数据时，对于整型变量只能输入整数，对于实型变量只能输入实数

5. 已知字母 A 的 ASCII 码为十进制数 65，且 c2 为字符型，则执行语句"c2='A'+'6'-'3';"后，c2 中的值为_____。

    A. D   B. 68   C. 不确定的值   D. C

6. 若有定义"int a=7; float x=2.5，y=4.7;"，则表达式"x+a%3*(int)(x+y)%2/4"的值为_____。

    A. 2.500000   B. 2.750000   C. 3.500000   D. 0.000000

7. 在 C 语言中，char 型数据在内存中的存储形式是_____。

    A. 补码   B. 反码   C. 原码   D. ASCII 码

8. 以下程序的运行结果是_____。

```
#include <stdio.h>
int main ()
{int y=3,x=3,z=1;
```

```
   printf("%d  %d \n",(++x,y++),z+2);
}
```

A. 3 4　　　　　B. 4 2　　　　　C. 4 3　　　　　　D. 3 3

9. 判断 char 类型数据 c1 是否为大写字母的最简单且正确的表达式为_____。

A. 'A'<=c1<='Z'　　　　　　　　　B. (c1>='A') & (c1<='Z')

C. ('A'<=c1) AND ('Z'>=c1)　　　　D. (c1>='A') && (c1<='Z')

10. 以下程序的输出结果是_____。

```
#include <stdio.h>
int main()
{ int i=010, j=10;
  printf("%d, %d\n", ++i, j--);
}
```

A. 11，10　　　　B. 9，10　　　　C. 010，9　　　　D. 10，9

11. 以下程序的输出结果是_____。

```
#include <stdio.h>
int main ()
{ char x=040;
  printf("%d\n",x=x<<1);
}
```

A. 100　　　　　B. 160　　　　　C. 120　　　　　D. 64

12. 以下程序段中 c 的二进制值是。

```
char a=3, b=6, c;
c=a^b<<2;
```

A. 00011011　　B. 00010100　　C. 00011100　　D. 00011000

13. 以下程序的输出结果是_____。

```
#include <stdio.h>
int main ()
{ int x=35; char z='A';
  printf("%d\n",(x&15)&&(z<'a'));
}
```

A. 0　　　　　　B. 1　　　　　　C. 2　　　　　D. 3

14. 以下程序的输出结果是_____。

```
#include <stdio.h>
int main ()
{ int a=5,b=6,c=7,d=8,m=2,n=2;
  printf("%d\n",(m=a>b)&(n=c>d));
}
```

A．0　　　　　B．1　　　　　C．2　　　　　D．3

二、填空题

1．在位运算符中除了取反运算符"～"以外，其余均为 【1】 运算符，即要求运算符的两侧各有一个运算量，并且运算量只能是 【2】 或者 【3】 数据。

2．x、y 均为 int 型，则(y=6, y+1, x=y, x+1)的值是_____。

3．a 为任意整数，能将变量 a 清零的表达式是_____。

4．int k=7, x=12; 则(x%=k)−(k%=5)的值是_____。

5．若有代数式 $\sqrt{y^x + \ln y}$，则正确的 C 语言表达式是_____。

6．若有代数式 $|x^3 + \log_{10} x|$，则正确的 C 语言表达式是_____。

7．若 a 是 int 型变量，且 a 的初值为 6，则计算 a+=a−=a*a 表达式后 a 的值为_____。

2.4　实　验　案　例

一、整型、实型和字符型变量的使用

1）实验要求

（1）掌握整型、实型和字符型变量的使用方法。

（2）熟悉 C 语言中整型常量、实型常量和字符型常量的表达方式。

（3）了解 C 语言中输出函数 printf 的简单用法。

2）实验内容

（1）问题描述。

在 main 函数中定义整型变量 a、实型变量 b 和字符型变量 c，分别将其赋值为 12、1.5 和'A'，用输出函数将 3 个变量的值输出。

（2）编写程序代码。

（3）调试程序。

（4）保存程序。

思考：

（1）变量类型和常量类型不相同时，可以给变量赋值吗？

（2）在 C 语言中变量可以不声明而直接使用吗？

二、算术表达式、赋值表达式和逗号表达式的使用

1）实验要求

（1）掌握算术运算符的使用。

（2）掌握赋值表达式的使用。

（3）掌握逗号表达式的使用。

2）实验内容

（1）输入并运行下面的程序：

```
#include <stdio.h>
int main()
{int a,b,c,d,e;
```

基本数据类型、运算符与表达式

```
char s1,s2,s3;
a=100;
b=32;
c=a+b;
d=c/3;
e=a%b;
s1='a';
s2='b';
printf("%d,%d, %d\n",c,d,e);
printf("%c,%c\n",s1,s2);
}
```

（2）输入并运行下面程序：

```
#include <stdio.h>
int main( )
{int i,j,m,n;
 i=1.4;
 j=10;
 m=++i,j++;
 printf("%d, %d, %d",i,j,m);
}
```

思考：

（1）%运算符的作用是什么？

（2）n=n+1 的含义是什么？

（3）++i 和 i++有什么区别？

三、指针运算符的使用

1）实验要求

（1）掌握指针的概念。

（2）掌握指针运算符的使用方法。

2）实验内容

读程序写结果：

```
#include <stdio.h>
int  main( )
{int  a=80;
 int  *p;
 p=&a;
 *p=*p+1;
 printf("%d\n",a);
}
```

思考：

（1）&运算符的作用是什么？

（2）*运算符的作用是什么？

四、关系运算符和逻辑运算符的使用

1）实验要求

（1）掌握关系运算符的用法。

（2）掌握逻辑运算符的用法。

2）实验内容

读程序写结果：

```
#include <stdio.h>
int main( )
{int x=11,y=6,z=1;
 char c='k',d='y';
 printf("%d\n",x>9  &&  y!=3);          //结果是_____
 printf("%d\n",x==y||z!=y);             //结果是_____
 printf("%d\n",!(x>8 && c!='k'));       //结果是_____
 printf("%d\n",x<=1&&y==6||z<4);        //结果是_____
 printf("%d\n",c>='a'&& c<='z');        //结果是_____
 printf("%d\n",x>y>z);                  //结果是_____
 printf("%d\n",x>y && y>z);             //结果是_____
 printf("%d\n",c>='z' &&c<='a');        //结果是_____
 }
```

基本数据类型、运算符与表达式

第3章 顺序结构程序设计

3.1 知 识 要 点

3.1.1 C 语句

一个源程序通常包含若干语句,这些语句用来完成一定的操作任务。C 程序的语句按照在程序中出现的顺序依次执行,由此构成的程序结构称为顺序结构。

3.1.2 C 语句分类

1. 控制语句

C 语言中常用的控制语句如表 3-1 所示。

表 3-1　控制语句

语　　句	名　　称
if ( )…else…	条件语句
switch	多分支选择语句
for( )…	循环语句
while ( )…	循环语句
do…while( )	循环语句
continue	结束本次循环语句
break	终止执行 switch 或者循环语句
return	返回语句

说明:以上语句中,"()"表示一个条件,"…"表示内嵌语句。

2. 函数调用语句

由函数调用加分号构成,如"scanf("%d", &a);","printf("%d\n", a);"。

3. 表达式语句

由表达式加分号构成,如"a=b;","i++;"。

4. 空语句

C 语言中所有语句都必须由一个分号(;)结束,如果只有一个分号,如 main(){; },这个分号也是一条语句,称为空语句,程序执行时不产生任何动作。

5. 复合语句

在 C 语言中,用大括号"{ }"将两条或两条以上语句括起来的语句,称为复合语句。

3.1.3 输入输出的实现

C 语言的输入与输出是由函数调用语句实现的，一般分为以下两类。

1. 单个字符的输入输出

（1）字符输入函数 getchar：从终端输入一个字符。

（2）字符输出函数 putchar：向终端输出一个字符。

说明：如果在一个函数中要调用 getchar 和 putchar 函数，在该函数之前要有包含命令"#include <stdio.h>"。

2. 数据的输入与输出

（1）scanf 函数：从键盘输入数据。

（2）printf 函数：向终端（或系统隐含指定的输出设备）按指定格式输出若干数据。

3.2 例题分析与解答

一、选择题

1. 若有声明"double a;"，则正确的输入语句为_____。

    A．scanf("%lf",a);   B．scanf("%f",&a);

    C．scanf("%lf", &a)   D．scanf("%le", &a);

分析：选项 A 中使用的是变量 a，而不是变量 a 的地址，是错误的；选项 B 中应该用 %lf 或%le 格式，因为 a 是 double 型；选项 C 中句末没有加分号，不是语句。

答案：D

2. 阅读以下程序：

```
#include <stdio.h>
int main( )
{char str [10];
 scanf("%s",str);
 printf("%s\n",str);
}
```

运行该程序，输入"HOW DO YOU DO"，则程序的输出结果是_____。

    A．HOW DO YOU DO   B．HOW

    C．HOWDOYOUDO   D．how do you do

分析：当从键盘输入字符串 HOW DO YOU DO 时，由于 scanf 函数输入时遇到空格结束，只将 HOW 3 个字符送到字符数组 str 中，并在其后自动加上结束符'\0'。

答案：B

3. 若有以下程序段：

```
#include <stdio.h>
int main( )
{ int a=2,b=5;
```

```
printf("a=%%d,b=%%d\n",a,b);
}
```

其输出结果是_____。

    A．a=%2,b=%5   B．a=2,b=5

    C．a=%%d,b=%%d   D．a=%d,b=%d

分析：C 语言规定，连续两个百分号（%%）将按一个%字符处理，即输入一个%，所以"%%d"被解释为输出两个字符，即%和 d。根据以上分析，在格式中没有用于整型数输出的格式说明符"%d"，因此无法对整型变量 a 和 b 进行输出，格式中的所有内容将按原样输出。

答案：D

4．若有以下程序段：

```
float  a=3.1415;
printf("|%6.0f|\n",a);
```

则输出结果是_____。

    A．|3.1415| B．| 3.0| C．| 3| D．|3. |

分析：在输出格式中，最前面的"|"号和"\n"前的"|"号按照原样输出。当在输出格式中指定输出的宽度时，输出的数据在指定宽度内右对齐。对于实型数，当指定小数位为 0 时，输出的实型数据将略去小数点和小数点后的小数。

答案：C

5．若有以下定义语句：

```
int u=010, v=0x10, w=10;
printf("%d,%d,%d\n",u,v,w);
```

则输出结果是_____。

    A．8，16，10   B．10，10，10

    C．8，8，10   D．8，10，10

分析：本题考查了两个知识点： 一是整型常量的不同表示法，二是格式输出函数 printf 的字符格式。题中"int u=010, v=0x10, w=10;"语句中的变量 u、v、w 分别是八进制数、十六进制数和十进制数表示法，对应十进制数的 8、16 和 10。而 printf 函数中的%d 是格式字符，表示以十进制形式输出。

答案：A

二、填空题

1．变量 i、j、k 已定义为 int 型并有初值 0，用以下语句进行输入：

```
scanf("%d", &i);   scanf("%d", &j);   scanf("%d", &k);
当执行以上语句时，从键盘输入(<CR代表回车键>)：
12.3<CR>
```

则变量 i、j、k 的值分别是_____，_____，_____。

分析：首先为 i 赋值。当读入 12 时遇到点号（.），因为 i 是整型变量，则视该点号为非法数据，这时读入自动结束，把 12 赋给变量 i。未读入的点号留在缓冲区作为下一次输入数据。当执行第二个输入语句时，首先遇到点号，因为 j 是整型变量，因此也视该点为非法数据，输入自动结束，没有给变量 j 赋值。执行第三个输入语句的情况与第二个输入语句相同。

答案：12，0，0

2．复合语句在语法上被认为是_____。空语句的形式是_____。

分析：按 C 语法规定，在程序中，用一对大括号把若干语句括起来称为复合语句；复合语句在语法上被认为是一条语句。空语句由一个单独的分号组成，当程序遇到空语句时，不产生任何操作。

答案：一条语句，分号“;”

3．C 语句句尾用_____结束。

分析：按 C 语法规定，C 语言语句用分号“;”作为语句结束标志。一个语句必须在最后出现分号“;”，分号是语句中不可缺少的一部分。

答案：分号“;”

4．以下程序段：

```
int k;  float a;  double x;
scanf("%d%f%lf",&k,&a,&x);
printf("k=%d,a=%f,x=%f\n",k,a,x);
```

要求通过 scanf 语句给变量赋值，然后输出变量的值。则运行时给 k 输入 100，给 a 输入 25.82，给 x 输入 1.89234 的 3 种可能的输入形式为_____、_____和_____。

分析：当调用 scanf()函数从键盘输入数据时，输入的数据之间用间隔符隔开。合法的间隔符可以是空格、制表符和回车符。只要在输入数据之间使用如上所述合格的分隔符即可。

答案：（1）100　　　25.82　　1.89234

（2）100<回车符>

　　　25.82<回车符>

　　　1.89234<回车符>

（3）100<制表符>25.82<制表符>1.89234<回车符>

3.3　测　试　题

一、选择题

1．以下叙述正确的是_____。

　　A．在 C 程序中，每行只能写一条语句

　　B．若 a 是实型变量，C 程序中允许赋值 a=10，因此实型变量中允许存放整型数据

　　C．在 C 程序中，无论是整数还是实数，都能被准确无误地表示

　　D．在 C 程序中，%是只能用于整数运算的运算符

2．printf 函数中用到格式符“%5s”，其中数字 5 表示输出的字符串占 5 列。如果字符

串长度大于 5，则输出按方式_____；如果字符串长度小于 5，则输出按方式_____。

    A. 从左起输出该字串，右补空格

    B. 按原字符长从左向右全部输出

    C. 右对齐输出该字串，左补空格

    D. 输出错误信息

3．根据下面的程序及数据的输入和输出形式，程序中输入语句的正确形式应该为_____（__表示空格字符）。

```c
#include <stdio.h>
int main( )
{char ch1,ch2,ch3;
 输入语句
 printf("%c%c%c",ch1,ch2,ch3);
}
输入形式：A_B_C
输出形式：A_B
```

    A. scanf("%c%c%c", &ch1, &ch2, &ch3);

    B. scanf("%c, %c, %c", &ch1, &ch2, &ch3);

    C. scanf("%c %c %c", &ch1 &ch2 &ch3);

    D. scanf("%c%c", &ch1, &ch2, &ch3);

4．以下能正确定义整型变量 a、b 和 c，并为其赋初值 5 的语句是_____。

    A. int a=b=c=5;　　　　　　　　B. int a, b, c=5;

    C. int a=5，b=5，c=5;　　　　　　D. a=b=c=5;

5．已知 ch 是字符型变量，下面不正确的赋值语句是_____。

    A. ch='a+b';　　　B. ch='\0'　　　C. ch='7'+'9';　　　D. ch=5+9;

6．已知 ch 是字符型变量，下面正确的赋值语句是_____。

    A. ch='123';　　　B. ch='\xff';　　　C. ch='\08';　　　D. ch="\";

7．若有定义 int a, b=1;　　float x;，则正确的赋值语句是_____。

    A. a=1，b=2，　　　B. b++;　　　C. a=b=5　　　D. b=int(x);

8．设 x、y 均为 float 型变量，则以下不合法的赋值语句是_____。

    A. ++x;　　　　B. y=(x%2)/10;　　C. x*=y+8;　　　D. x=y=0;

9．设 x、y 和 z 均为 int 型变量，则执行语句 "x=(y=(z=10)+5) −5;" 后，x、y 和 z 的值是_____。

A. x=10	B. x=10	C. x=10	D. x=10
y=15	y=10	y=10	y=5
z=10	z=10	z=15	z=10

10．已知 "char a;　　int b;　　float c;　　double d;"，则表达式 a*b+c−d 的结果为_____型。

    A. double　　　　　B. int　　　　　C. float　　　　　D. char

二、填空题

1. 以下程序的输出结果为_____。

```
#include <stdio.h>
int main( )
{printf("%f,%4.3f",3.14,3.1415);  }
```

2. 已有定义 int a;float b,x;char c1,c2;，为使 a=3,b=6.5,x=12.6,c1='a',c2='A'，正确的 scanf 函数调用语句是 【1】 ，输入数据的方式为 【2】 。

三、编程题

1. 编写程序，输入 3 个数，求它们的乘积，并输出。

2. 编写程序，输入 2 个整数，并将它们输出。

3.4 实 验 案 例

一、读程序，掌握单个字符的输出函数

输入下列程序代码，并运行。

```
#include <stdio.h>
int main( )
{char a,b,c;
 a='B';b='Q';c='Y';
 putchar(a);putchar(b);putchar(c);
}
```

思考：

（1）若最后一行改为：

```
putchar(a);putchar('\n');putchar(b);putchar('\n');putchar(c);
```

则输出的结果是什么？

（2）'\n'的作用是什么？

二、读程序，掌握单个字符的输入函数

输入下列程序代码，并运行。

```
#include <stdio.h>
int main( )
{char c;
 c=getchar();
 putchar(c);
}
```

思考：

（1）包含命令#include <stdio.h>可以省略吗？为什么？

顺序结构程序设计

（2）getchar 能接收字符串"ab"吗？

三、编写程序，求三角形面积

1）实验要求

输入三角形的三边长度 a、b、c，求出三角形面积（假定三边能够构成三角形）。

三角形面积公式：$area=\sqrt{s(s-a)(s-b)(s-c)}$，其中 $s=(a+b+c)/2$。

2）算法分析

输入三角形三边长 a、b、c，先计算出周长 s，再代入三角形面积公式求出面积。

四、编写程序，实现温度转换

1）实验要求

输入一个华氏温度，要求输出摄氏温度。公式为：$C=5/9*(F-32)$，输出结果保留两位小数。

2）算法分析

用 scanf 函数输入华氏温度 F，代入转换公式即可。

思考：

（1）C 表达式 5/9 的值是多少？为什么？

（2）C 表达式 5.0/9 的值是多少？为什么？

第4章 选择结构程序设计

4.1 知 识 要 点

4.1.1 关系运算符和关系表达式

1. 关系运算符

C 语言提供了 6 种关系运算符：<、<=、==、>、>= 、!= 。

2. 关系表达式

由关系运算符连接而成的表达式称为关系表达式。

当关系运算符两边的值类型不一致时，系统将自动把它们转换为相同类型，然后再进行比较。转换原则按照从低级类型向高级类型进行转换。例如，一边是整型，一边是实型，系统将把整型数转换为实型数再比较，详细内容见主教材。

4.1.2 逻辑运算符和逻辑表达式

1. 逻辑运算符

C 语言提供了 3 种逻辑运算符：&&、||、!。

说明："&&" 和 "||" 是双目运算符，而 "!" 是单目运算符，后者只要求有一个操作数。算术运算符、关系运算符和逻辑运算符的优先级是：!（逻辑非）>算术运算符>关系运算符>&&>||>赋值运算符。

2. 逻辑表达式

逻辑表达式由逻辑运算符和运算对象组成，其中，运算对象可以是一个具体的值，也可以是 C 语言任意合法的表达式，逻辑表达式的运算结果是 1（真）或者 0（假）。但是在判断一个量是否为 "真" 时，以 0 代表 "假"，以非 0 代表 "真"，即将一个非 0 的数值认为 "真"。例如，a=5，则 "! a" 的值为 0。

4.1.3 if 语句

if 语句用来判断所给定的条件是否满足，并根据判断结果（真或假）来决定执行分支给出的两种操作中的哪一种，有以下 3 种形式：

（1）if(表达式)语句

（2）if(表达式)语句 1 else 语句 2

（3）if(表达式 1)语句 1

```
    else if (表达式1) 语句1
    else if (表达式2) 语句2
    else if (表达式3) 语句3

    else if (表达式m) 语句 m
else语句 n
```

说明：else 不能独立成为一条语句，它是 if 语句的一部分，不允许单独出现在程序中。else 必须与 if 配对，共同组成 if…else 语句。

4.1.4 if 语句的嵌套

if 语句又包含一个或多个 if 语句的结构，称为 if 语句的嵌套，形式如下：

```
if ( )
  if ( ) 语句1
  else 语句2
else
  if ( ) 语句3
  else 语句4
```

注意：else 总是与它上面最近的 if 配对。

4.1.5 由条件运算符构成的选择结构

由条件运算符构成的选择结构形式如下：

$$(x<y)?x:y$$

其中，(x<y)?x: y 是一个条件表达式，"？:"是条件运算符。该表达式是这样执行的：如果(x<y)条件成立，则整个条件表达式取值 x，否则取值 y。

条件运算符的优先级高于赋值运算符，但低于逻辑运算符、关系运算符和算术运算符。

4.1.6 switch 语句和 goto 语句

1. switch 语句

switch 语句是 C 语言提供的多分支选择语句，用来实现多分支选择结构，形式如下：

```
switch (表达式)
{case 常量表达式1:   语句1
 case 常量表达式2:   语句2

 case 常量表达式n:   语句n
 default:   语句n+1
}
```

2. goto 语句

goto 语句详见主教材。

4.2　例题分析与解答

一、选择题

1. 下列语句错误的是_____。

    A．if(a>b)printf("%d",a);　　　　B．if (&&);　　a=m;

    C．if(1) a=m;　else　a=n;　　D．if (a>0);　{else a=n;　}

分析：选项 A，当 a>b 成立时执行语句"printf("%d",a);"是正确的。选项 B 中的"if(&&);"后面的分号表示它是一条空语句，而不是 if 语句的结束标志，但&&是运算符，不是表达式，所以 B 是错误的。选项 C 中的 1 表示条件恒为真，所以 C 是正确的。选项 D 也用了一条空语句，之后是用大括号括起来的复合语句，是正确的。

答案：B

2. 读下列程序：

```
#include <stdio.h>
void main( )
{float a,b,t;
 scanf("%f,%f",&a,&b);
 if (a>b) {t=a;    a=b;    b=t;   }
 printf ("%5.2f,%5.2f",a,b );
}
```

运行时从键盘输入 3.8 和−3.4，则正确的输出结果是_____。

    A．−3.40，−3.80　　　　B．−3.40，3.80

    C．−3.4，3.8　　　　　D．3.80，−3.40

分析：此程序是输入两个实数，按代数值由小到大的次序输出这两个数。

答案：B

3. 读下列程序：

```
#include <stdio.h>
int main( )
{ int x,y;
  scanf("%d",&x);
  y=0;
  if (x=0)
{if (x>0)y=1;}
  else  y= -1;
  printf ("%d",y);
}
```

当从键盘输入 32 时，程序输出结果为_____。

    A．0　　　　B．−1　　　　C．1　　　　　D．不确定

分析：此程序可以转化为如下的数学公式。

选择结构程序设计

$$y = \begin{cases} -1 & (x < 0) \\ 0 & (x = 0) \\ 1 & (x > 0) \end{cases}$$

首先输入 x 值，然后使 y=0，再进行判断，if(x>=0){if(x>0)y=1;}的实质是：如果 x>0，使 y=1，else 否定的是 if(x>=0)，而不是{if(x>0)y=1；}中的 if(x>0)，即 x<0，则使 y= −1。

答案：C

4. 对下述程序，_____是正确判断。

```c
#include <stdio.h>
int main( )
{int x,y;
 scanf("%d,%d",&x,&y);
 if (x>y)
 x=y;y=x;
 else
 x++;y++;
 printf("%d,%d",x,y);
}
```

    A．有语法错误，不能通过编译　　　　B．若输入数据 3 和 4，则输出 4 和 5

    C．若输入数据 4 和 3，则输出 3 和 4　　D．若输入数据 4 和 3，则输出 4 和 4

分析：if 语句称为条件语句或分支语句，其基本形式只有以下两种。

```
if(表达式)语句
if(表达式)语句1    else 语句2
```

不管 if 语句中的条件为真还是为假，只能执行一个语句，而程序中的"x=y；y=x；"是两条语句，故选项 A 是正确的。改正的办法是用大括号把"x=y；y=x；"括起来，即{x=y；y=x；}构成一个复合语句。题中的其他选项是在假定"x=y；y=x；"为复合语句的基础上产生的。

答案：A

5. 以下程序的输出结果是_____。

```c
#include <stdio.h>
int main( )
{int x=1, y=0, a=0, b=0;
 switch (x)
{case 1:
 switch (y)
{case 0:a++;break;
 case 1:b++;break;
}
case 2:a++;b++;break;
case 3:a++;b++;
```

```
        }
   printf("\na=%d,b=%d",a,b);
    }
```

A. a=1，b=0　　B. a=2，b=1　　C. a=1，b=1　　D. a=2，b=2

分析：程序执行时，x=1，执行内嵌的 switch 语句，因 y=0，执行 "a++；"，使 a 的值为 1 并终止内层 switch 结构，回到外层。因为 "case 1" 后没有 break 语句，程序继续执行 "case 2：" 后面的语句 "a++；b++；"，使变量 a、b 的值分别为 2 和 1，外层 switch 语句结束。

答案：B

6. 不等式 x≥y≥z 对应的 C 语言表达式是_____。

A. (x>=y)&& (y>=z) 　　　　　　B. (x>=y)and(y>=z)

C. (x>=y>=z) 　　　　　　　　D. (x>=y)&(y>=z)

分析：选项 D 中，表达式(x>=y) & (y>=z)中的运算符 "&" 是一个位运算符，不是逻辑运算符，因此不可能构成一个逻辑表达式。选项 B 中，表达式(x>=y)and(y>=z)中的运算符 "and"不是 C 语言中的运算符，因此这不是一个合法的 C 语言表达式。选项 C 中，(x>=y>=z)在 C 语言中是合法的表达式，但在逻辑上，它不能代表 x≥y≥z 的关系。

答案：A

7. 以下程序的输出结果是_____。

```
#include <stdio.h>
int main ( )
{int a=2,b= -1,c=2;
if (a<b)
if(b<0) c=0;
else   c+=1;
printf ("%d\n",c);
}
```

A. 0 　　　　　B. 1 　　　　　C. 2 　　　　　D. 3

分析：本题涉及如何正确理解 if…else 语句的语法。按 C 语言语法规定，else 子句总是与前面最近的不带 else 的 if 语句相结合，与书写格式无关。本题中的 if 语句是一个 if…else 语句，else 应当与内嵌的 if 配对，第一个 if 语句其实并不含有 else 子句。如果按正确的缩进格式重新写出以上程序段就更易理解。首先执行 if(a<b)，由于 a<b 不成立，因而不执行其内部的子句，接着执行下面的 printf 语句，所以变量 c 没有被重新赋值，其值仍为 2。

答案：C

8. 以下程序的输出结果是_____。

```
#include <stdio.h>
int main( )
{int w=4 ,x=3, y=2, z=1;
```

```
printf("%d\n",(wx?w:  zy?z:  x));
}
```

A. 1　　　　　　B. 2　　　　　　C. 3　　　　　　D. 4

分析：本题的 printf 语句输出项是一个复合条件表达式。为了清晰起见，可用圆括号将此表达式中的各个运算项括起来：(w<x? (w)):(z<y?z:x))，第一个条件表达式是"w<x?(w):(第二个条件表达式)"。按现有数据，w<x 不成立，因此执行第二个条件表达式"z<y?(z):(x)"，其值作为整个表达式的值；由于条件 z<y 成立，其值为 1，因而求出 z 的值作为整个表达式的值。

答案：A

二、填空题

1. 在 C 语言中，关系运算符的优先级是_____。

分析：关系运算符<，>，<=，>=的优先级别相同，==，!=的优先级别相同。前 4 种优先级高于后两种。

答案：<，>，<=，>=，==，!=

2. 在 C 语言中，逻辑运算符的优先级是_____。

分析：C 语言中的逻辑运算符按由高到低的优先级是：!（逻辑非），&&（逻辑与），||（逻辑或）。

答案：!，&&，||

3. 以下程序的输出结果是_____。

```
#include <stdio.h>
int main ( )
{int a=100;
if(a>100)
printf("%d\n",a100);
else
printf("%d\n",a=100);
}
```

分析：由于 a 已在定义时赋了初值 100，所以接下来 if 语句中的关系表达式 a >100 的值是 0，不执行其后的输出语句，而执行 else 子句中的 printf 语句，它的输出项是 a<=100。由于 a=100，此表达式值为 1。注意，无论是逻辑表达式还是关系表达式，结果为"真"时，它们的值就是确切地等于 1，而不是"非 0"。

答案：1

4. 写出与以下表达式等价的表达式_____。

```
!(x>0)(2) !0
```

分析：表达式"!(x>0)"的含义是，如果 x>0，此表达式的值就为"假"，即为 0；x 的值小于或等于 0，此表达式的值为"真"，即为 1。在 C 语言中，用 1 代替!0。

答案：x<=0，1

4.3 测 试 题

一、选择题

1. 已知 x、y 和 z 是 int 型变量,且 x=3,y=4,z=5,则下面表达式中值为 0 的是_____。

    A. 'x' && 'y'　　　　　　　　　　　　B. x<=y

    C. x||y+z && y-z　　　　　　　　　　D. !((x<y) && !z || 1)

2. 判断 char 型变量 ch 是否为大写字母的正确表达式是_____。

    A. 'A'<=ch<='Z'　　　　　　　　　　B. (ch>='A') & (ch<='Z')

    C. (ch>='A') && (ch<='Z')　　　　　D. ('A'<=ch) AND ('Z'>=ch)

3. 当 A 的值为奇数时,表达式的值为"真";当 A 的值为偶数时,表达式的值为"假"。则以下不能满足要求的表达式是_____。

    A. A%2==1　　　　B. !(A%2==0)　　　　C. !(A%2)　　　　D. A%2

4. 当 a=1,b=3,c=5,d=4 时,执行完下面一段程序后 x 的值是_____。

```
if (a<b)
  if(c<d)x=1;
  else
    if(a<c)
      if(b<d)x=2;
      else x=3;
    else x=6;
else x=7;
```

    A. 1　　　　　　　　B. 2　　　　　　　　C. 3　　　　　　　　D. 6

5. 若有条件表达式(exp)?a++:b--,则以下表达式中能完全等价于表达式(exp)的是_____。

    A. (exp==0)　　　B. (exp!=0)　　　C. (exp==1)　　　D. (exp!=1)

6. 执行以下程序段后,变量 a,b,c 的值分别为_____。

```
int x=10,y=9;
inta,b,c;
a=(--x==y++)? --x:++y;
b=x++;
c=y;
```

    A. a=9,b=9,c=9　　　　　　　　　　B. a=8,b=8,c=10

    C. a=9,b=10,c=9　　　　　　　　　D. a=10,b=11,c=10

二、填空题

1. 当 a=3,b=2,c=1 时,表达式 a>b>c 的值是 【1】 ,表达式 a>b && b>c 的值是 【2】 。

2. 在 C 语言中,表示逻辑"真"值用。

3. C 语言提供的三种逻辑运算符是 【1】 、 【2】 、 【3】 。

4. 已知 A=7.5，B=2，C=3.6，表达式 A>B && C>A ||A<B && !C>B 的值是_____。

三、编程题

1. 输入三角形的三边 a、b、c，编程判断是否能构成三角形。若可以构成三角形，则求三角形面积并判断三角形类型（等边、等腰或一般三角形）。

2. 输入年份，编程判断其是否为闰年。

判断闰年的条件：

（1）年份能被 400 整除为闰年；

（2）年份能被 4 整除但不能被 100 整除为闰年。

3. 有三个数 a、b、c，要求编程实现按从大到小的顺序输出。

4. 编程序：根据下列函数关系，对输入的每个 x 值，计算出相应的 y 值。

$$y = \begin{cases} 0 & (x < 0) \\ x & (x = 0) \\ 10 & (10 < x \le 20) \\ -0.5x+20 & (20 < x < 40) \end{cases}$$

5. 编程序，对于给定的一个百分制成绩，输出相应的五分制成绩。设 90 分及以上为 A，80～89 分为 B，70～79 分为 C，60～69 分为 D，60 分以下为 E（用 switch 语句实现）。

4.4 实 验 案 例

一、编写程序，求方程根

1）实验要求

求 $ax^2+bx+c=0$ 方程的根。a、b、c 由键盘输入。

2）算法分析

根据判别式 b^2-4ac 的值，求出一元二次方程 $ax^2+bx+c=0$ 的实根。

思考：顺序结构程序执行的特点是什么？

二、编写程序，从大到小输出两个数

1）实验要求

输入两个数，按照从大到小的顺序输出。

2）算法分析

方法 1：用 a 和 b 代表输入的两个数，如果 a 大于 b 则先输出 a，后输出 b；否则先输出 b，后输出 a。

方法 2：a 和 b 表示输入的两个数，如果 a 小于 b 则 a 和 b 交换（保证 a 大于或等于 b），否则不交换，输出 a 和 b。

3）完善代码

方法 1：

```
#include <stdio.h>
int  main( )
```

```
{floata, b;
scanf("%f, %f", &a, &b);
if (_____) printf("%f , %f\n", a, b);
else  printf("%f , %f\n", b, a);
}
```

方法2：

```
#include <stdio.h>
int main( )
{ floata, b, t;
scanf("%f, %f", &a, &b);
if ( a<b ) {_____; _____ ; _____ ;  }
printf("%f , %f\n", a, b);
}
```

4）调试程序

输入数据：1，2，则输出结果为_____。

输入数据：2，1，则输出结果为_____。

三、编程实现从大到小输出 3 个数

1）实验要求

输入 3 个数 a、b 和 c，按由大到小的顺序输出。

2）算法分析

输出顺序为 a、b、c，即保证 a 值最大，b 中间，c 最小。方法如下：两两比较，先比较 a 和 b，如果 a<b，则 a 和 b 互换值，否则不交换；再比较 a 和 c，如果 a<c，则交换其值，此时，a 中值最大；再比较 b 和 c，如果 b<c，则交换，否则不交换。

3）调试程序

输入数据 1，2，3，结果如何？

输入数据 3，2，1，结果如何？

输入数据 3，1，2，结果如何？

四、编写程序，求成绩等级

1）实验要求

给出一个百分制成绩，要求输出成绩等级 A，B，C，D，E。90 分及以上为 A，80～89 分为 B，70～79 分为 C，60～69 分为 D，60 分以下为 E。

2）算法分析

用条件语句控制输入数据的范围，也可以用 switch 语句和 break 语句来控制输入数据范围。要求分别用 switch 语句和 if 语句两种方法实现。运行程序，并检查结果是否正确。

要求：输入分数为负值（如-90），这显然是输入错误，不应该给出等级。修改程序，使之能正确处理任何数据。当输入数据大于 100 或小于 0 时，通知用户"输入数据错误"，程序结束。

五、编程，求分段函数值

1）实验要求

有一函数：

$$y = \begin{cases} x & (x < 1) \\ 2x - 1 & (5 < x \leq 10) \\ 3x + 4 & (10 < x < 15) \\ 90 - 5x & (20 < x < 30) \\ 80 + 3x & (x > 60) \end{cases}$$

用 scanf 函数输入 x 的值，求 y 值。

2）算法分析

注意条件语句的表达形式，逻辑表达式中的条件要写全。if 和 else 的内在逻辑关系要清楚。运行程序，输入 x 的值（分为 x<1，5<x<10，10<x≤20，x>60 四种情况），检查输出的 y 值是否正确。

第 5 章

循环结构程序设计

5.1　知 识 要 点

5.1.1　循环结构的 3 种形式

1. for 循环结构

一般形式：

```
for(表达式1；表达式2；表达式3)
语句
```

执行过程：

（1）先求表达式 1 的值。

（2）求表达式 2 的值，若其值为真（非 0），则执行 for 语句中指定的内嵌语句，然后执行步骤（3）。若为假（为 0），则结束循环，转到步骤（5）。

（3）求解表达式 3。

（4）转回步骤（2）继续执行。

（5）循环结束，执行 for 语句下面的一个语句。

2. while 循环结构

一般形式：

```
while (表达式)语句
```

当表达式为非 0 时，执行 while 语句中的内嵌语句。

3. do…while 循环结构

一般形式：

```
do
循环体语句
while(表达式);
```

执行过程：先执行一次指定的循环体语句，执行完后，判别 while 后面的表达式的值，当表达式的值为非 0（真）时，重新执行循环体语句。如此反复，直到表达式的值等于 0 为止，此时循环结束。

4. 几种循环的比较

前面讲的几种循环都可以处理同一问题，一般情况下它们可以互相代替。但最好根据每种循环的不同特点选择最合适的。

do…while 构成的循环和 while 循环十分相似，它们的主要区别是：while 循环的控制出现在循环体前，只有当 while 后面的表达式的值为非 0 时，才执行循环体；在 do…while 构成的循环体中，总是先执行一次循环体，然后再求表达式的值，因此无论表达式的值是否为 0，循环体至少要被执行一次。

5.1.2 continue 语句和 break 语句

在循环语句的循环体中，经常用到 continue 语句和 break 语句。

1. continue 语句

结束本次循环，即跳过循环体中下面尚未执行的语句，转去重新判定循环条件是否成立，从而确定下一次循环是否继续执行。

2. break 语句

在选择结构中，break 语句可以使流程跳出 switch 结构，继续执行 switch 语句下面的语句。在循环结构中，break 语句可以使流程跳出循环体，提前结束循环。

说明：break 语句使循环终止；continue 语句结束本次循环，而不是终止整个循环。

5.2 例题分析与解答

一、选择题

1. 设 i 和 x 都是 int 类型，则 for 循环语句 "for(i=0,x=0;i<=9 && x!=876;i++) scanf("%d",&x);" _____。

    A. 最多执行 10 次　　　　　　　B. 最多执行 9 次

    C. 是无限循环　　　　　　　　　D. 一次也不执行

分析：此题中 for 循环的执行次数取决于逻辑表达式 "i<=9 && x!=876"，只要 i<=9 且 x!=876，循环就执行。结束循环取决于两个条件：i>9 或者 x=876。只要在执行 scanf("%d",&x)时，从终端输入 876，循环就结束。如果未输入 876，则 i 的值一直增加，每次加 1，循环 10 次时 i=10，即 i>9 时，循环结束。

答案：A

2. 下述 for 循环语句_____。

```
int i,k;
for(i=0,k=-1;k=1;i++,k++)
printf("***");
```

    A. 判断循环结束的条件非法　　　B. 是无限循环

    C. 只循环一次　　　　　　　　　D. 一次也不循环

分析：本题的关键是赋值表达式 k=1。由于表达式 2 是赋值表达式 k=1，为真，因此执行循环体，使 k 增 1，但循环再次计算表达式 2 时，又使 k 为 1，如此反复。

答案：B

3. 在下述程序中，判断语句 i>j 共执行了_____次。

```
#include <stdio.h>
int main( )
{int i=0,j=10,k=2,s=0;
for(;;)
{i+=k;
if(i>j)
{printf("%d",s);
break;}
s+=i;
}
}
```

    A. 4   B. 7   C. 5   D. 6

分析：本例的循环由于无外出口，只能借助 break 语句终止。鉴于题目要求说明判断语句 i>j 的执行次数，只需考查 i+=k 运算如何累计 i 的值（每次累计 i 的值，都会累计判断 i>j 一次），i 的值分别是 i=2、4、6、8、10、12，当 i 的值为 12 时判断 i>j 为真，程序输出 s 的值并结束，共循环 6 次。

答案：D

4. 以下程序段的输出结果是_____。

```
int x=3;
do
{printf("%d",x=x-2);
}while(!(--x));
```

    A. 1   B. 30   C. 1-2   D. 死循环

分析：在以上程序段中，进入循环体前 x 的值是 3，执行 x=x-2 后，x 的值变成 1，然后输出该值。在 while 控制表达式 "!(--x)" 中，x 的值先减 1，变为 0，再进行 "逻辑非" 运算，!0 的值为 1，循环继续。因 x=0，第二次执行 x=x-2 后，x 的值变为-2，再次输出。在 while 控制表达式 "!(--x)" 中，x 的值先减 1 变成-3，再进行 "!(-3)" 运算，其值为 0，退出循环。

答案：C

二、填空题

1. 以下程序段的输出结果是_____。

```
#include <stdio.h>
int main( )
{int x=2;
 while(x--);
 printf("%d\n",x);
}
```

分析：由程序可知，x 的初值为 2，它的值在 while 循环控制表达式中发生改变。在执行 while 循环时，每循环一次，循环控制表达式先判断 x 的值，然后 x 值减 1。注意，只要循环控制表达式的值为非 0，循环就继续；当 x 的值为 0 时，循环结束，同时因再一次执行 x--，x 的值再减 1。因此退出循环去执行 printf 语句时，x 的值已是-1。

答案: -1

2. 以下程序的功能是：从键盘上输入若干学生的成绩，统计并输出最高成绩和最低成绩，当输入负数时结束输入，请填空。

```
#include <stdio.h>
int main( )
{float x,amax,amin;
scanf("%f",&x);
amax=x;amin=x;
while( 【1】 )
{if(x>amax)amax=x;
if( 【2】 )amin=x;
scanf("%f",&x);
}
printf("\namax=%f\n amin=%f\n",amax,amin);
}
```

分析: 由以上程序可知，最高成绩放在变量 amax 中，最低成绩放在 amin 中。while 循环用于不断读入数据放入 x 中，并通过判断，把大于 amax 的数放于 amax 中，把小于 amin 的数放入 amin 中。因此在【2】处应填入 x<amin。while 后的表达式用以控制输入成绩是否为负数，若是负数，读入结束并且退出循环，因此在【1】处应填入 x>=0，即当读入的值大于或等于 0 时，循环继续，小于 0 时循环结束。

答案: 【1】 x>=0 【2】 x<amin

3. 以下程序段的输出结果是_____。

```
int k,n,m;
n=10;m=1;k=1;
while(k<=n)
m*=2;
printf("%d\n",m);
```

分析: 由程序段可知，m 的值在 while 循环中求得。while 循环的控制表达式(k<=n)中，k 和 n 的初值分别是 1 和 10，但在整个 while 循环中，控制表达式中的变量 k 或 n 中的值都没有在循环过程中有任何变化，因此，表达式 k<=n 的值永远为 1，循环将无限进行下去。

答案: 程序段无限循环，没有输出结果

4. 下述程序的运行结果是_____。

```
#include <stdio.h>
int main( )
{int s=0,k;
for(k=7;k>4;k--)
{switch(k)
```

```
{ case 1:
  case 4:
  case 7:s++;break;
  case 2:
  case 3:
  case 6:break;
  case 0:
  case 5:s+=2;break;
  }
  }
printf("s=%d",s);
}
```

分析：本题主要考查 switch 的用法。先看循环，一共有 3 次，k=7 时，执行 "s++；"，switch 结束，使 s=1；当 k=6 时，break 终止 switch；当 k=5 时，执行 "s+=2；"，switch 结束，s=3。

答案：s=3

5.3 测 试 题

一、选择题

1. 语句 "while(E);" 中的条件 "E" 等价于_____。

    A. E==0   B. E!=1   C. E!=0   D. ~E

2. 下面有关 for 循环的正确描述是_____。

    A. for 循环只能用于循环次数已经确定的情况

    B. for 循环时先执行循环体语句，后判别表达式

    C. 在 for 循环中，不能用 break 语句跳出循环体

    D. for 循环的循环体中，可以包含多条语句，但必须用大括号括起来

3. 设有程序段：

```
int k=10;
while (k=0) k=k-1;
```

则下面描述中正确的是_____。

    A. while 循环执行 10 次   B. while 循环为无限循环

    C. 循环体语句一次也不执行   D. 循环体语句执行一次

4. 下面程序段的运行结果是_____。

```
a=1;b=2;c=2;
while(a<b<c){t=a;a=b;b=t;c--;}
printf("%d,%d,%d",a,b,c);
```

    A. 1，2，0   B. 2，1，0   C. 1，2，1   D. 2，1，1

5. 下面程序的功能是从键盘输入的一组字符中统计出大写字母的个数 m 和小写字母的个数。

```
#include <stdio.h>
int main( )
{int m=0,n=0;
 char c;
 while ((  【1】  )!= '\n')
 {if(c='A' && c='Z') m++;
  if(c='a' && c='z') n++;}
 printf("%d\n",m<n? 【2】 );
}
```

【1】 A.c=getchar( )   B. getchar( )   C. c=putchar( )   D. scanf("%c", c)

【2】 A.n:m   B. m:n   C. m:m   D. n:n

6. 下面程序的功能是在输入的一批正整数中求出最大值，输入 0 结束循环，_____。

```
#include <stdio.h>
int main( )
{int a,max=0;
 scanf("%d",&a);
 while( )
{if(maxa) max=a;
 scanf("%d",&a);}
 printf("%d",max);
}
```

A. a==0   B. a   C. !a==1   D. !a

7. C 语言中 while 和 do…while 循环的主要区别是_____。

A. do…while 循环体至少无条件执行一次，while 循环体可能一次也不执行

B. while 的循环控制条件比 do…while 的循环控制条件严格

C. do…while 允许从外部转到循环体内

D. do…while 的循环体不能是复合语句

8. 下面程序的功能是计算正整数 2345 的各位数字的平方和，请选择填空_____。

```
#include <stdio.h>
int main( )
{ int n,sum=0;
  n=2345;
  do {sum=sum+ 【1】 ;
  n= 【2】 ;
}while(n);
printf("sum=%d",sum);
}
```

【1】 A. n%10   B. (n%10)*(n%10)   C. n/10   D. (n/10)*(n/10)

【2】 A. n/1000 　　　 B. n/100 　　　 C. n/10 　　　 D. n%10

9. 若运行以下程序时，从键盘输入 ADescriptor<CR>（CR 表示回车），则下面程序的运行结果是_____。

```
#include <stdio.h>
int main( )
{char c;
int v0=0,v1=0,v2=0;
do{switch(c=getchar())
{case 'a':case 'A':
 case 'e':case 'E':
 case 'i':case 'I':
 case 'o':case 'O':
 case 'u':case 'U':v1+=1;
defaule:v0=v0+1;v2+=1;
}
 }while(c!='\n');
printf("v0=%d,v1=%d,v2=%d\n",v0,v1,v2);
}
```

A. v0=7，v1=4，v2=7
B. v0=8，v1=4，v2=8
C. v0=11，v1=4，v2=11
D. v0=12，v1=4，v2=12

10. 对 for(表达式 1；　；　表达式 3)可理解为。
A. for(表达式 1；　0；　表达式 3)
B. for(表达式 1；　1；　表达式 3)
C. for(表达式 1；　表达式 1；　表达式 3)
D. for(表达式 1；　表达式 3；　表达式 3)

11. 下面程序段的功能是将从键盘输入的偶数写成两个素数之和。请选择填空。

```
#include <stdio.h>
int main( )
{int a,b,c,d;
scanf("%d",&a);
for(b=2;b<=a-1;b++)
  {for(c=2;c<=b-1;c++)
if(b%c==0)break;
if(c>b-1))
{ d=_____;
for(c=2;c<=d-1;c++)
if(d%c==0)break;
if(c>d-1))
{printf("%d=%d+%d\n",a,b,d);
```

```
break;
}
}}}
```

  A. a+b   B. a–b   C. a*b   D. a/b

二、填空题

1. 下面程序的功能是从键盘输入的字符中统计数字字符的个数，用换行符结束循环。请填空。

```
int n=0,c;
c=getchar( );
while( 【1】 )
 {if ( 【2】 ) n++;
c=getchar( );
 }
```

2. 下面程序的功能是用公式 $\frac{\pi^2}{6} \approx \frac{1}{1^2} + \frac{1}{2^2} + \frac{1}{3^2} + \cdots + \frac{1}{n^2}$，求 π 的近似值，直到最后一项的值小于 10^{-6} 为止。请填空。

```
#include <stdio.h>
#include math.h
int main( )
{long i=1;
 【1】 pi=0;
 while (i*i<=1e+6) {pi= 【2】 ;i++;}
 pi=sqrt(6.0*pi);
 printf("pi=%10.6f\n",pi);
 }
```

3. 有 10^{20} 个西瓜，第一天卖掉一半多两个，以后每天卖掉剩下的一半多两个，问几天以后能卖完？请填空。

```
#include <stdio.h>
int  main( )
{int day,x1,x2;
 day=0;x1=1020;
 while ( 【1】 ) {x2= 【2】 ;x1=x2;day++;}
 printf("day=%d\n",day);
 }
```

4. 下面程序的功能是用辗转相除法求两个正整数的最大公约数，请填空。

```
#include <stdio.h>
int  main( )
{int r,m,n;
 scanf("%d%d",&m,&n);
```

```
if(m<n){r=m; 【1】 n=r;}
r=m%n;
while(r){m=n;n=r; r=_【2】_;}
printf("%d\n",n);
}
```

5. 鸡兔共有 30 只，脚共有 90 只，下面程序段是计算鸡兔共有多少只，请填空。

```
for(x=1;x<=29;x++)
{y=30-x;
 if(_____) printf("%d,%d\n",x,y);
}
```

6. 下面程序的功能是计算 1-3+5-7+…-99+101 的值，请填空。

```
#include <stdio.h>
int main( )
{int i,s=0,sgn=1;
 for(i=1;i<=101;i+=2)
{s=s+sgn*i;_____ ;}
 printf("%d\n",s);
}
```

7. 以下程序是用梯形法求 sin(x)*cos(x)的定积分。求定积分的公式为：

$$s = \frac{h}{2}[f(a) + f(b)] + h\sum_{i=1}^{n-1}f(x_i)$$

其中，xi=a+ih，h=(b-a)/n。

设 a=0，b=1.2 为积分上限，积分区间分割数 n=100，请填空。

```
#include <stdio.h>
#include <math.h>
int main()
{int i,n;doubleh ,s, a, b;
 printf("input a,b: ");
 scanf("%lf%lf", 【1】 );
 n=100;h= 【2】 ;
 s=0.5*(sin(a)*cos(a)+sin(b)*cos(b));
 for(i=1;i<=n-1;i++)s+= 【3】 ;
 s*=h;
 printf("s=%10.4lf\n",s);
}
```

8. 以下程序的功能是根据公式 $e = 1 + \frac{1}{1!} + \frac{1}{2!} + \frac{1}{3!} + \frac{1}{4!} + \cdots$，求 e 的近似值，精度要求为 10^{-6}。请填空。

```
#include <stdio.h>
int main( )
```

```
{int i;double e,new;
 【1】 ;new=1.0;
for(i=1; 【2】 ;i++)
{new=new/(double)i;e=e+new;
}
}
```

9. 下面程序的功能是求 1000 以内的所有完全数。请填空（一个数如果恰好等于它的因子（除自身外）之和，则该数为完全数，如 6=1+2+3，6 为完全数）。

```
#include <stdio.h>
int main( )
{int a ,i, m;
 for(a=1;a<=1000;a++)
{for( 【1】 ;i<=a/2;i++ ) if(!(a%i)) 【2】 ;
if(m==a) printf("%4d",a);
}
}
```

10. 下面程序的功能是完成用 1000 元人民币换成 10 元、20 元、50 元的所有兑换方案。请填空。

```
#include <stdio.h>
int main( )
{int i,j,k,L=1;
for(i=0;i<=20;i++)
    for(j=0;j<=50;j++)
      { k= 【1】 ;
        if( 【2】 )
            {printf(" %2d%2d%2d",i,j,k);
             L=L+1;
             if(L%5==0)printf("\n");
            }
      }}
```

三、编程题

1. 输入一行字符，分别统计出其中英文字母、空格、数字和其他字符的个数。

2. 输入两个正整数 m 和 n，求其最大公约数和最小公倍数。

3. 求 1!+2!+3!+…+20!。

4. 打印出所有的"水仙花数"。"水仙花数"是指一个 3 位数，其各位数字立方和等于该数本身。例如，153 是一个水仙花数，因为 153=1^3+5^3+3^3。

5. 一个数如果恰好等于它的因子（不含本身）之和，这个数就称为"完全数"。例如，6 的因子是 1，2，3，而 6=1+2+3，因此 6 是"完全数"。编一个程序，找出 1000 之内的所有完全数。

6. 有一分数数列

$$\frac{2}{1}, \frac{3}{2}, \frac{5}{3}, \frac{8}{5}, \frac{13}{8}, \cdots$$

求出这个数列的前 20 项之和。

7. 用牛顿迭代法求下面方程在 1.5 附近的根。

$$2x^3 - 4x^2 + 3x - 6 = 0$$

说明：用牛顿迭代法求方程 f(x)=0 的根的近似值：$X_{k+1}=X_k-f(X_k)/f'(X_k)$, k=0,1,2, …，当|$X_{k+1}-X_k$|的值小于 10^{-6} 时，X_k+1 为方程的近似根。

5.4 实 验 案 例

一、编写程序，求累加和

1）实验要求

求 1+2+3+…+99+100 累加和，并输出结果（用 while 语句、do…while 语句实现 1～100 的累加。注意两种循环的区别）。

2）算法分析

定义变量 sum 记录 1～100 的累加和，sum 初值为 0。变量 n 初值为 1，用 sum=sum+n 实现累加，每次加完后，使 n=n+1，重复 sum=sum+n 和 n=n+1，直到 n=100 为止。

二、编写程序，求两个数的最大公约数和最小公倍数

1）实验要求

输入两个正整数 m 和 n，求它们的最大公约数和最小公倍数。

2）算法分析

最大公约数：既能被 m 整除又能被 n 整除的最大整数 k，k 的范围为 1～m 与 n 的较小数。

最小公倍数：既能整除 m 又能整除 n 的最小整数 k，k 的范围为 m 与 n 的较大数～m*n。

实际上，最小公倍数=m*n/最大公约数。

最大公约数的另一种求法是"欧几里得法"，也叫"辗转相除法"。用 r 表示余数，r=m%n，如果 r 不为 0，则"m=n；n=r；"，再次求 r=m%n，重复以上步骤，直到 r=0 时停止，此时 n 为最大公约数。

用辗转相除法求 m 和 n 最大公约数和最小公倍数代码如下（完善以下代码）：

```
#include <stdio.h>
int main( )
{int p,r,n,m,k;
  scanf("%d,%d",&m,&n);
p=m*n;                  /*保存m*n的积，以便求最小公倍数时使用*/
r=m%n;
while(     )            /*求 m 和 n 的最大公约数*/
{ _____ ;
  _____ ;
  _____ ;
}
```

循环结构程序设计

```
printf("它们的最大公约数为:%d\n",_____  );
k=_____  ;
printf("它们的最小公倍数为:%d\n",k  );
}
```

3）程序调试

在运行时，先输入 m>n 的值，观察结果是否正确。再输入 m<n 的值，观察结果是否正确。

三、编程统计不同字符个数

1）实验要求

输入一行字符，分别统计出其中的英文字母、数字和其他字符的个数，并输出它们的值。

2）算法分析

用一个 for 循环控制字符串中的每个字符，变量 c 存放字符串中的某个字符，判断 c 的值，如果是英文字母，则符合条件 c>='a' && c<='z' ||c>='A' && c<='Z'；如果为数字字符，则满足条件 c>='0'&& c<='9'。

要求：在得到正确结果后，请修改程序使之能分别统计大小写字母、空格、数字和其他字符的个数。

四、编写程序，求级数的值

1）实验要求

输入 x 的值，求下列级数的值：

$$y = x + \frac{x^2}{2!} + \frac{x^3}{3!} + \cdots + \frac{x^n}{n!} \quad (n=1, 2, 3, \cdots)$$

当第 n 项小于或等于 10^{-6} 时，停止累加。

2）算法分析

对于一个确定的 x 值，随着 n 的增大，通项的值逐渐减小，当通项的值小于或等于 10^{-6} 时，则不再累加。因为无法预测要累加多少项，因此用 do…while 循环解决较合适。

3）调试程序

输入 x：3，则输出结果：19.08554。

五、编写程序，统计单词个数

1）实验要求

输入一串字符文本，找出所有单词并统计单词的个数。假设字符文本中只包含字母和空格，单词之间以空格分开。

2）算法分析

因为一个或多个连续的空格作为单词之间的分隔符，所以第一个非空格字符是一个单词的开始，而其后出现的第一个空格是单词的末尾，这两个空格之间的字符即为一个单词。

3）调试程序

输入：You are a good student，则输出结果：5。

六、加密解密

1）实验要求

分别将字母 A 到 Z、a 到 z 围成一圈，设原文或密文由大小写英文字母组成，编写程序，将原文加密或将密文解密。加密和解密规则方法如下。

原文→密文的过程：将原文中的每个字符后面第 3 个字符作为密文字符，倒序后成密文。如原文是 AByz，则密文是 cbED。

密文→原文的过程：将密文中的每个字符前面第 3 个字符作为原文字符，倒序后成原文。如密文是 cbED，则原文是 AByz。

2）算法分析

将 a 到 z 围成一圈后，z 后面的字符是 a。同理将 A 到 Z 围成一圈后，Z 后面的字符是 A。加密时，a 后面的第 3 个字符是 d，……，z 后面的第 3 个字符是 c；A 后面的第 3 个字符是 D，……，Z 后面的第 3 个字符是 C。

七、编写程序，求勾股数

1）实验要求

求出 100 以内的勾股数。

所谓勾股数，是指满足条件 $a^2+b^2=c^2(a\neq b)$ 的自然数。

2）算法分析

用"穷举法"分别搜索 a，b，c 为 1～100 满足条件的值，采用循环嵌套形式。

八、编写程序，找 3 位水仙花数

1）实验要求

找出所有的 3 位水仙花数。水仙花数是指各位数字的立方和等于该数本身的数。

2）算法分析

参考实验七。

第6章 | 数　　组

6.1　知识要点

6.1.1　数组的概念

数组是一种构造数据类型，即由基本类型数据按照一定的规则组合而成的类型。它是由一组相同类型的数据组成的序列，该序列使用一个统一的名字来标志。

6.1.2　一维数组的定义和引用

1.　一维数组的定义

一维数组的定义形式如下：

类型说明符数组名［常量表达式］；

例如，"int a[5];"定义一个包含 5 个元素的一维数组，最小下标是 0，最大下标是 4，包括 a[0]、a[1]、a[2]、a[3]和 a[4]共 5 个元素。

2.　一维数组元素的引用

一维数组元素的表示形式如下：

数组名[下标]

例如，a[1]表示 a 数组中的第 2 个元素。

3.　一维数组的初始化

可以在定义数组时为所包含的数组元素赋初值，如：

```
int a[6]={0,1,2,3,4,5};
```

则

```
a[0]=0, a[1]=1, a[2]=2, a[3]=3, a[4]=4, a[5]=5
```

C 语言规定可以通过赋初值来定义数组的大小，这时"[　]"内可以不指定数组大小。

6.1.3　二维数组的定义和引用

1.　二维数组的定义

类型说明符　数组名［常量表达式］［常量表达式］；

2. 二维数组的引用

二维数组元素的表示形式如下：

数组名［下标］［下标］

例如，"float b[3][4]"定义一个 3 行 4 列的二维数组，第一个数组元素是 a[0][0]，最后一个数组元素是 a[2][3]，共包含 3×4=12 个元素。

注意：数组的下标可以是整型表达式；数组元素可以出现在表达式中。

3. 二维数组的初始化

可以在定义的时候赋初值，如：

float b[2][3]={{1,2,3},{4,5,6}};

则第一行的值是 1，2，3；第二行的值是 4，5，6。

C 语言规定可以通过赋初值来定义数组的大小，对于二维数组，只可以省略第一个方括号中的常量表达式，而不能省略第二个方括号中的常量表达式。如：

int a[ ][3]={{1,2,3},{4,5},{6},{8}};

在所赋初值中，含有 4 个大括号，则第一维的大小由大括号的个数决定。因此，该数组其实是与 a[4][3]等价的。再如：

int c[ ][3]={1,2,3,4,5};

第一维的大小按以下规则决定：

（1）当初值的个数能被第二维的常量表达式的值除尽时，所得的商数就是第一维的大小。

（2）当初值的个数不能被第二维的常量表达式的值除尽时，则第一维的大小=所得商数+1。

因此，以上 c 数组的第一维的大小应该是 2，也即等同于"int c[2][3]={1,2,3,4,5};"。

6.1.4　字符数组的定义和引用

1. 字符数组的定义

字符数组就是数组中的每个元素都是字符型数据。

2. 字符数组的初始化及引用

（1）用字符型数据对数组进行初始化。如：

char a[5]={'C', 'h', 'i', 'n', 'a'};

（2）用字符串常量直接对数组初始化。如：

char a[6]= "China";

初始化时，系统在字符串尾自动加上'\0'作为字符串结束标志，即 a[5]= '\0'。

（3）引用一维数组名，可以代表字符串。如对于（2）中定义的数组 a，以下语句：

```
printf("%s",a);
```

则输出：

```
China
```

6.2　例题分析与解答

一、选择题

1．若有定义"int a[10];"，则对 a 数组中元素的引用正确的是_____。

    A．a[10]   B．a[3.5]   C．a(5)   D．a[0]

分析：从数组定义可知，数组元素只能从 a[0] 到 a[9]，所以选项 A 是错误的。在引用数组元素时，数组元素的下标只能是整型表达式，故选项 B 是错误的。对数组元素引用时，整型表达式只能放在一对方括号中，不能用圆括号，故选项 C 是错误的。因数组元素的最小下标默认为 0，所以选项 D 是正确的。

答案：D

2．合法的数组定义语句是_____。

    A．inta[]="string";   B．inta[5]={0,1,2,3,4,5};

    C．chara="string";   D．inta[]={0,1,2,3,4,5};

分析：选项 A 中定义的数组类型和赋值类型不一致，所以不正确。选项 B 中赋初值的个数超出数组大小，不正确。选项 C 中字符型的变量只能存放一个字符，不能存储字符串。选项 D 中 a 数组的大小是由初值个数决定的，故大小为 6，是正确的。

答案：D

3．若有以下语句，则描述正确的是_____。

```
char x[ ]= "12345";
char y[ ]={'1','2','3','4','5'};
```

    A．x 数组和 y 数组的长度相同   B．x 数组长度大于 y 数组的长度

    C．x 数组长度小于 y 数组的长度   D．x 数组等价于 y 数组

分析：由于语句"char x[ ]= "12345";"说明是字符型数组并进行初始化，按照对字符串处理的规定，在字符串的末尾自动加上结束标记'\0'，因此数组的长度是 6；而数组 y 是按照字符方式对数组进行初始化的，VC++ 6.0 系统不会自动加字符串结束标记'\0'，所以 y 的长度是 5。

答案：B

4．已知"int a[ ][3]={1,2,3,4,5,6,7};"，则数组 a 的第一维的大小是_____。

    A．2   B．3   C．4   D．无确定值

分析：由于数组定义中已给出了列的大小，因此根据初始化数据，"1，2，3"构成数组的第一行，"4，5，6"构成数组的第二行，"7"构成数组的第三行（不足部分补 0），所以数组第一维大小为 3。

答案：B

5. 若二维数组 a 有 m 列，则在 a[i][j]之前的元素个数为_____。

    A. j*m+i   B. i*m+j   C. i*m+j–1   D. i*m+j+1

分析：二维数组在内存中是按照行优先的顺序存储的，且下标的起始值为 0，因此在 a[i][j]之前的元素有 i*m+j 个。

答案：B

6. 在 C 语言中，引用数组元素时，其数组下标的值允许是_____。

    A. 实型常量   B. 字符串   C. 整型表达式   D. 负数

分析：C 语言规定，下标可以是整型表达式，故答案是 C。

答案：C

7. 以下能对一维数组 a 进行初始化的语句是_____。

    A. int a[5]=(0,0,0,0,0);   B. int a[5]=[0,0,0,0,0];

    C. int a[ ]={0,0,0,0,0};   D. int a[5]={5*0};

分析：对数组初始化，将元素的初值依次放在一对大括号内，故 A、B 错。如果全部元素初值为 0，可以写成 int a[5]={0,0,0,0,0}，不能写成 inta[5]={5*0}，故 D 错。

答案：C

8. 以下能对二维数组 a 进行正确初始化的语句是_____。

    A. int a[2][]={{1,0,1},{5,2,3}};   B. int a[][3]={{1,2,3}，{4,5,6}};

    C. int a[][3]={{1,0,1}{ },{1,1}};   D. int a[2][4]={1,2,3},{4,5},{6}};

分析：选项 A 中 int a[2][]定义错误；选项 C 初始化的大括号中少一个逗号；选项 D 中少一个大括号；选项 B 中 a 数组由 2 行 3 列的数组元素组成，正确。

答案：B

二、填空题

1. 在 C 语言中，一维数组的定义方式为：类型说明符 数组名_____。

分析：本题考查一维数组的定义。注意，不能把数组的定义与数组元素的引用混为一谈。一维数组的定义为"类型名数组名 [常量表达式];"，而引用数组元素时，数组元素的下标可以是整型表达式，二者要严格区别。

答案：[常量表达式]

2. 下面程序的运行结果是_____。

```
char c[5]={'a', 'b', '\0', 'c', '\0'};
printf("%s",c);
```

分析：由于字符数组 c 的元素 c[2]中保存的是字符'\0'（串结束标记），因此将数组 c 作为字符串处理时，遇到字符'\0'输出就结束。

答案：ab

3. 阅读程序，写出执行结果_____。

```
#include <stdio.h>
int  main( )
{ charstr [30];
```

```
scanf("%s",str);
printf("%s",str);
}
```

运行程序，输入：

```
Fortran Language
```

分析：在 scanf 函数中，使用空格作为分隔符，如果输入含有空格的字符串，则不能使用 scanf 函数。

答案：Fortran

6.3 测　试　题

一、选择题

1. 设有数组定义 char array[ ]="China";，则数组 array 所占的空间为_____。

    A. 4 字节   B. 5 字节   C. 6 字节   D. 7 字节

2. 以下程序的输出结果是_____。

```
#include <stdio.h>
int main( )
{int x,a [ ] ={1,2,3,4,5,6,7,8,9};
 int i,s=0;
 for(i=3;i<7;i=i+2)s=s+a [i] ;
 printf("%d\n",s);
}
```

    A. 10   B. 18   C. 8   D. 15

3. 当执行下面的程序时，如果输入 ABC<CR>（CR 代表回车符），则输出结果是_____。

```
#include <stdio.h>
#include <string.h>
int main( )
{char ss [10] ;
 gets(ss);strcat(ss, "6789");printf("%s\n",ss);
}
```

    A. ABC6789   B. ABC67   C. 12345ABC6   D. ABC456789

4. 对以下说明语句理解正确的是_____。

```
int a [10] ={6,7,8,9,10};
```

    A. 将 5 个初值依次赋给 a[1]到 a[5]

    B. 将 5 个初值依次赋给 a[0]到 a[4]

    C. 将 5 个初值依次赋给 a[6]到 a[10]

D. 因为数组大小与初值的个数应该一致，因此此语句不正确

5. 程序运行后的输出结果是_____。

```
#include <stdio.h>
int main( )
{int a[10]={1,2,3,4,5,6,7,8,9,10},i,t,j;
for(i=0;i<=9;i++)
for(j=i+1;j<10;j++)
 if(a[i]<a[j]){t=a[i];a[i]=a[j];a[j]=t;}
for(i=0;i<10;i++)
printf("%d,",a[i]);
printf("\n");
}
```

    A. 1，2，3，4，5，6，7，8，9，10，   B. 10，9，8，7，6，5，4，3，2，1，

    C. 1，2，3，8，7，6，5，4，9，10   D. 1，2，10，9，8，7，6，5，4，3

6. 以下程序的运行结果是_____。

```
#include <stdio.h>
int main( )
{int a [10] ={1,2,3,4,5,6,7,8,9,10},i,t;
 for(i=0;i<5;i++){t=a [i] ;a [i] =a [9-i];a [9-i] =t;}
 for(i=0;i<10;i++)
 printf("%d ",a [i] );
}
```

    A. 1,2,3,4,5,6,7,8,9,10   B. 2,3,4,5,6,7,8,9,10,1

    C. 10,9,8,7,6,5,4,3,2,1   D. 1,2,3,4,5,9,8,7,6,10

7. 若有定义"int a[][4]={0,0};"，则下面叙述不正确的是_____。

    A. 数组 a 的每个元素都可得到初值 0

    B. 二维数组 a 的第一维大小为 1

    C. 因为二维数组 a 中初值的个数不能被第二维大小的值整除，则第一维的大小等
       于所得商数再加 1，故数组 a 的行数为 1

    D. 只有元素 a[0][0]和 a[0][1]可得到初值 0，其余元素均得不到初值 0

8. 下列程序执行后的输出结果是_____。

```
#include <string.h>
#include <stdio.h>
int main( )
{char arr [2] [4] ;
 strcpy(arr [0] ,"you");strcpy(arr [1] , "me" );
 arr [0] [3] ='&';
 printf("%s\n",arr);
}
```

    A. you&me   B. you   C. me   D. err

9. 判断字符串 s1 是否大于字符串 s2，应当使用_____。

    A．if(s1>s2)   B．if(strcmp(s1,s2))

    C．if(strcmp(s2,s1)>0)   D．if(strcmp(s1,s2)>0)

10. 当运行以下程序时，从键盘输入"AhaMA[空格]Aha<回车>"，则下面程序的运行结果是_____。

```c
#include <stdio.h>
int  main( )
{chars[80],c='a';
 int i=0;
 scanf("%s",s);
 while(s[i]!= '\0')
{if(s[i]==c) s[i]=s[i]-32;
 else if(s[i]==c-32) s[i]=s[i]+32;
 i++;
}
puts(s);
}
```

    A．ahAMa   B．AhAMa   C．AhAMa ahA   D．ahAMa ahA

11. 下述对 C 语言字符数组的描述中错误的是_____。

    A．字符数组可以存放字符串

    B．对数组中的字符串可以整体输入输出

    C．在赋值语句中可以通过赋值运算符"="对字符数组进行整体赋值

    D．不可以用关系运算符对字符串进行比较

12. 若有以下程序段：

```c
...
int a []={4,0,2,3,1},i,j,t;
for(i=1;i5;i++)
{t=a [i] ;j=i-1;
 while(j>=0 && t>a [j] )
{a [j+1] =a [j] ;j--;}
}
...
```

该程序段的功能是_____。

    A．对数字 a 进行插入排序（升序）   B．对数组 a 进行插入排序（降序）

    C．对数组 a 进行选择排序（升序）   D．对数组 a 进行选择排序（降序）

13. 下面描述正确的是_____。

    A．两个字符串所包含的字符个数相同时，才能比较字符串

    B．字符个数多的字符串比字符个数少的字符串大

    C．字符串"STOP"与"stop"相等

    D．字符串"That"小于字符串"The"

14. 有下面程序（每行前面的数字表示行号），则_____。

```
#1 #include <stdio.h>
#2 {int a [3] ={0},i;
#3 for(i=0;i<3;i++)scanf("%d",&a [i]);
#4 for(i=0;i<4;i++)a [0] =a [0] +a [i];
#5 printf("%d\n",a [0]); }
```

    A．没有错误   B．第 3 行有错误

    C．第 4 行有错误   D．第 5 行有错误

15. 下面程序的功能是从键盘输入一行字符，统计其中有多少个单词，单词之间用空格分隔。请选择填空。

```
#include <stdio.h>
int main()
{char s [80],c1,c2;
int i=0,num=0;
gets(s);
while(s [i] !='\0')
{c1=s [i];
if(i==0)c2='';
else c2=s [i-1];
if(_____)num++;
i++;
}
printf("%d\n",num);
}
```

    A．c1!=""&&c2==""   B．c1==""&&c2=="

    C．c1!=""&&c2!="   D．c1==""&&c2! ="

16. 下面程序的功能是将字符串 s 中的所有字符'c'删除。请选择填空。

```
#include <stdio.h>
int main()
{char s [80];
int  i,j;
gets(s);
for(i=j=0;s [i] !='\0';i++)
if(s [i] != 'c')_____;
s [j] = '\0';
puts(s);
}
```

    A．s[j++]=s[i]   B．s[++j]=s[i]

    C．s[j]=s[i]；j++   D．s[j]=s[i]

二、填空题

1. 在 C 语言中，二维数组元素在内存中的存放顺序是_____。

2. 若有定义：double x[3][5]；则 x 数组中行下标的下限为 【1】 ，列下标的上限为 【2】 。

3. 若有定义 "inta[3][4]={{1, 2}, {0}, {4, 6, 8, 10}}；"，则初始化后，a[1][2]得到的初值是 【1】 ，a[2][1]得到的初值是 【2】 。

4. 下面程序将二维数组 a 的行和列元素互换(矩阵转置)后存到另一个二维数组 b 中。请填空。

```
#include <stdio.h>
int  main( )
{int a [2][3] ={{1,2,3},{4,5,6}};
int b [3][2] ,i,j;
for (i=0;i<=1;i++)
{for(j=0; 【1】 ;j++)
{printf("%5d",a [i][j] );
 【2】 ;}
 printf("\n");}
}
printf("arrayb:\n");
for(i=0; 【3】 ;i++)
{for(j=0;j<=1;j++)
 printf("%5d",b [i][j] );
 printf("\n");}
}
```

5. 下面程序用快速顺序查找法查找数组 a 中是否存在某个数。请填空。

```
#include <stdio.h>
int  main( )
{int a [5] ={25,57,34,56,12};
 int i,x;
 scanf("%d",&x);
 for(i=0;i<5;i++)
 if (x==a [i] )
{printf("Found! \n"); 【1】 ;}
 if ( 【2】 )printf("Can' tfound! ");
}
```

6. 下面程序用插入法对数组 a 中的数据进行降序排序，请填空。

```
#include <stdio.h>
int  main( )
{int a [5] ={4,7,2,5,1};
 int i,j,m;
 for (i=1;i<5;i++)
{m=a [i] ;j= 【1】 ;
```

```
while(j<=0 && ma [j] )
  { 【2】 ;
  j--;
  }
  【3】 =m;
}
for(i=0;i<5;i++)
printf("%d",a [i] );
printf("\n");
}
```

7. 下面程序用两路合并法把两个已按升序排列的数组合并成一个升序数组。请填空。

```
#include <stdio.h>
int  main( )
{int a[3]={5,9,19};
 int  b[5]={12,24,26,34,56};
 int  c[8],i=0,j=0,k=0;
 while(i<3 && j<5)
 if( 【1】 )
{c [k] =b [j] ;k++;j++;}
 else
{c [k] =a [i] ;k++;i++;}
 while( 【2】 )
{c [k] =a [i] ;i++;k++;}
 while( 【3】 )
{c [k] =b [j] ;k++;j++;}
 for(i=0;i<k;i++)
 printf("%3d",c [i] );
}
```

8. 若有以下输入（_代表空格符，<CR>代表回车符），

1_2_3_4_5_6<CR>

则下面程序的运行结果是_____。

```
#include <stdio.h>
int  main( )
{int a [6] ,i,j,k,m;
 for(i=0;i<6;i++)
 scanf("%d",&a [i] );
 for(i=5;i>=0;i--)
{ k=a [5] ;
  for(j=4;j>=0;j--)
  a [j+1] =a [j] ;
  a [0] =k;
  for(m=0;m<6;m++)
```

```
    printf("%d ",a[m]);
  printf("\n");
}}
```

9. 下面程序段的运行结果是_____。

```
char ch[ ]="600";
int a,s=0;
for(a=0;ch[a] >= '0' && ch[a] <= '9';a++)
    s=10*s+ch[a] -'0';
printf(" %d",s);
```

10. 下面程序的功能是在一个字符数组中查找一个指定的字符，若数组含有该字符则输出该字符在数组中第一次出现的位置（下标值）；否则输出–1。请填空。

```
#include <stdio.h>
#include <string.h>
int main()
{char c='a',t[5];
 int n,k,j;
 gets(t);
 n= 【1】 ;
 for(k=0;k<n;k++)
 if( 【2】 ){j=k;break;}
 else j=-1;
 printf("%d",j);
}
```

11. 下面程序的功能是在 3 个字符串中找出最小的。请填空。

```
#include <stdio.h>
#include <string.h>
int main()
{char s[20],str[3][20];
 int i;
 for (i=0;i<3;i++) gets(str[i]);
 strcpy(s, 【1】 );
 if(strcom(str[1],s)<0) 【2】 ;
 if(strcom(str[2],s)<0) strcpy(s,str[2]);
 printf("%s\n", 【3】 );}
```

三、编程题

1. 求斐波那契（Fibonacci）数列的前 20 项（数列的前两项分别是 1，从第三项开始每一项都是前两项的和。如 1，1，2，3，5，8，…）。

2. 用 3 种方法对 10 个数由小到大排序。

3. 找出 100 以内的所有素数，存放在一维数组中，并将所找到的素数按每行 10 个的形式输出。

4．设有一个二维数组 a[5][5]，试编程计算：

（1）所有元素的和。

（2）所有靠边元素之和。

（3）两条对角线元素之和。

5．按金字塔形状打印杨辉三角形。

6．有一个 4 行 5 列的矩阵，求出矩阵的行的和为最大与最小的行，并调换这两行的位置。

7．求一个 n×n 阶的矩阵 A 的转置矩阵 B（一个矩阵的对应的行列互换后即为该矩阵的转置矩阵）。

8．输入一行字符串，统计其中有多少个单词，单词之间用空格分隔开。

9．找出一个二维数组中的马鞍点，即该位置上的数在该行最大，在该列最小，也可能没有马鞍点。

10．有 10 个数，按由大到小的顺序存放在一个数组中，输入一个数，要求用折半查找法找出该数是数组中的第几个数。如果该数不在数组中，则打印出"无此数"。

11．有 3 行英文，每行有 60 个字符。要求分别统计出其中英文大写字母、英文小写字母、数字、空格和其他字符的个数。

12．编程打印 N（N 为奇数）阶魔方阵。

魔方阵是有 $1 \sim N^2$ 个自然数组成的奇次方阵，方阵的每一行、每一列及两条对角线上的元素和相等。魔方阵的编排规律如下：

（1）1 放在最后一行的中间位置。即 I=N，J=(N+1)/2，A(I,J)=1。

（2）若 I+1>N，且 J+1≤N，则下一个数放在第一行的下一列位置。

（3）若 I+1≤N，且 J+1>N，则下一个数放在下一行的第一列位置。

（4）若 I+1>N，且 J+1>N，则下一个数放在前一个数的上方位置。

（5）若 I+1≤N，J+1≤N，但右下方位置已存放数据，则下一个数放在前一个数的上方。

（6）重复步骤（1），直到 N^2 个数都放入方阵中。

表 6-1 是一个 3 阶魔方阵的示例。

表 6-1　3 阶魔方阵

4	9	2
3	5	7
8	1	6

13．编写一个程序，将两个字符串连接起来，不要用 strcat 函数。

14. 编写一个程序，将字符数组 s2 中的全部字符复制到字符数组 s1 中。不用 strcpy 函数。复制时，'\0'后面的字符不复制。

15. 输入 10 个字符串，编写程序将其按字典顺序输出。

6.4 实 验 案 例

一、求最大值和最小值

1）实验要求

编写程序，输入 10 个数，找出其中的最大值和最小值。

2）算法分析

设变量 max1 和 min1 分别存放最大值和最小值。首先将 10 个数存放在 a 数组中，将 a[0]分别赋给 max1 和 min1，然后将 a[1]～a[9]的值依次与 max1 和 min1 进行比较，如果发现某个元素大于 max1，将其赋给 max1；如果发现某个元素小于 min1，将其赋给 min1。全部比较结束后，max1 和 min1 的数值就是这 10 个数中的最大值和最小值。

二、一维数组排序（方法一）

1）实验要求

编写程序，用起泡法将 10 个数从小到大排序。

2）算法分析

将相邻的两个数进行比较，将小的调到前面。如果有 n 个数，则要进行 n−1 轮比较。在第 1 轮比较中要进行 n−1 次相邻的两个数比较，将最大的数调到最后位置。在第 2 轮比较中要进行 n−2 次比较，最后一个数不参加比较，比较范围从第 1 个数开始到第 n−1 个数结束。比较结果是第二大的数调到倒数第 2 个位置。以此类推，比较范围缩小到只有一个数的时候停止比较，即得到排序结果。可以用两重嵌套的 for 循环实现，外层循环控制比较的轮数，内层循环控制每一轮中比较的次数。注意，每轮比较的次数是依次递减的。

三、一维数组排序（方法二）

1）实验要求

编写程序，用顺序法将 10 个数进行从小到大排序。

2）算法分析

设在数组 a 中存放 n 个无序的数，要将这 n 个数按升序重新排列。第一轮比较：用 a[0]和 a[1]进行比较，若 a[0]>a[1]，则交换这两个元素中的值；然后继续用 a[0]和 a[2]比较，若 a[0]>a[2]，则交换这两个元素中的值；以此类推，直到 a[0]与 a[n−1]进行比较处理后，a[0]中就存放了 n 个数中的最小数。

第二轮比较：用 a[1]依次与 a[2]，a[3]，…，a[n−1]进行比较，处理方法相同，每次比较总是取小的数放到 a[1]中，这一轮比较结束后，a[1]中存放 n 个数中第 2 小的数。

......

第 n−1 轮比较：用 a[n−2]与 a[n−1]比较，取小者放到 a[n−2]中，a[n−1]中的数则是 n 个数中的最大的数。经过 n−1 轮比较后，n 个数已按从小到大的次序排好了。

四、一维数组排序（方法三）

1）实验要求

编写程序，用插入法将 10 个数进行从小到大排序。

2）算法分析

设数组 a 存放了 10 个数据，首先将 a[1]作为一个已排好序的子数列，然后依次将 a[2]，a[3]，a[4]，…，a[10]插入到已排好序的子数列中。插入元素 a[i]的步骤如下：

（1）将 a[i]的值保存到变量 t 中。

（2）寻找 a[i]的插入位置 k，若 a[i]<a[1]，则插入位置 k 为 1，否则将 a[i]依次与 a[1]，a[2]，a[3]，…，a[j]，…，a[i-2]，a[i-1]进行比较，若 a[i]>a[j]，则插入位置 k 为 j+1。

（3）为 a[i]腾出位置，依次将 a[k]，a[k+1]，…，a[i-2]，a[i-1]后移一个位置，即 a[i-1]→a[i]，a[i-2] →a[i-1]，…，a[k+1] →a[k+2]，a[k]→a[k+1]。

（4）将变量 t 的值送到 a[k]中。

五、查找素数

1）实验要求

编写程序，找出 100 以内的所有素数，存放在一维数组中，并将所找到的素数按每行 10 个数的形式输出。

2）算法分析

因为 2 以外的素数都是奇数，所以只需对 100 以内的每一个奇数进行判断即可。本程序可以采用一个双重循环结构，通过外循环的控制变量 i 每次向内循环提供一个 100 以内的奇数，让内循环进行判断。根据素数的定义，内循环的控制变量 k 的初值为 2，终值为外循环的控制变量 i 的平方根，步长为 1。在内循环中判断 i 能否被 k 整除，如果能整除，则表明 i 不是素数，就用 break 语句强制退出内层循环；如果内层循环正常结束，则说明除了 1 和 i 本身外没有其他数能整除 i，i 是一个素数。利用循环正常结束时，循环控制变量的值总是超出循环终值的特性，在内循环的外面判断循环的控制变量 k 是否大于内循环的终值，从而就能确定 i 的值是否为素数。

六、报数问题

1）实验要求

编写程序：给 10 名学生编号 1～10，按顺序围成一圈，1～3 报数，凡报到 3 者出列，然后继续，直到所有学生都出列，按顺序输出出列学生的编号。

2）算法分析

定义一个学生编号的数组 NO，下标从 1 开始到 10，其中下标 1 对应编号为 1 的学生，下标 2 对应编号为 2 的学生，……，下标 10 对应编号为 10 的学生。将数组中所有元素的值初始化为 1，如果某学生出列，则对应下标的元素值赋为 0。

报数的过程即为将对应数组元素相加的过程，每当和为 3 时，就将该元素的值置为 0，同时将圈中学生的总数减 1，直到圈中无学生为止。

七、求二维数组元素的和

1）实验要求

设有一个 5×5 的二维数组，编写程序求：

（1）所有元素的和。

（2）主对角线元素之和。

（3）副对角线元素之和。

（4）所有靠边元素之和。

2）算法分析

用一个双重循环、外层循环控制变量 i 和内层循环控制变量 j 分别作为数组元素的行下标和列下标。在内层循环中用 if 语句判断，当 i 等于 j 时，a[i][j]表示的是主对角线上的元素；当 i+j 等于 4 时，a[i][j]表示的是副对角线上的元素。

八、矩阵转置

1）实验要求

编写程序，将一个 4×4 的二维数组 a 的行和列元素互换，互换后仍存放在 a 数组中。

2）算法分析

用二重 for 循环的循环控制变量作为数组的行下标和列下标，外层循环控制变量 i 从 0 到 3，内层循环控制变量 j 从 0 到 i（注意：不是 3），在内层循环中将数组元素 a[i][j]和 a[j][i] 的值交换，当循环结束时，矩阵转置成功。

思考：

（1）内层循环变量，即列下标 j 为什么不从 0 到 3？

（2）内层循环变量，即列下标 j 从 i 到 3 可以吗？

九、求二维数组中的最大值和最小值

1）实验要求

有一个 4×4 的方阵，编写程序，求出其中的最大值和最小值，以及它们的行号和列号（即位置）。

2）算法分析

略。

第7章 | 函　函　数

7.1　知 识 要 点

7.1.1　函数的概念

一个 C 程序可由一个主函数和若干其他函数构成，并且只能有一个主函数。由主函数调用其他函数，其他函数也可以互相调用。同一个函数可以被一个或多个函数调用多次。

C 程序的执行总是从 main 函数开始。调用其他函数完毕后，程序流程回到 main 函数，继续执行主函数中的其他语句，直到 main 函数结束，则整个程序的运行结束。

所有函数都是平行的，即在函数定义时它们是互相独立的，函数之间并不存在从属关系。也就是说，函数不能嵌套定义，函数之间可以互相调用，但不允许调用 main 函数。

7.1.2　函数的种类

根据函数的定义方式不同，可将函数分为以下两类：

（1）标准函数，即库函数。这些函数由系统提供，可直接使用。

（2）自定义函数。由用户根据需要编写的函数。

7.1.3　函数定义的一般形式

C 语言中函数定义的一般形式如下：

```
函数返回值的类型名 函数名(类型名 形式参数1, 类型名 形式参数2, …)
{声明部分
语句
…
}
```

1. 形式参数和实际参数

在定义函数时，函数名后面括号中的变量称为"形式参数"（简称"形参"）；在主调函数中，函数名后面括号中的参数（可以是表达式）称为"实际参数"（简称"实参"）。

2. 函数返回值

函数返回值就是通过函数调用使主调函数能得到一个确定的值。通过 return 语句返回函数的值，return 语句有以下 3 种形式：

- return 表达式；

- return(表达式)；
- return；

说明：return 语句中的表达式的值就是所求的函数值。此表达式值的类型必须与函数首部所说明的类型一致。若类型不一致，则以函数值的类型为准，由系统自动转换。

7.1.4　函数的调用

函数调用的一般形式为：

函数名(实参列表)；

说明：

（1）调用可分为无参函数调用和有参函数调用两种，如果调用无参函数，则不用"实参列表"，但括号不能省略。在调用有参函数时，实参列表中的参数个数、类型、顺序要与形参保持一致。

（2）把函数调用作为一个语句，这时该函数只需完成一定的操作而不必有返回值。

（3）若函数调用出现在一个表达式中，参与表达式的计算，则要求该函数有一个确定的返回值。

（4）函数调用可作为另外一个函数的实参出现。

7.1.5　C 语言中数据传递的方式

（1）实参与形参之间进行数据传递。

（2）通过 return 语句把函数值返回到主调函数中。

（3）通过全局变量。

7.1.6　函数的嵌套调用和递归调用

1. 函数的嵌套调用

C 语言的函数定义都是独立的，不允许嵌套定义函数，即一个函数内不能定义另一个函数。但可以嵌套调用函数，即在调用一个函数的过程中，又调用另一个函数。

2. 函数的递归调用

在调用一个函数的过程中又直接或间接地调用该函数本身，称为函数的递归调用。

当一个问题在采用递归法解决时，必须符合以下两个条件：

（1）可以把要解决的问题转化为一个新的问题，这个新问题的解决方法与原来的解决方法相同，只是所处理的对象有规律地递增或递减；

（2）必须有一个明确的结束递归的条件。

7.1.7　全局变量和局部变量

1. 全局变量

在函数之外定义的变量称为全局变量，也称外部变量。全局变量可以为本文件中其他函数所共用，它的有效范围从定义处开始到本文件结束。

2. 局部变量

在一个函数内部定义的变量，它们只在本函数范围内有效，即只能在本函数内部才能使用它们，其他函数不能使用这些变量。不同函数中可以使用相同名字的局部变量，但它们代表不同的对象，在内存中占不同的单元，互不干扰。

说明：如果在同一个程序中，全局变量与局部变量同名，则在局部变量的作用范围内，全局变量被"屏蔽"，即它不起作用，局部变量起作用。

7.1.8 变量的存储类别

（1）静态存储：在程序运行期间分配固定的存储空间。

（2）动态存储：在程序运行期间根据需要动态分配存储空间。

（3）变量的种类：自动（auto）、静态（static）、寄存器（register）和外部（extern），其中自动变量和寄存器变量的值存放在动态存储区，静态变量和外部变量的值存放在静态存储区。

7.1.9 内部函数和外部函数

1. 内部函数

内部函数是只能被文件中的其他函数所调用的函数。在定义内部函数时，在函数名和函数类型前加 static。一般形式为：

> static 类型标识符 函数名(形参表)

内部函数只局限于所在文件。

2. 外部函数

在定义函数时，如果在函数名和函数类型前加 extern，则表示此函数是外部函数，可供其他文件的函数使用。一般形式为：

> extern 类型标识符 函数名(形参表)

C 语言规定，如果在定义函数时省略 extern，则默认为外部函数。

7.2 例题分析与解答

一、选择题

1. 以下叙述中正确的是_____。
   A．C 语言程序总是从第一个定义的函数开始执行
   B．在 C 语言程序中，要调用的函数必须在 main 函数中定义
   C．C 语言程序总是从 main 函数开始执行
   D．C 语言程序中的 main 函数必须放在程序的开始部分

分析：一个 C 程序总是由许多函数组成，main 函数可以放在程序的任何位置。C 语言规定，不能在一个函数内部定义另一个函数。无论源程序包含了多少函数，C 程序总是从 main 函数开始执行。对于用户定义的函数，一般必须遵循先定义后使用的原则。

答案：C

2. 以下函数

```
fun(float x)
{printf("%d\n",x*x);
}
```

的类型是_____。

    A．与参数 x 的类型相同   B．float 类型

    C．int 类型   D．无法确定

    分析：若函数名的类型没有说明，C 默认函数返回值的类型为 int 类型，函数返回值的类型应为 int 类型，因此本题的答案是 C。

    答案：C

3. 以下程序的输出结果是_____。

```
#include <stdio.h>
fun(int a, int b, int c)
{c=a*b;   }
int main()
{int c;
fun(2,3,c);
printf("%d\n", c);
}
```

    A．0   B．1   C．6   D．无定值

    分析：函数 fun 中没有 return 语句，因此不返回函数值。在 main 函数中，变量 c 没有赋值；在调用 fun 函数时，c 是第三个实参，但调用时，它没有值传给形参 c。虽然形参 c 被赋值为 6，但形参值不能传给实参，因此在函数调用结束、返回主函数后，主函数中的 c 仍然无确定的值。

    答案：D

4. 有如下程序：

```
#include <stdio.h>
int max(int x, int y)
{int z;
if(x>y)z=x;
else z=y;
return z;}
int main()
{int a=3,b=5;
printf("max=%d\n",max(a,b));
}
```

运行结果为_____。

    A．max=3   B．max=4   C．max=5   D．max=6

    分析：C 语言规定函数调用形式可以是函数语句、函数表达式和函数参数。本题中函

数调用形式为函数参数，根据题意得到运行结果 max=5。

答案：C

5．如下程序的运行结果为_____。

```
#include <stdio.h>
f(int a)
{auto int b=0;
static c=3;
b=b+1;c=c+1;
return(a+b+c);}

int main( )
{int a=2,i;
 for(i=0;i<3;i++)
 printf("%d",f(a));
}
```

  A．678   B．789   C．567   D．无输出结果

分析：本程序中，f 函数内的 b 为局部变量，c 为静态变量，第一次调用开始时 b=0，c=3，在函数执行中 c=c+1，c 变成 4。第二次调用时，c 保持上次调用结束时的值 4，在执行完 c=c+1 后，c 的值为 5，b 重新赋值为 0，以此类推。

答案：B

6．下列程序的运行结果是_____。

```
#include <stdio.h>
func(int a,intb)
{int temp=a;
 a=b;b=temp;
}
int main( )
{int x,y;
 x=10; y=20;
 func(x,y);
 printf("%d,%d\n",x,y);
}
```

  A．10，20   B．10，10   C．20，10   D．20，20

分析：这里是传值调用，不会改变实参的值。

答案：A

7．以下程序的运行结果是_____。

```
#include <stdio.h>
nt func(int n)
{if(n==1 )return 1;
else return(n*func(n-1));
```

```
}
int main( )
{int x;
 x=func(3);
 printf("%d\n",x);
}
```

    A. 5   B. 6   C. 7   D. 8

分析：func 是递归函数，func(3)=3*func(2)=3*2*func(1)=3*2*1=6。

答案：B

8. 以下只有在使用时才为该类型变量分配内存的存储单元说明是_____。

    A. auto 和 static   B. auto 和 register

    C. register 和 static   D. extern 和 register

分析：auto 和 register 属于动态存储分配，在程序执行时分配内存单元，程序结束时释放存储单元，extern 和 static 是静态存储分配，在程序执行之前就进行内存单元的分配。

答案：B

9. 以下正确的说法是_____。

    A. 用户若需调用标准库函数，调用前必须重新定义

    B. 用户可以重新定义标准库函数，若如此，该标准库函数将失去原有含义

    C. 系统根本不允许用户重新定义标准库函数

    D. 用户若需调用标准库函数，调用前不必使用预编译命令，将该函数所在文件包括到用户源文件中，系统会自动去调用

分析：标准库函数调用前不需要重新定义，A 错；但要用#include 命令将函数所在的文件包含在源文件中，D 错；用户可以重新定义标准库函数，原函数失去意义，B 正确。

答案：B

10. 若有以下程序：

```
#include <stdio.h>
int main()
{int f(int n);
f(5);
}
int f(int n)
{printf("%d\n",n);}
```

则以下叙述中不正确的是_____。

    A. 若只在主函数中对函数 f 进行声明，则只能在主函数中正确调用函数 f

    B. 如果被调用函数的定义出现在主调函数之前，可以不必加声明

    C. 对于以上程序，编译时系统会提示出错信息，提示对 f 函数重复声明

    D. 函数 f 无返回值，所以可用 int 将其类型定义为无值型

分析：选项 A 正确，因为若子函数定义出现在后面，之前调用此函数时，需提前声明，选项 B 也正确；原理同选项 A，选项 C 不正确，编译时不会产生函数重复声明的出错信息。

根据 C 语言的规定，其后定义的函数，之前若要使用，需要提前使用函数声明语句声明；选项 D 正确，C 语言规定，若函数无返回值，可以将函数类型定义为无值类型 int。

答案：C

11. 下列程序执行后的输出结果是_____。

```
#include <stdio.h>
char st []="hello"
int fun1(int i)
{int fun2(int i);
 printf("%c",st [i]);
 if(i<3)
{ i=i+2;fun2(i);}
}
int fun2(int i)
{printf("%c",st [i]);
 if(i<3)
{i=i+2;fun1(i);}
}
int  main()
{ fun1(0);printf("\n");}
```

    A. hello   B. hel   C. hlo   D. hlrn

分析：本题函数调用属于间接递归，主函数中调用 fun1(0)，输出字符 h，之后调用 fun2(2)，输出字符 l，然后再次调用 fun1(4)，输出字符 o，此时递归结束条件满足，结束递归执行。

答案：C

12. 以下程序的输出结果是_____。

```
#include <stdio.h>
int fun(int a [])
{a [0]=100;
 a [4]=200;
}

int main()
{int a [5]={1,2,3,4,5},i;
 fun(a);
 for(i=0;i<5;i++)
 printf("%d ",a [i]);
}
```

    A. 100 2 3 4 200   B. 1 2 3 4 5
    C. 100 2 3 4 5   D. 1 2 3 4 200

分析：数组名作参数，传地址，即形参数组和实参数组共用同一个存储单元，因此，形参数组中 a[0] 和 a[4] 的值修改为 100 和 200，实参数组中 a[0] 和 a[4] 的值也改为 100 和 200。

答案：A

二、填空题

1. 以下函数用以求 x 的 y 次方，请填空。

```
double fun(double x,int y)
{int i;
double z=1.0;
for(i=1;i 【1】   ;i++)
z= 【2】 ;
return z;
}
```

分析：求 x 的 y 次方就是把 y 个 x 连乘。z 的初值为 1，在 for 循环体中 z=z*x 执行 y 次。因此，在【1】处填<=y，在【2】处填 z*x(或 x*z)。遇到累加或累乘问题时，很重要的任务就是确定累加或累乘项的表达式，并确定累加或累乘的条件。

答案：【1】<=y【2】z*x

2. 阅读以下程序并填空，该程序是求阶乘的累加和。

```
s=0!+1!+2!+…+n!
#include <stdio.h>
long f(intn)
{int i;
long s;
s= 【1】 ;
for(i=1; i<=n; i++)
s= 【2】 ;
return s;
}
int main( )
{long s;
int k, n;
scanf("%d", &n);
s= 【3】 ;
for(k=0; k<=n; k++)
s=s+ 【4】 ;
printf("%ld\n", s);
}
```

分析：本题要求进行累加计算，但每一个累加项是一个阶乘值。函数 f 用于求阶乘值 n!（n 为形参）。求得阶乘的值存于变量 s 中，因此 s 的初值应为 1，【1】空处填 1。连乘的算法可用表达式 s=s*i（i 从 1 变化到 n）表示，因此【2】空处填 s*i。累加运算是在主函数中完成的，累加的值放在主函数的 s 变量中，因此 s 的初值应为 0，在【3】空处填 0。累加放在 for 循环中，循环控制变量 k 的值确定了 n 的值，调用一次 f 函数可求出一个阶乘的值，所以在【4】空处填 f(k)（k 从 0 变化到 n）。在进行累加及连乘时，存放乘积或累加和的变量必须赋初值；求阶乘时，存放乘积的变量的初值不能是 0。

答案：【1】1　【2】s*i　【3】0　【4】f(k)

7.3　测　试　题

一、选择题

1. C 语言允许函数值类型缺省定义，此时该函数值隐含的类型是_____型。
    A. float　　　　　　　B. int　　　　　　　C. long　　　　　　　D. double

2. 若调用一个函数，且此函数中没有 return 语句，则正确的说法是_____。
    A. 该函数没有返回值　　　　　　　B. 该函数返回若干个系统默认值
    C. 该函数返回一个用户所希望的函数值　D. 该函数返回一个不确定的值

3. C 语言中函数返回值的类型由_____决定。
    A. return 语句中的表达式类型　　　B. 调用函数的主调函数类型
    C. 调用函数时的临时类型　　　　　D. 定义函数时所指定的函数类型

4. C 语言规定，简单变量做实参时，它和对应形参之间的数据传递方式是_____。
    A. 地址传递　　　　　　　　　　　B. 由实参传给形参，再由形参传回给实参
    C. 单向值传递　　　　　　　　　　D. 由用户指定传递方式

5. 以下错误的描述是_____。
    A. 函数调用可以出现在执行语句中　　B. 函数调用可以出现在一个表达式中
    C. 函数调用可以作为一个函数的实参　D. 函数调用可以作为一个函数的形参

6. 以下正确的描述是_____。
    A. C 语言程序中，函数的定义可以嵌套，但函数的调用不可以嵌套
    B. C 语言程序中，函数的定义不可以嵌套，但函数的调用可以嵌套
    C. C 语言程序中，函数的定义和函数的调用均不可以嵌套
    D. C 语言程序中，函数的定义和函数的调用均可以嵌套

7. 若用数组名作为函数调用的实参，传递给形参的是_____。
    A. 数组的首地址　　　　　　　　　B. 数组第一个元素的值
    C. 数组中全部元素的值　　　　　　D. 数组元素的个数

8. 以下函数值的类型是_____。

```
fff(int x)
{float y;
 y=90+x;
 return y;
}
```

    A. int　　　　　　　B. 不确定　　　　　　C. char　　　　　　D. float

9. 以下不正确的说法是_____。
    A. 在不同函数中可以使用相同名字的变量

B． 在同一函数中不能使用相同名字的变量

C． 在自定义函数中可以多次出现 return 语句

D． 形参变量和实参变量不能同名

10． 以下程序的输出结果是_____。

```c
#include <stdio.h>
int main( )
{int i;
 for(i=1;i<=3;i++)
 printf("%d",fun(i));
}
fun(int j )
{static int x=1;
 x=x+j;
 return x;
}
```

A． 234 　　　　B． 247 　　　　C． 222 　　　　D． 22 3

11． 函数调用 strcat(strcpy(str1,str2),str3)的功能是_____。

A． 将字符串 str1 复制到字符串 str2 中后再连接到字符串 str3 之后

B． 将字符串 str1 连接到字符串 str2 之后再复制到字符串 str3 之后

C． 将字符串 str2 复制到字符串 str1 中后再将字符串 str3 连接到字符串 str1 之后

D． 将字符串 str2 连接到字符串 str1 之后再将字符串 str1 复制到字符串 str3 中

12． 以下正确的函数形式是_____。

A． doublefun(int x,int　y)　　　　B． fun(int x,y)

　　{z=x+y;return z;}　　　　　　　　{int z;return z; }

C． fun(x,y)　　　　　　　　　　　D． double fun(int x,int y)

　　{int x,y;double z;　　　　　　　　{double z;

　　z=x+y;return z;}　　　　　　　　z=x+y; return z;}

13． 在 C 语言中，以下不正确的说法是_____。

A． 实参可以是常量、变量或表达式

B． 形参可以是常量、变量或表达式

C． 实参可以为任意类型

D． 形参应与其对应的实参类型一致

14． 以下正确的说法是_____。

A． 定义函数时，形参的类型声明可以放在函数体内

B． return 返回的值不能为表达式

C． 如果函数值的类型与返回值类型不一致，以函数值类型为准

D． 如果形参与实参的类型不一致，以实参类型为准

15． 已有以下数组定义和 f 函数调用语句，则在 f 函数的说明中，对形参数组 array 的错误定义方式为_____。

```
int a[3][4];
f(a);
```

    A．f(int array[ ][6])   B．f(int array[3][ ])

    C．f(int array[][4])   D．f(int array[2][5])

16．如果在一个函数中的复合语句中定义了一个变量，则以下正确的说法是_____。

    A．该变量只在该复合语句中有效

    B．该变量在该函数中有效

    C．该变量在本程序范围内有效

    D．该变量为非法变量

17．折半查找法的思路是：先确定待查元素的范围，将其分成两半，然后测试位于中间点元素的值。如果该查找元素的值大于中间点元素的值，就缩小查找范围，只查找中点之后的元素；反之，测试中点之前的元素，测试方法相同。函数 fun 的作用是应用折半查找法从含 10 个数的 a 数组中对数据 m 进行查找，若找到，返回其下标值；反之，返回−1。请选择填空。

```
fun(int  a[10],int m)
{int low=0,high=9,mid;
 while (low<=high)
{mid=(low+high)/2;
 if(m<a[mid]) 【1】 ;
 else if(m>a[mid]) 【2】 ;
 else return(mid);
}
return(-1); }
```

【1】 A.high=mid-1   B．low=mid+1   C．high=mid+1   D．low=mid-1

【2】 A.high=mid-1   B．low=mid+1   C．high=mid+1   D．low=mid-1

18．以下程序的正确运行结果是_____。

```
#include <stdio.h>
int num( )
{extern int x, y;
 int a=15, b=10;
 x=a-b;
 y=a+b;
}
int x, y;
int  main()
{int a=7, b=5;
 x=a+b;
 y=a-b;
 num();
 printf("%d, %d\n", x, y);
}
```

    A．12，2   B．不确定   C．5，25   D．1,12

19．C语言中形参的默认存储类别是_____。

    A．自动（auto）   B．静态（static）   C．寄存器（register） D．外部（extern）

20．关于全局变量的有效范围，下列说法正确的是_____。

    A．本程序的全部范围

    B．离定义该变量的位置最接近的函数

    C．函数内部范围

    D．从定义该变量的位置开始到本文件结束

21．下述程序输出的结果是_____。

```
fun(int a,int b,int c)
{c=a*a+b*b;}
 int main()
{int x=22;
 fun(4,2,x);
 printf("%d",x);
}
```

    A．20   B．21   C．22   D．23

22．下述程序输出的结果是_____。

```
#include <stdio.h>
int s=13;
int fun(int x,int y)
{int s=3;
 return(x*y-s);
}
int  main()
{int m=7,n=5;
 printf("%d\n",fun(m,n)/s);
}
```

    A．1   B．2   C．7   D．10

23．下述程序输出的结果是_____。

```
#include <stdio.h>
int fun(int n)
{static int s[3]={1,2,3};
 int i;
 for(i=0;i<3;i++)
 s[i]=s[i]-n;
 for(i=0;i<3;i++)
 printf("%d  ",s[i]);
 printf("\n");
}
int main()
```

```
{ fun(1);
  fun(1);
}
```

    A. 0　1　2　　　　B. 0, 1, 2　　　　C. 1, 2, 3　　　　D. 1 3 5

      -1　0　1　　　　　　-1, 0, 1　　　　　0, 4, 8　　　　　1 3 7

24. 以下程序的输出结果是_____。

```
#include <stdio.h>
char cchar(char ch)
{if(ch>='A'&&ch=<'Z')
 ch=ch-'A'+'a';
 return ch;
}
int main()
{int k=0;
 char s [] ="ABCDEF";
 for(k=0;k<strlen(s);k++)
 s[k]=cchar(s[k]);
 printf("%s\n",s);
}
```

    A. abcDEF　　　　B. abcdefdef　　　　C. abcABCDEF　　　　D. abcdef

二、填空题

1. C 语言规定，可执行程序的开始执行点是_____。

2. 在 C 语言中，一个函数一般由两部分组成，它们是 【1】 和 【2】 。

3. 凡是函数中未指定存储类别的局部变量，其隐含的存储类别为_____。

4. 以下程序的功能是计算函数 F(x,y,z)=(x+y)/(x−y)+(z+y)/(z−y) 的值。请填空。

```
#include <stdio.h>
#include <math.h>
int main( )
{float   x,y,z,sum;
 float   f(float a,float b);
 scanf("%f%f%f",&x,&y,&z);
 sum=f( 【1】  ) +f( 【2】  );
 printf("sum=%f\n", sum):
}
float f(float a,float b)
{float value;
 return a/b; }
```

5. 以下程序的功能是用二分法求方程 $2x^3-4x^2+3x-6=0$ 的根，并要求绝对误差不超过 0.001。请填空。

```
#include <stdio.h>
```

```
#include <math.h>
float f(float  x)
{float y;
y=2*x*x*x-4*x*x+3*x-6;
return  y;}
int main( )
{float  m=-100,n=100,r;
r=(m+n)/2;
while(fabs(n-m)>0.0001)
{if(_____) m=r;
 else  n=r;
 r=(m+n)/2;}
 printf("%6.3f\n",r);
}
```

6. 若输入一个整数 10，以下程序的运行结果是_____。

```
#include <stdio.h>
int main()
{int a,e[10],c,i=0;
scanf("%d",&a);
while(a!=0)
{c=sub(a);
 a=a/2;
 e[i]=c;
 i++;}
 for(;i>0;i--)printf("%d",e[i-1]);
}
sub(int a)
{int c;
 c=a%2;
 return c;
}
```

7. 已有函数 pow，现要求取消变量 i 后 pow 函数的功能不变。请填空。
修改前的 pow 函数：

```
pow(int x，int y)
{int i，j=1;
for(i=1；i<=y；++i) j=j*x;
return(j);
}
```

修改后的 pow 函数：

```
pow(int x，int y)
{int j;
```

```
for(【1】;    【2】;    【3】)j=j*x;
return(j);
}
```

8. 以下程序的功能是求 3 个数的最小公倍数。请填空。

```
#include <stdio.h>
max(int  x, int  y, int  z)
{if(x>y && x>z) return(x);
 else if( 【1】 )return(y);
 else  return(z);
}
int  main()
{int  x1, x2, x3, i=1, j, x0;
 printf("Input3number:  ");
 scanf("%d%d%d", &x1, &x2, &x3);
 x0=max(x1, x2, x3);
 while(1)
{j=x0*i;
 if( 【2】 )break;
 i=i+1;  }
 printf("%d\n", j);
}
```

9. 函数 fun 的作用是求整数 n1 和 n2 的最大公约数，并返回该值。请填空。

```
#include <stdio.h>
int main()
{printf("%d\n",fun(12,24));
}
fun(int n1,int n2)
{int temp;
 temp=n1%n2;
 while(___)
{ n1=n2;n2=temp;temp=n1%n2;}
  return(n2);
}
```

10. 以下程序的运行结果是_____。

```
#include <stdio.h>
vooid main()
{int a [3][3]={1,3,5,7,9,11,13,15,17},sum;
 sum=func(a);
 printf("sum=%d\n",sum);
}
func(int a [][3])
```

```
{int i,j,sum=0;
 for(i=0;i<3;i++)
  for(j=0;j<3;j++)
{a[i][j]=i+j;
 if(i==j)sum=sum+a[i][j];}
 return sum;
}
```

11. 以下程序段的功能是用递归方法计算学生的年龄，已知第一位学生年龄最小，为10岁，其余学生一个比一个大2岁，求第5位学生的年龄。请填空。

递归公式如下：

$$age(n) = \begin{cases} 10 & (n=1) \\ age \quad (n-1)+2 & (n>1) \end{cases}$$

```
#include <stdio.h>
age(int n)
{int c;
 if(n==1)c=10;
 else  c=【1】 ;
 return(c);}
 int main()
{int n=5;
 printf("%d\n", 【2】 );
}
```

12. 函数嵌套调用与递归调用的区别是_____。

13. 以下 fun 函数的功能是：在第一个循环中给前 10 个数组元素依次赋值 1，2，3，4，5，6，7，8，9，10，在第二个循环中使 a 数组前 10 个元素中的值对称折叠，变成 1，2，3，4，5，5，4，3，2，1。请填空。

```
#include <stdio.h>
int main()
{int a[10],i;
 fun(a);
 for(i=0;i<10;i++)
 printf("%d ",a[i]);
 printf("\n");
}
fun(int a[])
{ int i;
  for(i=0;i<10;i++)
   【1】 =i+1;
  for(i=1;i<=5;i++)
   【2】 =a[i-1];
}
```

三、编程题

1. 用自定义函数求任意两个数的和，在主函数中输入两个数，调用自定义函数求和，在主函数中输出结果。

2. 求组合数 c_n^m，其中 $c_n^m = \dfrac{m!}{n!(m-n)!}$。

3. 写一个判断素数的函数，在主函数中输入一个正整数，输出判断结果。

4. 写一个函数，对 10 个数按由小到大的顺序排序。在主函数中输入 10 个数，调用排序函数，输出排序结果。

5. 编写一个找出任一个正整数的因子的函数。

6. 写一个函数，将二维数组(3×3)转置，即行列互换。

7. 用递归法求 n 阶勒让德多项式的值，递归公式为：

$$p(n,x) = \begin{cases} 1 & (n=0) \\ x & (n=1) \\ ((2n-1)x - p(n-1,x) - (n-1)p(n-2,x))/n & (n>1) \end{cases}$$

8. 编写一个递归函数，求任意两个整数的最大公约数。

9. 编写程序，验证大于 5 的奇数可以表示成 3 个素数的和。

10. 编写一个将 N 进制数转换成十进制数的通用函数。

11. 编写程序求下面数列的和，计算精确到 $a_n \leqslant 10^{-5}$ 为止。

$$y = \frac{1}{2} + \frac{1}{2 \times 4} + \frac{1}{2 \times 4 \times 6} + \cdots + \frac{1}{2 \times 4 \times 6 \times \cdots \times 2n} + \cdots$$

式中，n=1，2，3，…。

12. 编写一个查找介于正整数 A 和 B 所有同构数的程序。若一个数出现在自己平方数的右端，则称此数为同构数。如 5 在 $5^2 = 25$ 的右端，25 在 $25^2 = 625$ 的右端，故 5 和 25 都是同构数。

13. 给出年、月、日，计算该日是该年的第几天。

14. 一个 n 位的正整数，其各位数的 n 次方之和等于这个数，称这个数为 Armstrong 数。例如，$153 = 1^3 + 5^3 + 3^3$，$1634 = 1^4 + 6^4 + 3^4 + 4^4$。试编写程序，求所有的 2、3、4 位的 Armstrong 数（判断一个正整数是由 n 位数字组成的，由自定义函数完成）。

7.4 实 验 案 例

一、编写函数判断是否闰年

1）实验要求

编一函数，判断某年是否为闰年，若是返回 1，否则返回 0。

判断闰年的条件：年份能被 4 整除但不能被 100 整除为闰年，年份能被 400 整除为闰年。

2）算法分析

实参、形参均为年份，main 函数中输入年份，传给形参变量，在自定义函数中判断是否为闰年，判断结果用 1 和 0 表示，1 代表闰年，0 代表非闰年，返回判断结果。输出结果在 main 函数中完成。

二、编写函数计算三角形的面积

1）实验要求

编写计算三角形面积的程序，将计算面积定义成函数。三角形面积公式为：

$$A = \sqrt{s(s-a)(s-b)(s-c)}$$

其中，A 为三角形面积，a、b、c 为三角形的三条边的长度，s=(a+b+c)/2。

2）实现代码

注意：部分源代码如下。

请勿改动 main 函数和自定义函数中的任何内容，仅在函数 fun 的大括号中填入所写的若干语句。

```
#include <math.h>
#include <stdio.h>
float fun(float a,float b,float c)
{
...

}
int main()
{float a,b,c;
 scanf("%f%f%f",&a,&b,&c);
 printf("area is:%f\n",fun(a,b,c));
}
```

三、编程求最大公约数和最小公倍数

1）实验要求

编写两个函数，分别求出两个整数的最大公约数和最小公倍数，用主函数调用这两个函数，并输出结果，两个整数由键盘输入。

2）算法分析

用辗转相除法求最大公约数（两个数相除，求余数，如果余数为 0，则除数为这两个数的最大公约数。如果余数不为 0，继续相除，被除数改为上次的除数，除数改为上次的余数，得到新的余数，以此类推，直到余数为 0 为止）。

最小公倍数：两个数相乘的积除以最大公约数。

注意：部分源代码如下。

请勿改动 main 函数和自定义函数中的任何内容，仅在函数 fmax 的大括号中填入所写的若干语句。

```
#include <math.h>
#include <stdio.h>
int fmax(int m,int n)
{
...
```

```
}
int fmin(int m,int n)
{ return m*n/fmax(m,n);}
int main()
{int a,b;
scanf("%d%d",&a,&b);
printf("fmax is:%d\n",fmax(a,b));
printf("fmin is:%d\n",fmin(a,b));
}
```

四、判断素数

1）实验要求

编写函数，判断一个正整数是否为素数。在 main 函数中输入一个正整数，调用自定义函数判断其是否为素数，将判断结果返回给 main 函数，在 main 函数中输出结果。

2）算法分析

简单变量作为实参和形参，用 1 和 0 作为返回值，分别代表是素数和不是素数。

五、回文数判断

1）实验要求

编写函数，判断某一整数是否为回文数，若是返回 1，否则返回 0。所谓回文数，是指该数正读与反读是一样的。例如 12321 就是一个回文数。

2）算法分析(略)

注意： 部分源代码如下，请填空。

```
#include <stdio.h>
#include <math.h>
int fun(int m)
{int t,n=0;
t=m;
while(t)
{n++;  【1】  ;}                      //求出M是几位的数
t=m;
while(t)
{if(t/(int)pow(10,n-1)!=t%10)         //比较其最高位和最低位
    return 0;
else
    {t=t%(int)pow(10,n-1);            //去掉其最高位
    【2】 ;                           //去掉其最低位
    n=n-2;                           //位数去掉了两位
    }
}
return 1;
}
int main()
```

```
{int x;
 scanf("%d",&x);
 if ( 【3】 )
    printf("%d is a huiwen!\n",x);
 els
    printf("%d is not a huiwen!\n",x);
}
```

六、求一个数的因子

1）实验要求

编写一个函数，求正整数 m 的所有因子，在 main 函数中输入正整数，调用自定义函数求其因子，在 main 函数中输出所有的因子。例如，6 的因子为 1、2、3。

2）算法分析

在自定义函数中将求出的因子存放在一维数组 a 中，将 a 数组作为形式参数，把 a 中的数据传递给主调函数中的实参数组 b。实参数组 b 的大小要保证能够存放整数 m 的因子。

七、编写函数求整数的逆序数

1）实验要求

编一函数，求末位数非 0 的正整数的逆序数，例如，reverse(3407)=7043。

2）算法分析（略）

注意：部分源代码如下。

请勿改动 main 函数和自定义函数中的任何内容，仅在函数 reverse 的大括号中填入所写的若干语句。

```
#include <stdio.h>
#include <math.h>
int reverse(int m)
{
...
}
int main()
{int w;
 scanf("%d",&w);
 printf("%d==%d\n",w,reverse(w));
}
```

八、统计字符、数字和空格的个数

1）实验要求

fun 函数是统计一个字符串中字母、数字、空格和其他字符的个数的函数，请完善程序。

2）算法分析（略）

注意：部分源代码如下。

请勿改动 main 函数和自定义函数中的任何内容，仅在函数 fun 的大括号中填入所写的若干语句。

```
#include <stdio.h>
#include <string.h>
int fun(char s[])
{int i,num=0,ch=0,sp=0,ot=0;
 char c;
 ...
 printf("char:%d,number:%d,space:%d,other:%d\n",ch,num,sp,ot);
}
int main()
{char s1[81];
 gets(s1);
 fun(s1);
}
```

九、用冒泡法排序

1）实验要求

编写程序，输入 10 个整数到一维数组中，将其从小到大排序。要求排序由自定义函数完成，在 main 函数中完成输入数据并输出排序结果。

2）算法分析

编写一个函数"intBubbleSort(int Arr[],int n)"，其中 Arr[]是一个数组，n 是数组的长度。要求在该函数中使用选择排序法对数组 Arr 中的 n 个数从小到大排序。

注意：理解使用数组作为函数参数的方法。

十、用递归方法求累加和

1）实验要求

用递归的方法实现求 1+2+3+…+n。

2）算法分析

如果 n 为 1，则累加和为 1，否则为前 n-1 个数的和加上第 n 个数。

根据题意填空：

```
#include <stdio.h>
#include <string.h>
int fun(int m)
{int w;
 if( 【1】 )
 w=1;
 else
 w=fun(m-1)+m;
 return w;
}
int main()
{int n,i;
```

```
  scanf("%d",&n);
  printf("1+2+…+%d=%d\n",n,  【2】  );
}
```

十一、用递归方法将数值转换为字符串。

1）实验要求

用递归的方法编程，将一个整数转换成字符串。例如，输入345，应输出字符串345。

2）算法分析（略）

完善下列代码：

```
#include <stdio.h>
#include <string.h>
int fun(int m)
{if(m!=0)
{fun(m/10);
 printf("%c ",'0'+ _____ );
}
}
int main()
{int x;
 scanf("%d",&x);
 printf("%d==",x);
 fun(x);
 printf("\n");
}
```

十二、用递归方法求 x 的 n 次方

1）实验要求

编写程序，采用递归的方法计算 x 的 n 次方。

2）算法分析

当n=0时，x 的 n 次方为 1，否则 x 的 n 次方等于 x 的 n-1 次方乘以 x。递归函数的功能是求 x 的 n 次方。

注意：下面是求 2^8 的部分源代码。

请勿改动 main 函数和自定义函数中的任何内容，仅在函数 p 的大括号中填入所写的若干语句。

```
#include <stdio.h>
#include <math.h>
float p(float x,int n)
{
...
}
int main()
{
```

```
       printf("%f",p(2,8));
}
```

十三、用递归法求分段函数

1）实验要求

编写程序，根据勒让德多项式的定义计算 Pn(x)。n 和 x 为任意正整数，把 Pn(x)定义成递归函数。

$$
p_n(x) = \begin{cases}
1 & (n = 0) \\
x & (n = 1) \\
(2n-1)p_{n-2}(x) - (n-1)p_{n-2}(x)/n & (n > 1)
\end{cases}
$$

2）算法分析（略）

完善以下程序：

```
#include <stdio.h>
float p(float x,int n)
{float f;
 if(n==0)
 f=1;
 else if(n==1)
   【1】
 else
   【2】
 return 【3】
}
int  main()
{int x,n;
 scanf("%d%d",&x,&n);
 printf("%f\n", 【4】 );
}
```

十四、程序的单步跟踪

（1）输入下面程序，用 Visual C++ 6.0 的单步跟踪功能和 Variables 窗口对该程序进行调试。注意观察函数执行过程（要用 Step Into）和函数参数的变化。

```
include <stdio.h>
int max(int x,int y)
{if (x>y)
 return x;
 else
 return y;
}
int main()
{int a,b;
 scanf("%d%d",&a,&b);
```

```
printf("the max of %d and %d is %d\n",a,b,max(a,b));
}
```

（2）输入下面的程序，用单步跟踪功能和 Variables 窗口对该程序进行调试。注意观察函数执行过程（要用 Step Into）和函数参数的变化，体会为什么没有实现两个参数的交换。

```
#include <stdio.h>
int swap(int x,int y)
{int temp;
 printf("in swap function before swap: x=%d,y=%d\n",x,y);
 temp=x;
 x=y;
 y=temp;
 printf("in swap function after swap: x=%d,y=%d\n",x,y);
}
int main()
{int a,b;
 printf("input two integers:");
 scanf("%d%d",&a,&b);
 printf("in main function before swap: a=%d,b=%d\n",a,b);
 swap(a,b);
 printf("in main function after swap: a=%d,b=%d\n",a,b);
}
```

第8章 | 指　针

8.1　知　识　要　点

C 语言中普通变量的数据存储在内存中，存放变量数据的内存空间的首地址称为变量的地址。C 语言中有一种特殊的变量，专门用来存放另一个变量的地址，我们称它为指针。

8.1.1　指针变量的定义

在计算机中，所有的数据都存放在存储器中。一般把存储器中的一个字节称为一个内存单元，不同的数据类型所占用的内存单元的个数不等，如在 Visual C++环境下，基本整型占 4 字节，字符型占 1 字节，单精度实型占 4 字节等。每个内存单元都有一个编号，根据内存编号可以找到内存单元。这个内存单元的编号就叫地址。C 语言把内存单元的地址称为指针。内存单元的地址和内存单元的内容是两个不同的概念，一定要把它们分清楚。

指针就是内存地址，在 C 语言中，如果一个变量存放的是某个内存单元的地址，我们就形象地把它比喻成这个变量指向该内存单元，把存放地址的变量称为指针变量。指针变量的类型由它指向的内存中存放的数据类型来决定。指针就是存放数据的内存单元的首地址。

通过 C 语言中的指针类型，用户就能够直接访问（读写）内存，对用户来说，增加了一种方法来访问内存单元中的数据。

指针变量就是用来存放指针数据的变量，指针变量专门用来存放某种类型变量的首地址（指针值），这种存放某种类型数据的首地址的变量被称为该种类型的指针变量。指针变量的一般定义形式如下：

> 类型说明符 *指针变量名;

8.1.2　变量的指针和指向变量的指针变量

变量的指针，就是变量的首地址；指向变量的指针变量，是用来存放变量地址的指针变量。指针变量的类型是"指针类型"，这是不同于整型或者字符型等其他类型的。指针变量是专门用来存储地址的。

8.1.3　数组的指针和指向数组的指针变量

数组的指针是指数组的起始地址，而数组中某个元素的指针就是这个数组元素的地址。指向数组的指针变量，其定义与指向变量的指针变量的定义相同，即指针变量内存放的是数组的首地址。

8.1.4　字符串的指针和指向字符串的指针变量

字符串的指针即字符串常量的首地址。指向字符串的指针变量，其变量的类型仍然是指针类型，它保存的是字符串的首地址，或者是字符数组的首地址。

8.1.5　指针数组

一个数组，如果其元素均为指针类型的数据，则称该数组为指针数组。指向同一数据类型的指针组织在一起构成一个数组，这就是指针数组。数组中的每个元素都是指针变量，根据数组的定义，指针数组中每个元素都为指向同一数据类型的指针。指针数组的一般定义形式为：

> 类型说明符 *数组名 [整型常量表达式]；

8.1.6　函数的指针和指向函数的指针变量

函数的指针：指针变量不仅可以指向整型、实型变量、字符串、数组，还可以指向一个函数。每一个函数都占用一段内存，在编译时被分配一个入口地址，这个入口地址就是函数的指针。可以让一个指针变量指向函数，然后就可以通过调用这个指针变量来调用函数。

指向函数的指针变量的一般定义形式是：

> 类型说明符 （*指针变量名)（）；

这种指针变量中保存的是函数的入口地址，定义中的类型说明符声明的类型即为所指向的函数的返回值的类型。

8.1.7　用指针作函数参数

函数指针可以作为参数传递到其他函数，可以把指针作为函数的形参。在函数调用语句中，也可以用指针表达式来作为实参。

返回指针值的指针函数是指函数除了可以返回整型、字符型、实型和结构体类型等数据外，还可以返回指针类型的数据。对于返回指针类型数据的函数，在函数定义时，也应该进行相应的返回值类型说明。

8.1.8　指向指针的指针

指向指针的指针记录的是指针变量的首地址，指向指针的指针的一般定义形式为：

> 类型说明符 **指针变量名；

8.2 例题分析与解答

一、选择题

1. 若定义 "int a=511，*b=&a；"，则 "printf("%d\n", *b);" 的输出结果为_____。

    A. 无确定值   B. a 的地址   C. 512   D. 511

分析：b 是指针变量，并且 b 中存放的是变量 a 的首地址，*b 表示指针变量 b 所指向的对象，其中*是指向运算，所以*b 即代表 a。

答案：D

2. 设有定义语句："float s[10], *p1=s,*p2=s+5;"，下列表达式错误的是_____。

    A. p1=0xffff   B. p2--   C. p1-p2   D. p1<=p2

分析：当两个指针变量指向同一个数组时，每个指针变量都可以进行增 1、减 1 运算，两个指针变量之间可以进行减法运算和关系运算，故答案 B、C、D 是正确的。答案 A 是错误的，因为 C 语言规定，所有的地址表达式中，不允许使用具体的整数来表示地址。

答案：A

3. 以下程序调用 findmax 函数返回数组中的最大值，在下画线处应填入的是_____。

```
#include <stdio.h>
findmax(int *a,int n)
{int *p,*s;
 for(p=a,s=a;p-a<n; p++)
 if _____ s=p;
 return(*s);
}
int  main()
{int x [5] ={12,21,13,6,18};
 printf("%d\n",findmax(x,5));
}
```

    A. p>s   B. *p>*s   C. a[p]>a[s]   D. p-a>p-s

分析：题中已说明 findmax 函数返回数组中的最大值，函数中形参传入的是数组的首地址和数组元素的个数，指针变量 p，s 中 p 用作遍历数组，s 用作记录较大元素的地址，能看出 if 语句的条件是比较数据的大小。选项 A 和 D 是比较指针大小，显然不符合题意；选项 C 指针用法错误；选项 B 正确，利用指针的指向运算，比较数据大小。

答案：B

4. 有下列定义语句："char s[]="12345",*p=s;"，下列表达式中错误的是_____。

    A. *(p+2)   B. *(s+2)   C. p="ABC"   D. s="ABC"

分析：选项 A 中，指针变量 p 已指向数组 s 的首地址，则 p+2 代表数组元素 s[2]的地址，*(p+2)就代表数组元素 s[2]，是正确的。选项 B 中，s 是数组名，代表数组的首地址，s+2 代表数组元素 s[2]的地址，*(s+2)代表数组元素 s[2]，正确。选项 C 中，C 语言规定，在程序中可以使用赋值运算符将字符串常量直接赋予字符型指针变量，故 C 正确。D 是错误的，原因是 C 语言规定，在程序中不允许将字符串常量直接赋予字符型数组名。

答案：D

5．若有定义"int aa[8];"，则以下表达式中不能代表数组元素 aa[1]的地址的是_____。

  A．&aa[0]+1   B．&aa[1]   C．&aa[0]++   D．aa+1

分析：选项 A 先取 aa[0]的地址，然后进行地址加 1，能表示 aa[1]的地址；选项 B 直接得出 aa[1]的地址；选项 D 将数组的首地址加 1，也能表示 aa[1]的地址；选项 C 错误，因为&aa[0]不能被++。

答案：C

6. 以下程序的输出结果是_____。

```
#include <stdio.h>
#include <string.h>
int main()
{char b1 [8] ="abcdefg",b2 [8] ,*pb=b1+3;
 strcpy(b2,pb);
 printf("%d\n",strlen(b2));
}
```

  A．8   B．3   C．1   D．4

分析：本题中 pb 指向 b1 中的第 4 个字母 d，strcpy(b2, pb)的功能是将 pb 所指的位置直到'\0'为止的字符串复制到 b2 中，即将字符串"defg\0"复制到 b2 中。strlen()函数求字符串长度时不包括'\0'。故 b2 中字符串长度为 4。

答案：D

7．设有语句"int x[4][10], *p=x;"，则下列表达式中不属于合法地址的是_____。

  A．&x[1][2]   B．*(p+1*10+2)   C．x[1]   D．p+1*10+2

分析：选项 A 中，x[1][2]是合法的数组元素，所以&x[1][2]是数组元素 x[1][2]的地址。选项 B 中，由于指针变量指向二维数组首地址，"*（指针变量+行下标*列长度+列下标）"表示数组元素 x[1][2]，不表示地址，该选项错。选项 C 中，x[1]代表数组 x 中行下标为 1 的所有元素组成的一维数组名，即该一维数组的首地址。选项 D 代表数组元素 x[1][2]的地址。

答案：B

8．设有定义语句"char s[3][20],(*p)[20]=s;"，则下列语句中错误的是_____。

  A．scanf("%s",s[2]);   B．gets(p+2);
  C．scanf("%s",*(p+2)+0);   D．gets(s[2][0])

分析：选项 A 和选项 C 是通过 scanf 函数输入一个字符串，该函数中的第 2 个参数要求是地址。选项 A 中的 s[2]是一个地址，表示输入的字符串存入数组 s 中的第 2 行，正确。选项 C 中的*(p+2)+0 相当于 s[2][0]的地址，正确。选项 B 和 D 通过 gets 函数输入字符串，该函数的参数是地址。选项 B 中的 p+2 是字符数组 s 的第 2 行的首地址，正确。选项 D 中的 s[2][0]是数组元素，不是地址，错误。

答案： D

9. 以下 3 个程序中，不能对两个整型变量的值进行交换的是_____。

A.

```
#include<stdio.h>
int main()
{int a=10,b=20;
 swap(&a,&b);
 printf("%d %d\n",a,b);
}
swap(int *p,int *q)
{ int *t;
  *t=*p;
  *p=*q;
  *q=*t;
}
```

B.

```
#include <stdio.h>
int main()
{int a=10,b=20;
 swap(a,b);
 printf("%d %d\n",a,b);
}
swap(int p,int q)
{int t;
 t=p;p=q;q=t;}
```

C.

```
#include <stdio.h>
int main()
{int a,b;
 a=10;b=20;
 swap(&a,&b);
 printf("%d %d\n",a,b);
}
swap(int *p,int *q)
{int t;
 t=*p;*p=*q;*q=t;}
```

分析： 选项 A 中，指针变量 t 没有指向任何存储单元，也就是没有存放数据的存储单元，当把 p 指向的数据存放到 t 指向的存储单元时，系统出错，不能实现交换的效果，故 A 错。选项 B 中，传入实参变量 a、b 的值传给形参 p、q，p、q 数据交换，但不能把结果传给实参 a、b，故 a、b 没有实现交换，B 错。选项 C 是标准的数据交换的做法，因为函

数调用时，形参指针 p、q 分别指向变量 a、b 存储单元，利用指针把存储单元中的数据进行了交换。

答案： C

二、填空题

1. 对于变量 x，其地址可以写成 **【1】** ；对于数组 a[10]，其首地址可以写成 **【2】** 或 **【3】** ；对于数组元素 a[3]，其地址可以写成 **【4】** 或 **【5】** 。

分析： 变量的地址可以写成"&变量名"。数组的首地址就是数组名，也可以写成第一个元素的地址。数组元素的地址可以写成"&数组元素"，也可写成数组的首地址+下标。

答案： 【1】&x 【2】a 【3】&a[0] 【4】&a[3] 【5】a+3

2. 以下程序的输出结果是_____。

```
#include <stdio.h>
int main()
{char *p="abcdefgh",*r;
 int *q;
 q=(int*)p;
 q++;r=(char*)q;
 printf("%s\n",r);
 }
```

分析： 本题中，q=(int *)p 是将指针 p 强制转换为长整型，并且将首地址赋值给 q，在 VC++中，int 型占用 4 字节，作为 int 型指针 q，q++是地址加，所以实际上是地址值加了 4 字节的位置，即 q++之后，q 指向字符串中字母 e，再将 q 强制转换为字符指针之后赋值给 r，输出 r，即从字母 e 开始输出其后的字符串。

答案： efgh

3. slen 函数的功能是计算 str 所指字符串的长度，并作为函数值返回，请填空。

```
#include <stdio.h">
int main()
{char *p="aca",*r;
 printf("%d\n",slen(p));
 }
intslen(char *str)
{int   i;
 for(i=0; 【1】 !='\0';i++);
 return 【2】 ;
 }
```

分析： 根据题意，要求计算形参*str 所传入的字符串的长度，并且返回字符串长度，程序中 for 循环应该是遍历统计 str 所指向的字符串的长度，填入*(str+i) 或 str[i]用来遍历字符串，判断是否到字符串结尾，遍历结束后，i 变量的当前值表示字符串中的字符个数。

答案： 【1】*(str+i)或 str[i] 【2】i

4. 以下程序求 a 数组中的所有素数的和，函数 isprime 用来判断自变量是否为素数。

素数是只能被 1 和本身整除且大于 1 的自然数。

```c
#include <stdio.h>
int main()
{int i,a[10],*p=a,sum=0;
  for(i=0;i10;i++)
  scanf("%d",&a[i]);
  for(i=0;i<10;i++)
  if(【1】 ==1)
     {printf("%d ",*(p+i));sum=sum+*(a+i); }
  printf("\nsum=%d\n",sum);
}
isprime(int x)
{int i;
 for(i=2;i<=x/2;i++)
 if(x%i==0) return 0;
 【2】 ;
}
```

分析：本题主函数中任意输入 10 个数，依次调用 isprime 函数判断是否素数，然后计算素数的累加和。main 函数中，利用指针*(p+i)遍历数组，子函数 isprime(x)中，如果 x 被 i 整除，说明不是素数，返回 0，否则说明是素数，返回 1。

答案：【1】isprime(*(p+i))或者 isprime(*(a+i)) 【2】return 1 或 return(1)

8.3 测 试 题

一、选择题

1. 若有定义 "int x,*pb;"，则以下正确的赋值表达式是_____。

    A．pb=&x   B．pb=x   C．*pb=&x   D．*pb=*x

2. 以下程序的输出结果是_____。

```c
#include <stdio.h>
int  main()
{ printf("%d\n",NULL); }
```

    A．因变量无定义输出不定值   B．0   C．−1   D．1

3. 以下程序的输出结果是_____。

```c
int sub(int x,int y,int *z)
{ *z=y-x; }
  int   main()
{ int a,b,c;
  sub(10,5,&a); sub(7,a,&b); sub(a,b,&c);printf("%d,%d,%d\n",a,b,c);}
```

    A．5,2,3   B．−5,−12,−7   C．−5,−12,−17   D．5,−2,−7

4. 以下程序的输出结果是_____。

```c
#include <stdio.h>
int main()
{int k=2,m=4,n=6;
 int *pb=&k,*pm=&m,*p;
 *(p=&n)=*pb*(*pm);
 printf("%d\n",n);
}
```

    A. 4   B. 6   C. 8   D. 10

5. 以下程序的输出结果是_____。

```c
#include <stdio.h>
int prtv(int *x)
{printf("%d%d%d\n",++(*x),++(*x),*x); }
 int main()
{int a=25;
 prtv(&a);
}
```

    A. 272625   B. 252627   C. 252525   D. 262725

6. 若有语句"int*point，a=4；"和"point=&a；"，下面均代表地址的一组选项是_____。

    A. a，point，*&a   B. &*a，&a，*point

    C. *&point，*point，&a   D. &a，&*point，point

7. 下面判断正确的是_____。

    A. char*a="china"；等价于 char*a；*a="china"；

    B. charstr[10]={"china"}；等价于 charstr[10]；str[ ]={"china"}；

    C. char*s="china"；等价于 char*s；s="china"；

    D. charc[4]="abc"，d[4]="abc"；等价于 charc[4]=d[4]="abc"；

8. 下面能正确进行字符串赋值操作的是_____。

    A. chars[4]={"ABCD"}；

    B. chars[4]={'A'，'B'，'C'，'D'，'\0'}；

    C. char*s；s="ABCD"；

    D. char *s；scanf("%s",s)；

9. 下面程序段的运行结果是_____。

```c
char*s="abcde";
s+=2; printf("%s", s);
```

    A. cde   B. 字符'c'

    C. 字符'c'的地址   D. 无确定的输出结果

10. 以下代码中，count 函数的功能是统计 substr 在母串 str 中出现的次数，请将程序补充完整。

```
int count(char *str,char *substr)
{int i,j,k,num=0;
 for(i=0; 【1】 ;i++)
{for( 【2】 ,k=0;substr[k]==str[j];k++,j++)
 if(substr[ 【3】 ]=='\0')
{num++;break;}
}
return num;
}
```

【1】 A. str[i]==substr[i]   B. str[i]!='\0'
     C. str[i]=='\0'   D. str[i]>substr[i]

【2】 A. j=i+1   B. j=i   C. j=i+10   D. j=1

【3】 A. k   B. k++   C. k+1   D. k−1

11. 以下代码中，Delblank 函数的功能是删除字符串 s 中的所有空格（包括 Tab、回车符和换行符），请将程序补充完整。

```
#include <stdio.h>
#include <ctype.h>
#include <string.h>
int Delblank(char s[])
{int i,t;
 char c[80];
 for(i=0,t=0; 【1】 ;i++)
 if(!isspace( 【2】 ))c[t++]=*(s+i);
 c[t]='\0';
 strcpy(s,c);
}
int main()
{chars[]="ab b a ";
 Delblank(s);
 printf("%s\n",s);
}
```

【1】 A. *(s+i)   B. !s[i]   C. s[i]='\0'   D. s[i]=='\0'

【2】 A. s+i   B. *c[i]   C. *(s+i)='\0'   D. *(s+i)

12. 以下代码中，conj 函数的功能是将两个字符串 s 和 t 连接起来，请将程序补充完整。

```
#include <stdio.h>
int conj(char *s,char *t)
{while(*s) 【1】 ;
 while(*t)
```

```
    {*s=  【2】  ;s++;t++;}
    *s='\0';
     【3】 ;
  }
  int main()
  { chars [10] ="ab",s1 [] ="123";
    conj(s,s1);
    printf("%s\n",s);
  }
```

【1】A. s--　　　　B. s++　　　　C. s　　　　　D. *s

【2】A. *t　　　　　B. t　　　　　C. t--　　　　D. *t++

【3】A. return s　　B. return t　　C. return *s　　D. return *t

13. 设有说明 "char(*str) [10];"，则标识符 str 的意义是_____。

　　A. str 是一个指向有 10 个 char 型元素的数组的指针

　　B. str 是一个有 10 个元素的数组，数组元素的类型是指向 char 型的指针

　　C. str 是一个指向 char 型函数的指针

　　D. str 是具有 10 个指针元素的一维指针数组

二、填空题

1. 专门用来存放某种类型变量的首地址的变量被称为该种类型的　【1】　，它的类型是 "　【2】　"。

2. 数组的指针是指数组的　【1】　，而数组中某个元素的指针就是　【2】　。

3. 指向字符串的指针变量的类型仍然是　【1】　，它保存的是字符串的　【2】　，或者是　【3】　。

4. 对于变量 x，其地址可以写成　【1】　；对于数组 y [10]，其首地址可以写成　【2】　或　【3】　；对于数组元素 y[3]，其地址可以写成　【4】　或　【5】　。

5. 如果要引用数组元素，可以有两种方法：　【1】　和　【2】　。

6. 在 C 语言中，实现一个字符串的方法有两种：用　【1】　实现和用　【2】　实现。

7. 每一个函数都占用一段内存，在编译时被分配一个，这个就是函数的指针。可以让一个指针变量指向函数，然后就可以通过调用这个指针变量来调用函数。

8. 以下程序用指针指向 3 个整型存储单元，输入 3 个整数，并保持这 3 个存储单元中的值不变，选出其中最小值并输出。

```
#include <stdio.h>
int  main()
{ int a,b,c,*min;
  scanf("%d%d%d",&a,&b,&c);
  min=&a;
  if( 【1】 ) min=&b;
  if(*minc) 【2】 ;
  printf("输出最小的整数：  %d\n", 【3】 );
}
```

9. 阅读以下程序：

```c
#include <stdio.h>
int main()
{char str1 [] ="how do you do",str2 [10] ;
 char *ip1=str1,*ip2=str2;
 scanf("%s",ip2);
 printf("%s",ip2);
 printf("%s\n",ip1);
}
```

运行上面的程序，输入字符串 12345<CR>，则程序的输出结果是_____。

10. 阅读并运行下面的程序，如果从键盘上输入字符串 china 和字符串 boy，则程序的输出结果是_____。

```c
#include <string.h>
#include <stdio.h>
Len(char a [] ,char b [] )
{int num=0,n=0;
 while(*(a+num)!='\0')
 num++;
 while(b [n] )
 { *(a+num)=b [n] ;
 num++;
 n++;}
 return num;
}
int main()
{char str1 [81] ,str2 [81] ,*p1=str1,*p2=str2;
 gets(p1);
 gets(p2);
 printf("%d\n",Len(p1,p2));
}
```

11. 以下程序的输出结果是_____。

```c
#include <string.h>
#include <stdio.h>
int main()
{int *var,ab;
 ab=100; var=&ab; ab=*var+10;
 printf("%d\n",*var);
}
```

12. 以下程序的输出结果是_____。

```c
int ast(int x,int y,int *cp,int *dp)
```

```
{*cp=x+y;
 *dp=x-y;
}
int main()
{int a,b,c,d;
 a=4; b=3;
 ast(a,b,&c,&d);
 printf("%d %d\n",c,d);
}
```

13. 要求得到如下的运行结果

```
Follow me
Basic
Fortran
Great Wall
Computer design
```

完善下面程序

```
#include <stdio.h>
int  main()
{char *name []={"Follow me","Basic", "Fortran",
 "Great Wall","Computer design"};
int i;
for(i=0;i5;i++)
      ;
}
```

14. 若有定义:

```
char ch, *p;
```

（1）使指针 p 指向变量 ch 的赋值语句是 __【1】__ 。

（2）通过指针 p 给变量 ch 赋值的 scanf 函数调用语句是 __【2】__ 。

（3）通过指针 p 给变量 ch 的赋值字符 'a' 的语句是 __【3】__ 。

（4）通过指针 p 输出 ch 中字符的语句是 __【4】__ 。

15. 若有 5 个连续的 int 类型的存储单元并赋值，且指针 p 和指针 s 的类型皆为 int,p 已指向存储单元 a[1]，则:

（1）通过指针 p，给 s 赋值，使 s 指向最后一个存储单元 a[4]的语句是 __【1】__ 。

（2）移动指针 s，使之指向存储单元 a[2]的表达式是 __【2】__ 。

（3）已知 k=2，指针 s 已指向存储单元 a[2],表达式*(s+k)的值是 __【3】__ 。

（4）指针 s 已指向存储单元 a[2]，不移动指针 s，通过 s 引用存储单元 a[3]的表达式是 __【4】__ 。

三、编程题

1. 输入 10 个整型数据，按照由大到小的顺序排序。

2. 输入 3 个整数，按照由小到大的排序，排序由自定义函数完成，要求用指针变量作为函数的参数。

3. 设有一数列，包含 10 个数，已按升序排好。现要求编一程序，它能够把从指定位置开始的 n 个数按逆序重新排列并输出新的完整数列。进行逆序处理时要求利用指针，试编程（例如，原数列为 1，3，4，5，6，7，9，10，12，14，若要求把从第 4 个数开始的 5 个数逆序重新排列，则得到的新数列为 1，3，4，10，9，7，6，5，12，14）。

4. 有 3 个学生，每个学生学习 3 门课，计算他们总的平均成绩以及第 n 个学生的成绩。要求用函数 ave 求总的平均成绩，用函数 search 找出并输出第 n 个学生的成绩。在编程时要使用二维数组指针作函数的参数。

5. 在上题的基础上，找出其中有不及格课程的学生及其学号。

6. 用指向指针的指针的方法对 5 个字符串排序并输出。

7. 要求用本章所讲的知识设计 3 个函数，实现下述功能：

（1）将一个字符串中的字母全部变成大写，函数形式为 strlwr（字符串）。

（2）将一个字符串中的字母全部变成小写，函数形式为 strupr（字符串）。

（3）将字符数组 a 中下标为单数的元素值赋给另外一个字符数组 b，然后输出 a 和 b 的内容。

8.4 实 验 案 例

一、计算两数的和与积

1）实验要求

编写程序，利用指针输入两个整数，并通过指针变量计算它们的和与积。

2）实现代码

```
#include <stdio.h>
int main()
{ int x,y,sum,cj;
  int *px,*py;
  【1】 ;py=&y;
  printf("enter 2 integers:\n");
  scanf("%d%d",px, 【2】 );
  sum=*px+*py;
  cj= 【3】 ;
  printf("%d %d\n",sum,cj);
}
```

二、从字符串中提取数字

1）实验要求

编写一个程序，将用户输入的字符串中的所有数字提取出来。

2）算法分析

判断 ch 的值是否为数字字符的条件是 ch>='0'&& ch<='9'。

完善下面的程序。

```c
#include <stdio.h>
int main()
{char str [80] ,digit [80];
 char *ps;
 int i=0;
 gets(str);
 ps=str;
 while(*ps!='\0')
{if(*ps>='0' && *ps<='9')
{【1】;
i++;
}
【2】;
}
【3】;
printf("%s\n",digit);
}
```

三、统计字符串的长度

1）实验要求

编写程序，利用指针求字符串的长度。

2）算法分析

设 k 为记录字符串长度的变量，初值为 0。用 for 循环实现，当循环开始时，指针 p 指向字符串中的第一个字符，判断该字符是否为'\0'（字符串结束标志），如果不是则 k++，p++（p 指向下一个字符）。如果该字符为'\0'，则循环结束，输出 k 值。

四、将 3 个数从大到小排序

1）实验要求

编写程序，输入 3 个整数，利用指针对其从大到小排序。

2）算法分析

方法 1：用指针变量 p1、p2、p3 分别指向待排序的 3 个数 a、b、c，通过指针调整 a、b、c 的大小顺序，使 a>b>c，最后输出 a、b、c。

方法 2：将 3 个数放到一维数组中，指针指向一维数组，利用指针对一维数组中的数据进行排序。

五、一维数组的大小值交换问题

1）实验要求

输入 10 个整数，将其中最小数与第一个数交换，将最大数与最后一个数交换（假定第一个数不是最小值，最后一个数不是最大值）。写 3 个函数：

（1）输入 10 个数。

（2）数据处理。

（3）输出 10 个数。

在主函数中调用上述 3 个自定义函数。

2）算法分析

将输入的 10 个整数存放到一维数组中。在数据处理函数中，指针 pmax 和 pmin 初始值是数组中第一个元素的地址，即都指向数组中的第一个元素。用一重循环寻找数组中的最大值和最小值，循环控制变量作为数组元素的下标，用指针 pmax 和 pmin 分别指向最大值和最小值。自定义函数的实参和形参使用数组名。利用 for 循环的循环控制变量 i 作为数组元素的下标。

六、逆序排列

1）实验要求

编写程序，将 n 个数按输入时的顺序逆序排序。要求如下：

（1）用自定义函数完成 n 个数的逆序排列。

（2）在 main 函数中输入 n 的值及 n 个数，然后调用自定义函数完成逆序排列，并输出逆序排列结果。

2）算法分析

方法 1：用两个一维数组完成逆序排列，将一个数组中的数据逆序存放到另一个数组中即可。

方法 2：在已知数组中完成逆序排列。用两个指针分别指向数组中的头和尾，进行如下操作：① 将指针指向的数据交换；② 将指向头的指针后移，指向末尾的指针前移，重复上述①、②操作，直到两个指针相遇为止。

七、求一维数组中的最小数

1）实验要求

编写程序，求一维整型数组中数据的最小值。要求：

（1）编写一个函数 getmin 求一维整型数组中数据的最小值。

（2）函数原型：intgetmin(intb[], int*pmin)。

（3）函数的参数为整型数组的首地址和存储最小值元素的变量地址。

2）算法分析

在主函数中输入 10 个整数存放到一维数组 a 中，通过调用函数 getmin(a,&min)将 a 数组中的数据传递给自定义函数 getmin 中的形参数组 b，自定义函数中的形参指针 pmin 指向主函数中的存放最小值变量 min（传地址）。在自定义函数中寻找最小值，并将最小值存放在 pmin 指向的存储单元中。

八、矩阵转置

1）实验要求

编写程序，将一个 3×3 的矩阵转置（行列互换，即矩阵中第一行元素和第一列元素交换，第二行元素和第二列元素交换，第三行元素和第三列元素交换）。

2）算法分析

以主对角线为对称轴，将主对角线两侧的对称元素互换值即可。

用双重循环嵌套的形式，外层循环控制变量 i 作为行下标，内层循环控制变量 j 作为列下标。外层循环控制变量 i 从 1 到 3，内层循环控制变量 j 从 1 到 i（或 j 从 i 到 3），在内层循环体中将 a[i][j] 与 a[j][i] 交换。

九、求二维数组累加和

1）实验要求

已知 5×5 的二维数组 a，按下列要求编写程序：

（1）利用指针求其每行的和。

（2）利用指针求其每列的和。

（3）利用指针求所有元素的和。

2）算法分析

求二维数组中的行与列的和可以用行指针 ph（int（*ph）[5];）控制，ph 开始时指向第 0 行（行下标从 0 开始），即 ph 为第 0 行的首地址，则*ph 指向第 0 行第 0 列（列下标从 0 开始）元素，即*ph 为&a[0][0]，(*ph+i)则指向第 i 行第 0 列元素，即&a[i][0]，(*ph+i)+j 指向第 i 行第 j 列元素，即&a[i][j]。

求所有元素的和用变量指针 p(int*p;)控制，p 开始时指向二维数组中第一个元素，p++ 则指向第二个元素，以此类推，直到 p 指向最后一个元素为止，把 p 指向的所有元素累加即可。

十、统计学生成绩

1）实验要求

一个班有 4 个学生，5 门课，按下列要求编写程序：

（1）求第一门课的平均分。

（2）找出有 2 门以上课程不及格的学生，输出他们的学号和全部课程成绩。

（3）找出平均成绩在 90 分以上或全部课程在 85 分以上的学生，输出他们的学号、全部课程成绩和平均成绩。

要求：①不用指针，分别编写 3 个函数实现以上 3 个要求。②利用指针，分别编写 3 个函数实现以上 3 个要求。③输入、输出在 main 函数中完成。

2）算法分析

定义一个结构体类型的一维数组 a[4]，存放 4 个学生的信息，定义形式如下：

```
struct student
{int num;          //学号
 int cj [5];       //5门课成绩
 int ave;          //5门课的平均成绩
}a [4];
```

使指针 p 指向数组 a，利用 p 来引用结构体数组中的成员。

十一、字符串排序

1）实验要求

编写程序，用指针数组对 4 个字符串从小到大排序。

2）算法分析

定义字符指针数组 pstr，它由 4 个元素组成，分别指向 4 个字符串常量，即初始值分别为 4 个字符串的首地址，用一个双重循环对字符串进行排序（选择排序法）。在内层循环 if 语句的表达式中调用了字符串比较函数 strcmp，其中，pstr[i]、pstr[j]是要比较的两个字符串的指针。当字符串 pstr[i]大于、等于或小于字符串 pstr[j]时，函数返回值分别为正数、零和负数。最后使用一个单循环将字符串以"%s"的格式按从小到大的顺序输出。

十二、用指针数组处理二维数组

1）实验要求

完善下面程序，输出 2×3 数组中所有元素的值。

2）算法分析

指针数组不仅可以存放多个字符串，也可以存放其他类型变量的地址。

例如：int *p[4]; 表示 p 是一个指针数组名，该数组有 4 个数组元素，每个数组元素都是一个指针，指向整型变量。

本题中可定义：

```
int *pa[2];
pa[0]=a[0];pa[1]=a[1];
```

程序如下：

```
#include <stdio.h>
int main( )
{int a[2][3],*pa[2];
 int i,j;
 pa[0] = a[0];
 pa[1] =a[1];
 for(i = 0;i<2;i++ )
 for(j = 0;  【1】 ;j++ )
 a[i][j]=(i+1) *(j+1);
 for(i = 0;i<2;i++ )
 for(j = 0;j<3;j++ )
{ printf("a[%d][%d] : % 3d\n",i, j, *pa[i] );
  【2】 ;
 }
}
```

十三、指针参数交换

输入下列程序：

```
int swap(int *p1, int *p2)
{int temp;
 temp = *p1;*p1 = *p2;*p2 = temp;}
 int main()
{int *p_max, *p_min, a, b;
```

```
printf("请输入两个数a和b\n");
scanf("%d,%d", &a, &b);
p_max = &a;p_min = &b;
/*若a比b小则需交换指针p_max和p_min所指向的变量*/
if (a < b)
swap(p_max, p_min);
printf("\n%d, %d\n", a, b);
}
```

（1）利用 Visual C++ 6.0 的单步跟踪和 Variables 窗口调试这个程序，并观察各个变量的变化情况。分析为什么能够实现两个变量的交换。

（2）使用如下 3 个函数代替 swap 函数，是否能够实现交换？为什么？运行对应的程序来检验你的分析。

函数 1：

```
int swap1(int *p1, int *p2)
{int  *temp;
 *temp = *p1;
 *p1 = *p2;
 *p2 = *temp;
}
```

函数 2：

```
int swap2(int i, int j)
{int temp;
 temp = i; i = j;j = temp;}
```

函数 3：

```
int swap3(int *p1, int *p2)
{int *temp;
 temp = p1;p1 = p2;p2 = temp;}
```

十四、字符串程序跟踪

仔细观察并分析下面程序的输出，会有意想不到的收获。

程序 1：

```
#include <stdio.h>
#include <string.h>
int main()
{char *p1,*p2,str [50] ="ABCDEFG";
 p1="abcd";p2="efgh";strcpy(str+1,p2+1);strcpy(str+3,p1+3);
 printf("%s",str);
}
```

程序 2：

```c
#include<stdio.h>
#include<string.h>

int main( )
{char b1 [18] = "abcdefg",b2 [8] ,*pb=b1+3;
 while(--pb>=b1)
 strcpy(b2,pb);
 printf("%d\n",strlen(b2));
}
```

程序 3：

```c
#include <stdio.h>
char cchar(char ch)
{if (ch>='A'&&ch<='Z')
 ch=ch-'A'+'a';
 return ch;
}
int main()
{char s [] ="ABC+abc=defDEF",*p=s;
 while(*p)
{*p=cchar(*p);
 p++;
}
printf("%s\n",s);
}
```

十五、指针变量跟踪分析

（1）运用调试功能，单步跟踪运行，观察变量值的变化情况。

运行如下程序，观察并分析运行结果：

```c
#include<stdio.h>
int main()
{short a [10] ={0,1}, b [3][4] ={0,1,2,3,4};
 short *p1=a, (*p2) [4] =b,*p3=b [0] ;
 printf("%x %d\n",a,a [0] );
 printf("%x %x %d\n",b,b [0] ,b [0][0] );
 printf("%x %d %x %d\n",p1,*p1,p1+1,*(p1+1));
 printf("%x %d %x %d\n",p2,p2 [0][0] ,p2+1,*(p2+1) [0] );
 printf("%x %d %x %d\n",p3,*p3,p3+1,*(p3+1));
}
```

（2）对于如下程序，使用单步跟踪和 Variables 窗口观察并分析变量的变化情况：

```c
#include <stdio.h>
```

```
int main( )
{char string1[ ]="Hello,world!";
 printf("%s\n", string1);
 char *string2="Hello, world!";
 printf("%s\n", string2);
 char *string3;
 string3= string1;
 printf("%s\n", string3);
}
```

第9章 | 结构体、共用体和枚举类型

9.1 知 识 要 点

结构体能将一定数量的不同类型的成分组合在一起，构成一个有机的整体。共用体类型是将同一区域供不同类型的数据使用（但不在同一时刻），这些不同的数据，可以形成一种新的数据构造类型，即共用体类型。

9.1.1 结构体的概念

结构体和数组都属于构造（复合）数据类型，都由多个数据项（也称为元素）复合而成，区别是数组由相同数据类型的数据项组成，结构体由不同数据类型的多个数据项组合而成。

9.1.2 结构体类型的定义

"结构体"是一种构造类型，它是由若干"成员"组成的，每一个成员可以是一个基本数据类型或者又是一个构造类型。结构体在使用之前必须先定义它。

结构体的定义形式如下：

```
struct 结构体名
{类型标识符成员名;
 类型标识符成员名;
 ...
} ;
```

例如：

```
struct student
{int num;
 char name [20];
 char sex;
 float score;
};
```

9.1.3 结构体类型成员的引用

C 语言系统中除了允许具有相同类型的结构体变量相互赋值以外，一般对结构体变量的使用，包括赋值、存取、运算等都是通过结构体变量的成员来实现的。对结构体变量成

员的一般引用形式是:

```
结构体变量名.成员名
```

例如:

```
struct student stu1,stu2;      /*定义两个结构体类型的变量*/
stu1.num                       /*即第一个变量的学号*/
stu2.sex                       /*即第二个变量的性别*/
```

9.1.4　结构体变量的指针和结构体指针变量

结构体变量的指针就是结构体变量所占据的内存段的起始地址。结构体指针变量的值就是结构体变量的起始地址。指针变量可以指向单个的结构体变量,当然也可以指向结构体数组中的元素。定义结构体指针变量的一般形式是:

```
struct 结构体名    *结构体指针变量名;
```

例如:

```
struct student *pstu;
```

定义了结构体指针变量以后,就可以通过该变量来访问结构体变量了。访问的一般形式如下:

```
结构体指针变量名->成员名 或 (*结构体指针变量名).成员名
```

其中,"->"称为指向运算符,这样就得到了 3 种等价的形式:

```
结构体变量名.成员名;
结构体指针变量名->成员名;
(*结构体指针变量名).成员名;
```

9.1.5　指向结构体数组的指针

对于结构体数组及其元素,可以用指针或者指针变量来指向,即结构体指针变量可以指向一个结构体数组,这时结构体指针变量的值是整个结构体数组的起始地址。

指针变量也可以指向结构体数组的一个元素,这时结构体指针变量的值是该结构体数组元素的起始地址。

9.1.6　共用体

共用体又称为联合体。共用体类型的结构是使几个不同的变量共占同一段内存的结构。共用体类型变量的定义形式为:

```
union 共用体名
{成员表列
}变量表列;
```

例如：

```
union data
{int i;
 char ch;
 float f;
};
union data a,b,c;
```

说明：共用体变量所占的内存长度等于最长的成员的长度。如上面定义的共用体变量 a、b 和 c 各占 4 字节，因为 float 类型占 4 字节。

9.1.7 typedef 的用法

关键字 typedef 可用来为已定义的数据类型定义一个"别名"。换句话说，用 typedef 可为数据类型起个"外号"。

例如：

```
type def int integer;
typedef unsigne dintunint;
tupedef struct student student;
```

定义新的类型名 integer 是 int 的别名，uint 是 unsignedint 的别名，student 是 struct student 的别名。

9.1.8 枚举类型

枚举是指将变量的值一一列举出来，变量的值只限于列举出来的值的范围内。枚举类型定义形式如下：

```
enum 枚举类型名（枚举类型值）;
```

例如：

```
enum weekday(sun,mon,tue,wed,thu,fri,sat);
```

枚举类型变量定义：

```
enum weekday day,day1;
```

day 和 day1 是枚举类型的变量，它们的值只能是 sun 到 sat 之一。如：

```
day=sun; day1=tue;
```

说明：枚举类型的值可以比较大小，比较规则是按其在定义时的顺序号比较。如果定义时未人为指定，则第一个枚举元素的值序号为 0，后面的元素依次加 1。如 sun 的序号为 0，mon 的序号为 1。

9.2 例题分析与解答

一、选择题

1. 设有以下说明语句：

```
typedef struct
{int n;
char ch[8];
}PER;
```

则下面叙述中正确的是_____。

        A．PER 是结构体变量名　　　　　B．PER 是结构体类型名

        C．typedef struct 是结构体类型　　D．struct 是结构体类型名

分析：根据 C 语言规定，typedef 可以用来声明类型名，但不能用来定义变量，显然题目中的 PER 不可能是变量名，只能是结构体类型名。

答案：B

2. 若有以下结构体定义：

```
struct example
{int x;
 int y;
}v1;
```

则_____是正确的引用或定义。

        A．example.x=10;　　　　　　　　B．example v2; v2.x=10;

        C．struct v2;v2.x=10;　　　　　　D．struct example v2={10};

分析：选项 A 的错误是通过结构体名引用结构体成员，选项 B 的错误是将结构体名作为类型名使用，选项 C 的错误是将关键字 struct 作为类型名使用，选项 D 是定义结构体变量 v2 并对其初始化的语句，初始值只有前一部分，这是允许的。

答案：D

3. 以下程序的输出结果是_____。

```
#include <stdio.h>
typedef untion
{long x[2];
 int y[3];
 char z[2];
}MYTYPE;
int main()
{MYTYPE them;
 printf("%d\n",sizeof(them));
}
```

    A．32　　　　　　　　B．16　　　　　　　　C．8　　　　　　　　D．24

分析：程序说明了一个共用体类型 MYTYPE，并定义了 them 为共用体类型 MYTYPE 的变量。程序要求输出变量 them 的所占的字节数。共用体中包含 3 个成员，占用存储空间最大的成员是 x 数组，占用 8 字节，所以变量 them 所占用的存储空间是 8 字节。

答案：C

4. 若有下面的说明和定义：

```
struct test
{int ml;
 char m2;
 float m3;
 union uu
{char ul [5];
 int u2 [2];
}ua;
}myaa;
```

则 sizeof(struct test) 的值是_____。

    A. 17   B. 16   C. 14   D. 9

分析：本题是计算结构体变量的大小。结构体变量的大小是各个成员变量大小之和，其中成员变量 ua 是共用体类型，对于共用体来说，所占内存空间的大小等于此共用体中最大的成员长度，所以成员变量 ua 的大小为 8。由于 m1 大小为 4，m2 大小为 1，m3 大小为 4，所以总共是 17。

答案：A

5. 以下各选项企图说明一种新的类型名，其中正确的是_____。

    A. typedef v1 int;   B. typedef v2=int;
    C. typedef int v3;   D. typedef v4: int;

分析：本题涉及 typedef 类型定义，C 语言 typedef 的语法格式如下。

typedef 原类型名 新类型名

所以只有选项 C 符合 C 语言的语法规定。

答案：C

二、填空题

以下定义的结构体类型拟包含两个成员，其中成员变量 info 用来存入整型数据；成员变量 link 是指向自身结构体的指针，请将定义补充完整。

```
struct node
{int info;
 _____ *link;
};
```

分析：本题中的结构体类型定义涉及递归定义，只有链表中的节点才会这样定义，即链表节点的结构体定义中，有一个指向自身类型的指针类型分量。

答案：struct   node

结构体、共用体和枚举类型

9.3 测 试 题

一、选择题

1. 当声明一个结构体变量时，系统分配给它的内存是_____。

    A. 各成员所需内存的总和

    B. 结构中第一个成员所需的内存量

    C. 成员中占内存量最大者所需的容量

    D. 结构中最后一个成员所需内存量

2. 设有以下说明语句：

```
struct stu
{int a;
 float b;
}stutype;
```

则下面的叙述中不正确的是_____。

    A. struct 是结构体类型的关键字

    B. struct stu 是用户定义的结构体类型

    C. stutype 是用户定义的结构体类型名

    D. a 和 b 都是结构体成员名

3. 根据下面的定义，能打印出字母 M 的语句是_____。

```
#include <stdio.h>
struct person{charname[9];int age;};
struct person class[10]={"John",17,"Paul",19,"Mary",18};
```

    A. printf("%c\n",class[2].name[0]);

    B. printf("%c\n",class[2].name[1]);

    C. printf("%c\n",class[3].name);

    D. printf("%c\n",class[3].name[0]);

4. 下面程序的运行结果是_____。

```
#include <stdio.h>
int  main()
{struct cmplx{int x;int y;}cnum [2] ={1,3,2,7};
 printf("%d\n",cnum [0] .y/cnum [0] .x*cnum [1] .x);
}
```

    A. 0   B. 1   C. 3   D. 6

5. 若有以下定义和语句：

```
struct student
{int age; int num;};
```

```
struct student stu [3] ={{1001,20},{1002,19},{1003,21}};
int main()
{struct student *p;
 p=stu;
 ...
}
```

则以下不正确的引用是_____。

    A. (p++)->num   B. p++

    C. (*p).num   D. p=&stu.age

6. 若有以下说明和语句：

```
struct student
{int age;
 int num;
}std,*p=&std;
```

则以下对结构体变量 std 中成员 age 的引用方式不正确的是_____。

    A. std.age   B. p->age   C. (*p).age   D. *p.age

7. 当声明一个共用体变量时系统分配给它的内存是_____。

    A. 各成员所需内存的总和

    B. 结构中第一个成员所需的内存量

    C. 成员中占内存量最大者所需的容量

    D. 结构中最后一个成员所需内存量

8. C 语言共用体类型变量在程序运行期间_____。

    A. 所有成员一直驻留在内存中

    B. 只有一个成员驻留在内存中

    C. 部分成员驻留在内存中

    D. 没有成员驻留在内存中

9. 请选择正确的运行结果填写到程序中的每个打印语句后的注释行内。

```
#include <stdio.h>
int main()
{union{short int a [2];long b;char c [4];}s;
 s.a [0] =0x39;
 s.a [1] =0x38;
 printf("%lx\n",s.b);/* 【1】 */
 printf("%c\n",s.c [0]); /* 【2】 */
}
```

【1】A. 390038   B. 380039   C. 3938   D. 3839

【2】A. 39   B. 9   C. 38   D. 8

10. 下面对 typedef 的叙述中不正确的是_____。

    A. 用 typedef 可以定义各种类型名，但不能用来定义变量

B. 用 typedef 可以增加新类型

C. 使用 typedef 有利于程序的通用和移植

D. 用 typedef 只是将已存在的类型用一个新的标识符来代表

11. 以下程序的运行结果是_____。

```
typedef union {longa[2];short int b[2];charc[8];}TY;
TY our;
int main()
{printf("%d\n",sizeof(our));
}
```

    A. 32   B. 16   C. 8   D. 4

二、填空题

1. 如果需要将几种不同类型的变量存放到同一段内存单元中，可以使用 【1】 类型数据。如果一个变量只有几种可能的值，则可以定义 【2】 类型数据结构。

2. 以下程序用来输出结构体变量 ex 所占存储单元的字节数，请填空。

```
#include <stdio.h>
struct st
{char name [20] ;
 double score;};
 int  main()
{struct st ex;
 printf("ex size: %d\n",sizeof(____));
}
```

3. 若有下面的定义：

```
struct
{int x;int y;}s [2]={{1,2},{3,4}},*p=s;
```

则表达式++p->x 的值为 【1】 ，表达式(++p)->x 的值为 【2】 。

4. 以下程序的运行结果是_____。

```
struct n
{int x;
 char c;
};
#include <stdio.h>
int main()
{struct n a={10,'x'};
 func(a);
 printf("%d,%c",a.x,a.c);
}
func(struct n b)
{b.x=20;b.c='y'; }
```

5. 设有 3 人的姓名和年龄存在结构体数组中，以下程序输出 3 人中年龄居中者的姓名和年龄，请填入正确内容。

```
static struct man
{char name [20];
 int age;
}person [ ] ={"Liming",18,"Wanghua",19,"Zhangping",20};
int main()
{int i,j,max,min;
 max=min=person [0] .age;
 for(i=1;i<3;i++)
 if(person [i] .age>max) 【1】 ;
 else if(person [i] .age<min) 【2】 ;
 for(i=0;i<3;i++)
 if((person [i] .age<max 【3】 person [i] .agemin )
 printf("%s%d\n",person [i] .name,person [i] .age);
 }
```

6. 以下程序调用 readrec 函数把 4 名学生的学号、姓名、4 项成绩以及平均分放在一个结构体数组中，学生的学号、姓名和 4 项成绩由键盘输入，然后计算出平均分放在结构体对应的成员中，调用 writerec 函数输出 10 名学生的记录。请在空白处填入正确的内容。

```
include <stdio.h>
struct stud
{char num [5] ,name [10];
 int s [4];
 int ave;
};
int main()
{struct stud st [30];
 int i,k;
 for(k=0;k<4;k++)readrec(&st [k]);
 writerec(st);
}
readrec(struct stud *rec)
{int i,sum;char ch;
 gets(rec->num);gets(rec->name);
 for(i=0;i<4;i++)scanf("%d", 【1】 );        /*读入4项成绩*/
 ch=getchar();                             /*跳过输入数据最后的回车符*/
 sum=0;
 for(i=0;i<4;i++)sum= 【2】 ;                /*累加4项成绩*/
 rec->ave=sum/4.0;
 }
writerec(struct stud *s)
{int k,i;
 for(k=0;k<4;k++)
```

结构体、共用体和枚举类型

```
{ printf("%s%s\n",(*(s+k)).num,(*(s+k)).name);
  for(i=0;i<4;i++)
  printf("%5d", 【3】 );
  printf(" %5d\n",(*(s+k)).ave);
}
}
```

7．位段就是以位为单位定义长度的　【1】　类型中的成员，就是把一个字节中的二进制位划分为几个不同的区域，并说明每个区域的　【2】　。

三、编程题

1．利用结构体类型编一程序，实现输入一个学生的计算机程序设计课程的平时、期中和期末成绩，然后按平时占 10%，期中占 20%，期末占 70%的比例计算出该学生的学期成绩，并输出。

2．利用指向结构体的指针编一程序，实现输入 3 个学生的学号、数学平时成绩、期中成绩和期末成绩，然后计算学期成绩，平时、期中和期末成绩所占比例分别为 10%、20%和 70%。

3．定义枚举类型 money，用枚举元素代表人民币的面值。包括 1 角、5 角、1 元、5元、10 元、50 元和 100 元。

9.4 实 验 案 例

一、编程求复数

1）实验要求

编写程序，用结构体的方法进行两个复数的相减。

2）算法分析（略）

完善下列程序。

```
#include <stdio.h>
struct Complex
{double m_r;    //定义复数的实部
 double  m_i;    //定义复数的虚部
};
int main()
{struct Complex  c1 ={1.2,2.3},c2={0.2,0.3};
 struct  Complex  c;
  【1】 ;
 c.m_i= 【2】 ;
 printf("c=%g+i%g\n",c.m_r,c.m_i);
}
```

二、编程，判断某日是本年中的第几天

1）实验要求

定义一个包括年、月、日的结构体。编写程序，输入一个日期，计算该日在本年中是第几天。注意闰年问题。

2）算法分析

判断闰年的条件是：年份能被 4 整除，但不能被 100 整除，为闰年；年份能被 400 整除为闰年。如果是闰年则 2 月份为 29 天，否则为 28 天。

要求输出某日是当年的第几天（用 d 表示），d 应加上过去月份的天数和当月过去的天数。

完善下列程序。

```
#include<stdio.h>
struct djt
{ int day;
  【1】 ;
 int year;
};
int main()
{int dayof [13] ={0,31,28,31,30,31,30,31,31,30,31,30,31};
 struct djt date,*p;
 int i,d;
 printf("请输入年、月、日：  \n");
 scanf("%d%d%d",&date.year,&date.month,&date.day);
  【2】 ;
 if(p->year==0) printf("数据错误！");
 else
{if( 【3】 )dayof [2] =29;
  【4】 ;
 printf("%d\n",d);
 for(i=1;i<p->month;i++)
 d=d+dayof [i] ;
 printf(" %d \n",d);
}
}
```

三、编程统计学生成绩

1）实验要求

有 10 个学生，每个学生的数据包括学号、姓名、3 门课程的成绩。编写程序，从键盘输入 10 个学生的数据，要求输出 3 门课程的平均成绩，以及 3 门课总分最高的学生的学号、姓名、3 门课程成绩。

2）算法分析（略）

完善下列程序。

```
#include<stdio.h>
#define N 10
struct student
{ char  num [6];    //学号
```

结构体、共用体和枚举类型

```
    char name [8] ;        //姓名
    float   【1】 ;         //3门课成绩
    float avr;             //3门课平均分
}stu [N] ;
int main()
{int i,j,maxi;
 float sum,max,average;
 for(i=0;i<N;i++)
{scanf("%s",stu [i] .num);
 scanf("%s",stu [i] .name);
 for(j=0;j<3;j++)
   【2】 ;                      //输入3门课成绩
 }
average=0;max=0;maxi=0;
for(i=0;i<N;i++)
{sum=0;
 for(j=0;j<3;j++)
 sum+=stu [i] .score [j] ;
 stu [i] .avr=_【3】 ;
 average=average+stu [i] .avr;
 if(sum>max){max=sum; 【4】 ;}
}
average=average/N;
for(i=0;i<N;i++)
{printf("%5s%10s",stu [i] .num,stu [i] .name);
 for(j=0;j<3;j++)
 printf("%9.2f",stu [i] .score [j] );
 printf("%8.2f\n",stu [i] .avr);
}
printf("总平均分:   %5.2f\n",average);
printf("最高分学生信息:   %s,%s,",stu [maxi] .num,stu [maxi] .name);
    printf("%6.2f,%6.2f,%6.2f\n",stu [maxi] .score [0],stu [maxi] .score [1],
        stu [maxi] .score [2] );
}
```

四、观察共用体变量的定义和使用

1）实验要求

观察和分析共用体类型的定义和共用体变量的使用方法。

2）实现代码

输入下列程序，并运行。

```
#include <stdio.h>
union A
{int x;
 char s [8];
```

```
};
int main()
{union A x={'A'};
 printf("x.x的值：  %x,",x.x);
 printf("x.s的值：  %s\n",x.s);
}
```

思考：

（1）运行结果是什么？

（2）为什么是这样的结果？

五、观察共用体变量的初始化

1）实验要求

观察和分析共用体变量初始化形式。

2）实现代码

输入下列程序，分析运行结果。

```
#include <stdio.h>
struct A
{int x;
 int y;
};
union B
{struct A a;
 int x;
 char s[8];
};
int main()
{union B x={0x10,0x20};
 union B y=x;
 printf("y.a.x的值：  %x\n",y.a.x);
 printf("y.x的值：  %x\n",y.x);
}
```

思考：

（1）初始化数据是什么进制的数据？

（2）为什么得到这样的结果？

六、练习枚举类型的使用

1）实验要求

编写程序，用 0～6 代表 Sunday（星期日）～Saturday（星期六），并保存到枚举类型变量中。从键盘输入 0～6 的任意一个数，输出对应的星期几。

2）算法分析

定义枚举类型 weekday，枚举元素为 Sunday~Saturday，用 switch case 多分支语句实现。

结构体、共用体和枚举类型

七、练习 typedef 类型的使用

1）实验要求

定义一种类型的别名，用这种别名定义变量的类型。

2）算法分析（略）

输入下列程序，仔细斟酌 typedef 的用法。

```c
#include <stdio.h>
typedef int int;
typedef int *pint;
int main( )
{int a=10, b=10;
 pint p;
 p=&a;
 *p=*p+b;
 printf("%d\n",a);
}
```

第 10 章　编译预处理

10.1　知 识 要 点

10.1.1　编译预处理概述

编译预处理是在 C 语言系统进行编译的第一遍扫描（词法扫描和语法分析）之前所做的工作。C 提供 3 种预处理功能：宏定义、文件包含和条件编译。

10.1.2　宏定义

在 C 语言源程序中允许用一个标识符来表示一个字符串，称为"宏"。被定义为"宏"的标识符称为"宏名"。在编译预处理时，对程序中所有出现的"宏名"，都用宏定义中的字符串去替换，这称为"宏替换"或"宏展开"。

不带参数的宏定义是用一个指定的标识符来代表一个字符串，其定义的一般形式为：

```
#define  标识符  字符串
```

带参数的宏定义需要进行参数替换。它的一般定义形式为：

```
#define  宏名(形参表)  字符串
```

10.1.3　文件包含

文件包含处理（又称"文件包括"）是指一个源文件可以将另外一个指定的源文件的全部内容包含进来，即将另外的文件包含到本文件之中。C 语言用#include 命令来实现文件包含的操作。其一般的形式为：

```
#include  "文件名"
```

文件包含命令的功能是把指定的文件插入该命令行位置取代该命令行，从而把指定的文件和当前的源程序文件连成一个源文件。

10.1.4　条件编译

条件编译就是对某段程序设置一定的条件，符合条件才能编译这段程序。条件编译的形式有 3 种。

第一种形式：

```
#ifdef    标识符
程序段1
#else
程序段2
#endif
```

其中的标识符是一个符号常量，如果标识符已用#define 命令定义过，则对程序段 1 进行编译；否则，对程序段 2 进行编译。

第一种形式中的#else 及其后的程序段 2 可省略，写成：

```
#ifdef    标识符
程序段
#endif
```

如果标识符已被#define 命令定义过，则对程序段进行编译；否则，不编译程序段。

第二种形式：

```
#ifndef    标识符
程序段1
#else
程序段2
#endif
```

与第一种形式的区别是将 ifdef 改为 ifndef。其作用是：如果标识符未被#define 命令定义过，则对程序段 1 进行编译；否则，对程序段 2 进行编译。与第一种形式的功能正好相反。

第三种形式：

```
#if常量表达式
程序段1
#else
程序段2
#endif
```

其功能是，如果常量表达式的值为真（非 0），则对程序段 1 进行编译；否则，对程序段 2 进行编译。

10.2 例题分析与解答

一、选择题

1. 以下程序的输出结果是_____。

```
#define M(x,y,z)  x*y+z
```

```
int  main()
{int a=1,b=2, c=3;
 printf("%d\n", M(a+b,b+c, c+a));
}
```

    A. 19   B. 17   C. 15   D. 12

分析：本题涉及带参数的宏定义，表达式 M(a+b,b+c, c+a)带有 3 个参数，编译预处理后，变为 a+b*b+c+c+a，当前值代入变量后，表达式为 1+2*2+3+3+1。

答案：D

2. 以下程序的输出结果是_____。

```
#define SQR(X) X*X
int  main()
{int a=16, k=2, m=1;
 a=(k+a)/SQR(k+m);
 printf("%d\n",a);
}
```

    A. 16   B. 12   C. 9   D. 1

分析：本题涉及带参数的宏定义，表达式 SQR（k+m）预处理后，替换为 k+m*k+m，题目中最后实际计算的是 a=(k+a)/ k+m*k+m，即 a=(2+16)/2+1*2+1。

答案：B

3. 有如下程序：

```
#define N 2
#define M N+1
#define NUM 2*M+1
int  main()
{int i;
 for(i=1;i<=NUM;i++)
 printf("%d\n",i);
}
```

该程序中的 for 循环执行的次数是_____。

    A. 5   B. 6   C. 7   D. 8

分析：本题涉及多重宏定义嵌套，题目中 NUM 经过编译预处理后，替换为 2*M+1，进一步替换为 2*N+1+1，再进一步替换为 2*2+1+1。

答案：B

4. 以下程序的输出结果是_____。

```
#define f(x) x*x
int  main( )
{int a=6, b=2, c;
 c=f(a)/f(b);
```

```
printf("%d \n", c);
}
```

　　A. 9　　　　　　　　　B. 6　　　　　　　　C. 36　　　　　　　D. 18

　　分析：本题涉及带参数的宏定义，程序中表达式 c=f(a)/f(b)经过预处理后，替换为 a*a/b*b，题目中实际计算的表达式是 6*6/2*2。

　　答案：C

二、填空题

1. 设有如下宏定义：

```
#define MYSWAP(z,x,y) {z=x;x=y; y=z;}
```

以下程序段通过宏调用实现变量 a、b 内容交换，请填空。

```
float a=5,b=16,c;
MYSWAP( _____ ,a,b);
```

　　分析：本题涉及带参数的宏定义，从宏定义#define MYSWAP(z,x,y) {z=x; x=y; y=z;}中即可看出，利用 z 作为中间变量交换 x、y 的值，结合题目填入 c，即利用 c 作为中间变量交换变量 a、b 的内容。

　　答案：c

2. 以下程序的输出结果是_____。

```
#define MAX(x,y) (x)(y)?(x):(y)
int main()
{ int a=5,b=2,c=3,d=3,t;
  t=MAX(a+b,c+d)*10;
  printf("%d\n",t);
}
```

　　分析：本题涉及带参数的宏定义，表达式 t=MAX(a+b,c+d)*10 经过编译预处理后，替换为 t=(a+b)>(c+d)?(a+b):(c+d)，即 t=(5+2)>(3+3)?(5+2):(3+3)。

　　答案：7

3. 下面程序的输出结果是_____。

```
#define PT 5.5
#define s(x) PT*x*x
int main()
{ int a=1,b=2;
  printf ("%4.1f\n",s(a+b));
}
```

　　分析：本题涉及编译预处理，s(a+b)代换为 PT*a+b*a+b，进一步代换为 5.5*a+b*a+b，所以实际输出时计算的表达式是 5.5*1+2*1+2。

　　答案：9.5

10.3 测 试 题

一、选择题

1. 以下程序的输出结果是_____。

```
#define MIN(x,y) (x)(y)?(x):(y)
int main()
{ int i,j,k;
  i=10; j=15; k=10*MIN(i,j);
  printf("%d\n",k);
}
```

    A. 15   B. 100   C. 10   D. 150

2. 以下程序中的 for 循环执行的次数是_____。

```
#define N 3
#define NUM (N+1)/2
int  main()
{ int i;
  for(i=1; i<=NUM; i++)printf("%d\n",i);
}
```

    A. 3   B. 2   C. 1   D. 4

3. 以下程序的输出结果是_____。

```
#include <stdio.h>
#define FUDGF(y) 2.84+y
#define PR(a) printf("%d",(int)(a))
#define PRINT1(a) PR(a); putchar(\'\n\')
int  main()
{ int x=2;
  PRINT1(FUDGF(5)*x);
}
```

    A. 11   B. 12   C. 13   D. 15

4. 以下叙述中正确的是_____。

    A. 用#include 包含的头文件的扩展名不可以是.a

    B. 若一些源程序中包含某个头文件，当该头文件有错时，只需对该头文件进行修改，包含此头文件的所有源程序不必重新编译

    C. 宏命令行可以看作是一行 C 语句

    D. C 编译中的预处理是在编译之前进行的

二、填空题

1. C 语言提供了 3 种预处理语句，它们是 【1】 、 【2】 和条件编译。

2. 下面程序中 for 循环的执行次数是__【1】__，输出结果为__【2】__。

```c
#include <stdio.h>
#define N 2
#define M N+2
#define NUM M/2
int main()
{ int i;
  for(i=1;i<=NUM;i++);
  printf("%d\n",i);
}
```

3. 下面程序的输出结果是_____。

```c
#define PR(ar) printf("%d", ar)
#include <stdio.h>
int main()
{ int j, a[]={ 1,3,5,7,9,11,13,15},*p=a+5;
  for(j=3; j; j--)
{ switch(j)
 {case 1:
  case 2: PR(*p++); break;
  case 3: PR(*(--p));
 }
}
}
```

4. 下列程序的输出结果是_____。

```c
#define N 10
#define s(x) x*x
#define f(x) (x*x)
#include <stdio.h>
int main()
{ int i1,i2;
  i1=1000/s(N);i2=1000/f(N);
  printf("%d%d\n",i1,i2);
}
```

5. 下列程序的输出结果是_____。

```c
#define NX 2+3
#define NY NX*NX
#include <stdio.h>
int main()
{int i=0,m=0; for(;i<NY;i++)m++; printf("%d\n",m);}
```

6. 下列程序的输出结果是_____。

```
#define MAX(a,b) ab
#define EQU(a,b) a==b
#define MIN(a,b) ab
#include "stdio.h"
int main()
{int a=5,b=6;
 if(MAX(a,b)) printf("MAX\n");
 if(EQU(a,b)) printf("EQU\n");
 if(MIN(a,b)) printf("MIN\n");
}
```

7. 下列程序的输出结果是_____。

```
#define TEST1
#include <stdio.h>
int  main()
{int x=0,y=1,z; z=2*x+y;
 #ifdef TEST
 printf("%d %d ",x,y);
 #endif
 printf("%d\n",z);
}
```

8. 下列程序的输出结果是_____。

```
#include <stdio.h>
#define Max100
int main()
{int i=10;
 float x=12.5;
 #ifdef Max
 printf("%d\n",i);
 #else
 printf("%.1f\n",x);
 #endif
 printf("%d,%.1f\n",i,x);
}
```

三、编程题

1. 输入两个整数，并利用带参数的宏定义，求其相除的商。

2. 利用带参数的宏定义实现求给定一个数的绝对值。

3. 从键盘输入 3 个整数，利用宏定义求出其中的最小值。

4. 编写一个程序，从键盘输入三角形的 3 条边的长度，利用带参数的宏定义，求三角形的面积。

5. 定义一个宏, 判断给定年份是否为闰年 (闰年条件: 能被 400 整除或能被 4 整除但不能被 100 整除)。

10.4 实 验 案 例

一、编写程序, 定义无参宏

1) 实验要求

定义一个无参宏表示 3.1415926, 输入圆的半径 r, 求圆面积 s。

2) 算法分析

宏定义: #define pi 3.1415926。程序中需要用 3.1415926 的地方全部用 pi 来代替。

二、编写程序, 定义带参宏

1) 实验要求

定义一个带参数的宏, 使两个参数的值互换。在土函数中输入两个数作为使用宏的实参, 输出已交换后的两个值。

2) 算法分析

使用以下宏定义:

```
#define SWAP(a,b) t=b;b=a;a=t
```

调用格式:

```
SWAP(a,b);
```

三、编写程序, 利用宏求整数的余数

1) 实验要求

定义一个带参数的宏, 求两个整数的余数。通过宏调用, 输出求得的结果。

2) 算法分析 (略)

完善下列程序。

```
#define R(m,n) 【1】   //求m除以n的余数
#include stdio.h
int main()
{ int m,n;
  printf("enter two integers:\n");
  scanf("%d%d",&m,&n);
  printf("remainder=%d\n", 【2】 );
}
```

四、编写程序, 利用宏求 3 个数中的最大数

1) 实验要求

利用带参数的宏, 从 3 个数中找出最大者。

2) 算法分析 (略)

完善下列程序。

```
#include <stdio.h>
#define MAX(a,b) ( 【1】 )//定义宏
int main()
{ int m,n,k;
  printf("enter 3 integer:\n");
  scanf("%d%d%d",&m,&n,&k);
  printf("max=%d\n",MAX( 【2】 ,k));
}
```

五、编写程序，利用宏判断整数能否被 3 整除

1) 实验要求

输入一个整数，判断它能否被 3 整除。要求利用带参数的宏实现。

2) 算法分析（略）

完善下列程序。

```
#include <stdio.h>
#define DIV(m)(m)%3==0
int main()
{ int m;
  printf("enter a integer:\n");
  scanf("%d",&m);
  if (_____)
      printf("%d is divided by 3\n",m);
  else
      printf("%d is not divided by 3\n",m);
}
```

六、分析条件编译的应用

1) 实验要求

分析下列两个程序代码的功能。

2) 算法分析（略）

（1）输入下列程序，分析运行结果。

```
#include<stdio.h>
#define Max 100
int main( )
{float x= 12.5;
#ifdef MAX
    printf(" % d\n",i) ;
#else
    printf(" %.2f\n", x) ;
endif
printf(" % d, %.2f\n", i,x);
}
```

（2）输入下列程序，分析运行结果。

```c
#include<stdio.h>
#define M 5
int main( )
{float c, s;
 printf ("input a number:");
 scanf(" %f",&c) ;
#if M
    r=3. 14159* c*c;
    printf("area of round is:%f\n",r);
#else
    s=c*c;
    printf("area of square is:%f\n",s);
#endif
}
```

思考：
1. 简述程序（1）的功能。
2. 简述程序（2）的功能。

第 11 章 内存的使用

11.1 知 识 要 点

11.1.1 动态使用内存

C 语言的函数库中提供了程序在运行时动态申请内存的库函数，当程序在运行时如果需要一些内存，可以随时向系统申请调用这些函数。使用动态内存管理库函数时要包含头文件 stdlib.h，也有些系统需要包含 malloc.h 头文件，根据自己的编译程序进行测试。

1. 分配内存

1）malloc 函数

```
int *malloc(unsigned int size)
```

作用：在系统内存的动态存储区中分配一个长度为 size 字节的连续内存空间，并将此存储空间的起始地址作为函数值返回。如果内存缺乏足够大的空间进行分配，则 malloc 函数值为 NULL。malloc 分配的内存并不进行初始化。

2）calloc 函数

```
int *calloc(unsigned int n,unsigned int size)
```

作用：分配 n 个长度为 size 字节的连续空间。此函数返回值为该空间的首地址。如果分配不成功，返回 NULL。calloc 分配的内存初始化为 0。

3）realloc 函数

```
int *realloc(int *ptr,unsigned int size)
```

作用：将 ptr 指向的存储区（原先用 malloc 函数分配的）的大小改为 size 字节。可以使 malloc 分配的内存区扩大或缩小。函数返回值为新的存储区的首地址。

2. 释放内存

```
int free(int *ptr)
```

作用：将指针变量 ptr 指向的内存空间释放，即交还给系统。ptr 只能是由在程序中执行过的 malloc 或 calloc 函数所返回的地址。

11.1.2 链表的概念

动态内存的使用可以通过链表实现。链表中的每一个元素称为一个"节点"，除头指针外，每个节点中含有一个指针域和一个数据域。数据域用来存储用户需要用的实际数据，指针域用来存储下一个节点的地址，用来指出其后续节点的位置。而其最后一个节点没有后续节点，它的指针域为空（空地址 NULL）。另外，还需要设置一个"头指针"head，指向链表的第一个节点。

链表中各元素在内存中可以不是连续存放的，如果要找某一元素就必须先找到上一个元素，根据它提供的下一个元素地址才能找到下一个元素。如果没有头指针，那么整个链表就都不能访问，为实现链表的这种结构，就必须用到指针变量，一个节点中必须包含一个指针变量，这个指针变量存放的是下一个节点的地址。

11.1.3　链表的建立

使用链表的一个很重要的优点就是插入、删除运算灵活方便，不需要移动节点，只要改变节点中指针域的值即可，链表中的每一个节点都是同一种结构类型。例如，一个存放学生学号和成绩的节点应为以下结构：

```
struct student
{int num;
 int score;
 struct student *next;
};
```

前两个成员项 num 和 score 组成数据域，后一个成员项 next 构成指针域，它是一个指向 student 类型结构体的指针变量。

11.1.4　链表的查找与输出

如果将链表中各个节点的数据依次输出，比较容易处理。首先，需要知道链表的头节点的地址，也就是 head 的值。然后可以设一指针变量 p 指向第一个节点，输出该节点后使 p 移向下一个节点，再输出下一个节点，直到链表的尾节点。

11.1.5　释放链表

链表中使用的内存是由用户动态申请分配的，所以在链表使用完后，主动把这些内存交还给系统。释放链表占用的内存要考虑链表对内存的使用方式。

（1）从链表首节点开始释放内存，算法如下：

① 将链表第二个节点设为新的首节点；

② 释放原来的首节点；

③ 重复①～②。

（2）从链表尾节点开始释放内存，算法如下：

① 找到链表的尾节点；

② 将尾节点的前一个节点设成新的尾节点；

③ 释放旧的尾节点；

④ 重复①～③。

（3）删除链表中指定值的节点，算法如下：

① 如果首节点是要删除的节点，则删除首节点，返回新的首节点地址；

② 找到要删除的节点；

③ 使要删除的节点的前一个节点的 next 指针指向删除节点的下一节点地址；

④ 返回原首节点地址。

11.2 例题分析与解答

一、选择题

1．以下程序的输出结果是_____。

```
struct HAR
{int x,y;
 struct HAR *p;
}h[2];
#include <stdio.h>
int main()
{h[0].x=1;
 h[0].y=2;
 h[1].x=3;
 h[1].y=4;
 h[0].p=&h[1];h[1].p=h;
 printf("%d %d \n",(h[0].p)->x,(h[1].p)->y);
}
```

  A．12   B．23   C．14   D．32

  分析：本题定义了一个结构体数组 h，h 的两个元素都是结构体 struct HAR 类型，从这个结构体类型的定义来判断，是链表的节点类型。h 的两个元素可以用来构成链表节点，题目中节点 h[0]的指针分量指向节点 h[1]，而节点 h[1]的指针分量又指向 h[0]。

  答案：D

2．下面程序的输出结果为_____。

```
struct st
{ int x;
  int *y;
}*p;
int dt[4]={10,20,30,40};
struct st aa[4]={ 50,&dt[0],60,&dt[1],70,&dt[2],80,&dt[3] };
#include <stdio.h>
int main()
{ p=aa;
  printf("%d,",p->x);
  printf("%d,",(++p)->x);
  printf("%d\n",*(p->y));
```

```
}
```

  A. 10，20，20   B. 50，60，20   C. 51，60，21 D. 60，70，31

  分析：题目中定义了一个结构体数组 aa：第一个 printf 中，p->x 的值为 50，所以输出 50；第二个 printf 中，指针 p 先自加，即指针 p 指向 aa 中第二个元素，所以输出 60；第三个 printf 中，p->y 的值是 dt[1] 的地址，即&dt[1]，而*&dt[1]就是 dt[1]，所以输出 20。

  答案：B

二、填空题

以下程序段用于构建一个简单的单向链表。请填空。

```
struct STRU
{ int x, y ;
float rate;
_____p;
}a,b;
a.x=0; a.y=0;
a.rate=0;a.p=&b;
b.x=0;b.y=0;
b.rate=0;b.p=NULL;
```

  分析：本题先定义了结构体类型变量 a、b，然后利用 a.p=&b；将两个变量链接起来，从程序中的 a.p=&b；这一句，即可判断出结构体中分量 p 的类型为结构体 b 的地址类型，即 struct STRU，这里 struct STRU 中分量 p 的定义是递归定义，在链表节点定义中常用这种方法。

  答案：struct STRU *

11.3 测 试 题

一、选择题

1. 若有以下声明和语句，则值为 6 的表达式是_____。

```
struct st
{int n;
struct st *next;
};
struct st a[3],*p;
a[0].n=5; a[0].next=&a[1];
a[1].n=7; a[1].next=&a[2];
a[2].n=9; a[2].next=NULL;
p=&a[0];
```

  A. p->n   B. (p->n)++   C. (*p).n   D. ++(p->n)

2. 设有以下声明和定义语句，则下面表达式中值为 3 的是_____。

```
struct s
{int i;
 struct s *p;
};
static  struct  sa[3]={1,&a[1],2,&a[2],3,&a[0]},*ptr;
ptr=&a[1];
```

A. ptr->i++   B. ptr++->i   C. *ptr->i   D. ++ptr ->i

3. 若要利用下面的程序片段使指针变量 p 指向一个存储整型变量的存储单元，请填空。

```
int *p;
p=____malloc(sizeof(int));
```

A. int   B. int*   C. (*int)   D. (int*)

4. 以下程序的功能是：读入一行字符（如：a,b，…，y,z），按输入时的逆序建立一个链表，即先输入的位于链表尾（图 11-1），然后再按输入的相反顺序输出，并释放全部节点。请选择正确的内容填空。

图   11-1

```
#include <stdio.h>
#define getnode(type) 【1】 malloc(sizeof(type))
int main()
{struct node
{char info;
 struct node*link;
}*top,*p;
char c;
top=NULL;
while((c=getchar()) 【2】 )
{p=getnode(structnode);
 p->info=c;
 p->link=top;
 top=p;
}
while(top)
{ 【3】 ;
 top=top->link;
 putchar(p->info);
 free(p);
}
}
```

内存的使用

【1】A.（type）　　　B.（type*）　　　C. type　　　D. type*

【2】A. =='\0'　　　B. !='\0'　　　C. =='\n'　　　D. !='\n'

【3】A. top=p　　　B. p=top　　　C. p==top　　　D. top==p

5. 若有以下定义：

```
struct link
{int data;
 struct link*next;
}a,b,c,*p,*q;
```

且变量 a 和 b 之间已有如图 11-2 所示的链表结构，

图　11-2

指针 p 指向变量 a，q 指向变量 c，则能把 c 插入到 a 和 b 之间并形成新的链表的语句组是_____。

    A.　a.next=c; c.next=b;

    B.　p.next=q; q.next=p.next;

    C.　p->next=&c; q->next=p->next;

    D.　(*p).next=q; (*q).next=&b;

二、填空题

1. 以下代码中，MIN 函数的功能是：在带有头节点的单向链表中，查找节点数据域的最小值作为函数值返回，请填空。

```
struct node
{int data;
 struct node *next;
};
int MIN(struct node *first)
{struct node *p;
 int m;
 p=first->next;
 m=p->data;
 for(p=p->next; p!='\0'; p=  【1】  )
 if(  【2】  ) m=p->data;
 return m;
}
```

2. 函数 creat 用来建立一个带头节点的单向链表，新产生的节点总是插在链表的末尾，单向链表的头指针作为函数值返回，请填空。

```
#include <stdio.h>
struct list
{char data;
 struct list *next;
} ;
struct list *creat()
{struct list *h,*p,*q;
 char ch;
 h=(struct list *)malloc(sizeof( 【1】 ));
 p=q=h;
 ch=getchar();
 while(ch!='\n')
{p= 【2】 malloc(sizeof(struct list));
 p->data=ch;
 q->next=p;
 q=p;
 ch=getchar();
}
p->next='\0';
 【3】 ;
 }
int main()
{struct list *p;
 p=creat()->next;
 while(p!=NULL)
{printf("%c\n", 【4】 );  /*输出链表中节点的数据*/
 p=p->next;}
}
```

3. 以下程序建立了一个带有头节点的单向链表，链表节点中的数据通过键盘输入，当输入数据为-1 时，表示输入结束（链表头节点的 data 域不放数据，表空的条件是 ph->next==NULL），请填空。

```
#include<stdio.h>
struct list
{int data;
 struct list *next;};
   【1】 creatlist()
{struct list *p,*q,*ph;
 int a;
 ph=(struct list *)malloc(sizeof(struct list));
 p=q=ph;
 scanf("%d",&a);
 while(a!=-1)
{p=(struct list *)malloc(sizeof(struct list));
```

内存的使用

```
 p->data=a;
 q->next=p;
 【2】 =p;
 scanf("%d",&a);
 }
p->next='\0';
return(ph);
 }
int  main()
{struct list *head,*p;
 head=creatlist(); p=head->next;
 while(p->next!=NULL)
{printf("%d\n",p->data);
 p=p->next;
 }
 【3】
 }
```

三、编程题

1. 创建一个 5 节点的链表，每个节点分别存放 5 个学生的信息，每个学生的信息包括学号、姓名、成绩三项。现要求编写一个程序找出成绩最高和最低者的姓名和成绩。

2. 已知 head 指向一个带头节点的单向链表，链表中每个节点包含字符型数据域（data）和指针域（next）。请编写函数实现在值为'a'的节点前插入值为'k'的节点，若没有值为'a'的节点，则插在链表最后。

11.4 实 验 案 例

一、编写程序建立链表

1）实验要求

建立一个图 11-3 所示的简单链表，它由 3 个学生数据的节点组成。

图 11-3 简单链表

2）算法分析

建立 4 个结构体指针 a、b、c 和 head，其中 head 用来保存链表首地址，初始的 NULL 值代表它还是一个空链表。创建链表的 3 个节点并将地址保存到 a、b、c 变量中，将 a 中地址保存到 head 变量中，head 开始的链表中就有了一个节点。将 b 中地址保存到 a->next

中，链表中就有了两个节点。c 中地址保存到 b->next 中，head 开始的链表中就有了 3 个节点。将 NULL 保存到 c->next 中，完成链表结尾。

完善下列程序。

```c
#include <stdio.h>
#include <string.h>
#include <stdlib.h>
struct student
{int num;                          /*学号*/
 char  name [20];                  /*姓名*/
 double  score;                    /*成绩*/
 struct  student *next;            /*下一个节点地址*/
};
int main()
{struct student *a,*b,*c,*head=NULL;
 a=malloc(sizeof(struct student));
 a->num=110011;
 strcpy(a->name,"张三");
 a->score=88.5;
 b= 【1】 ;
 b->num=110012;
  【2】 ;
 b-score=90.2;
 c=malloc(sizeof(struct student));
 c->num=110013;
 strcpy(c->name,"王五");
 c->score=77.0;
 head=a;                           /*将节点a的起始地址赋给头指针head*/
 a->next=b;
 b->next=c;
 c->next=NULL;
 free(a);
  【3】 ;
 free(c);
}
```

二、编程实现链表中节点的删除

1）实验要求

编写一个函数，删除 head 指向开始节点的链表中值为 num 的一个节点。

2）算法分析（略）

完善下列程序。

```c
struct SNode
{int num;                          /*学号*/
 struct SNode *next;               /*下一个节点地址*/
```

```
};
struct SNode *delete_node(struct SNode *head,int num)
{struct SNode *p1,*p2;
 if(!head)                    /*判断是否为空链表*/
     return NULL;
 if(head->num==num)
     {p1=head;
      head= 【1】 ;
      free(p1);
     }
 else
     {p2=p1=head;
      while(p2->num!=num && p2-next!=NULL)
         {p1=p2;
          p2= 【2】 ;
         }
      if(p2->num==num)
         { 【3】 ;
          free(p2);
         }
     }
 return head;
}
```

三、编写程序实现链表节点的插入

1）实验要求

编写一个函数，在 head 作为头节点的升序链表中，插入值为 num 的一个节点，保持原来链表的升序不变。

2）算法分析（略）

完善下列程序。

```
struct SNode
{int num;                               /*学号*/
 struct SNode *next;                    /*下一个节点地址*/
};
struct SNode *Insert_node(struct SNode *head,int num)
{struct SNode *p,*p1,*p2;
 p=malloc(sizeof(struct SNode));
 p->num=num;
 if(head==NULL || p->num = head->num)   /*插在链表首*/
     { 【1】 ;
      return p;
     }
 p2=p1=head;
```

```
        while(p->num p2->num && p2->next)    /*查找大于或等于插入元素的节点*/
           {p1=p2;p2=p2->next;}
        if( 【2】 )                          /*判断是否到了链表尾*/
           {p2-next=p;p-next=NULL;}
        else                                  /*插在p1、p2两个节点之间*/
           {p->next= 【3】 ;p1->next=p;}
        return head;
    }
```

四、跟踪观察链表创建过程

1）实验要求

下面的程序用于创建一个链表，使用单步跟踪调试，逐步观察各个变量，特别是 head 和 p 的变化情况，熟悉链表的创建过程。

2）算法分析（略）

程序代码如下：

```
#include<stdio.h>
#include<malloc.h>
struct student
{int num;
 float score;
 struct student *next;
};
struct student *create(int n)
{struct student *head=NULL,*p1,*p2;
 int i;
 for(i=1;i<=n;i++)
{p1=(struct student *)malloc(sizeof(struct student));
 printf("请输入第%d个学生的学号及考试成绩:\n",i);
 scanf("%d%f",&p1->num,&p1->score);
 p1->next=NULL;
 if(i==1)
    head=p1;
 else
    p2->next=p1;
 p2=p1;
}
return(head);
}
int main()
{struct student *p;
 p=create(10);
 while(p!=NULL)
{printf("学号:%d 成绩:%3f\n",p->num, p->score);
```

```
    p=p->next;
    }
}
```

五、掌握动态链表应用

1）实验要求

编写一个程序，使用动态链表实现下面的功能：

（1）建立一个链表，用于存储学生的学号、姓名和 3 门课程的成绩和平均成绩。

（2）输入学号后输出该学生的学号、姓名和 3 门课程的成绩。

（3）输入学号，删除该学生的数据。

（4）插入一个学生的数据，将该学生数据插入到链表中。

（5）输出平均成绩在 80 分及以上的记录。

2）算法分析

要求用循环语句实现（2）～（5）的多次操作，当输入学号为–1 时循环停止。

参照主教材内容中的建立链表程序。

第 12 章　　　文　件

12.1　知 识 要 点

12.1.1　文件的概念

文件是存放在外存上的数据的集合。每个文件都有一个文件名。C 语言把文件看作是一个字符（字节）的序列，即一个字符（字节）接着一个字符（字节）的顺序存放。根据数据的组织形式，文件可分为 ASCII 文件（又可以称为文本文件）和二进制文件。

12.1.2　文件类型指针

在 C 语言中用一个指针变量指向一个文件，这个指针称为"文件指针"。每一个被使用的文件都在内存中开辟一个区域用来存放该文件的相关信息，比如文件名、文件属性以及文件路径等。这些信息是保存在一个结构体类型的变量中的。该结构体类型在 stdio.h 中被定义，其名为 FILE。

通过文件指针就可以对它所指的文件进行各种操作。定义声明文件指针的一般形式为：

```
FILE *指针变量标识符;
```

其中 FILE 必须为大写，因为这是由系统预先定义的一个结构体类型。在编写源程序时不必关心 FILE 结构的细节。例如：

```
FILE *fp;
```

fp 是指向 FILE 结构体类型的指针变量，使用 fp 可以存放一个文件信息，C 的库函数需要使用这些信息才能对文件进行操作。

如果有 n 个文件，一般应设 n 个指针变量，使它们分别指向 n 个文件，从而实现对文件的访问。

12.1.3　文件操作

文件操作都是由系统提供的库函数来完成的。同其他高级语言一样，对一个文件进行读写操作之前必须先打开该文件。

1. 打开文件

fopen()函数调用的一般形式为：

```
FILE *文件指针名；
文件指针名=fopen(文件名，使用文件方式)；
```

例如：

```
FILE *fp；
fp=fopen("file1","r")；
```

这里打开的是一个文件名为 file1 的文件，并且声明对文件的操作方式是"只读"。fopen 函数带回指向 file1 文件的指针并将其赋给指针变量 fp，即使得 fp 指向 file1 文件。

2. 关闭文件

fclose 函数的一般调用形式是：

```
fclose(文件指针)；
```

例如：

```
fclose(fp)；
```

之前用 fopen()函数打开文件时所带回的文件指针赋给 fp，现在要将其关闭。"关闭文件"使得文件指针变量不再指向该文件，也就是说，使文件指针与文件脱离。正常完成关闭文件操作时，fclose()函数返回值为 0。如果返回值非 0，则表示关闭文件时有错误发生，这时可以用 ferror 函数来测试。

3. 文件读写

字符读写函数包括 fgetc 函数和 fputc 函数。

字符串读写函数包括 fgets 函数和 fputs 函数。

数据块读写函数包括 fread 函数和 fwrite 函数。

格式化读写函数包括 fscanf 函数和 fprinf 函数。

12.2　例题分析与解答

一、选择题

1. 若要对 D 盘上 user 子目录下名为 abc．txt 的文本文件进行读写操作，下面符合此要求的函数调用是_____。

  A．fopen("D:\user\abc．txt", "r")

  B．fopen("D: \\user\\abc．txt", "r+")

  C．fopen("D:\user\abc．txt", "rb")

  D．fopen("D: \\user\\abc．txt", "w")

分析：本题中，要求对 abc．txt 进行读写操作，只有"r+"是读写操作，根据 C 语言文件打开函数的定义，r 是只读，rb 是二进制方式只读，w 是只写。另外，文件路径描述中，'\'要用'\\'表示，即使用'\\'转义描述'\'。

答案：B

2．若 fp 是指向某文件的指针，且已读到文件末尾，则库函数 feof(fp)的返回值是_____。

    A. EOF   B. -1   C. 非 0 值   D. NULL

分析：函数 feof(fp)的作用是判断文件中的指针是否指向文件的末尾，如果文件中的指针指向文件末尾，则返回一个非 0 值，表示已到文件末尾，根据题意，文件已经读到文件末尾，所以应该返回非 0 值。

答案：C

3. 下面的程序执行后，文件 test. txt 中的内容是_____。

```
#include <stdio. h>
#include <string. h>
int fun(char *fname,char *st)
{FILE *myf;
 int i;
 myf=fopen(fname,"w" );
 for(i=0;i<strlen(st);i++)
 fputc(st[i],myf);
 fclose(myf);
}
int  main()
{fun("d:\\test. txt","new world");
 fun("d:\\test. txt","hello!");
}
```

    A. hello   B. new worldhello   C. new world   D. hellorld

分析：题目中，两次调用 fun 函数，对同一文件 test. txt 进行写入操作，由于 fun 函数中，打开文件采用的是 w 说明符，说明是对文件进行"只写"操作，每次只写操作都会刷新文件内容，即删除文件原先的内容，写入新的内容，所以最后写入的字符串 hello 会取代第一次写入的字符串 new world。

答案：A

二、填空题

1. 以下程序段打开文件后，先利用 fseek 函数将文件位置指针定位在文件末尾，然后调用 ftell 函数返回当前文件位置指针的具体位置，从而确定文件长度，请填空。

```
FILE *myf;
long f1;
myf=____("test. txt","rb");
fseek(myf,0,SEEK_END);
f1=ftell(myf);
fclose(myf);
printf("%d\n",f1);
```

分析：操作系统文件管理要求，凡是文件操作，必须先打开文件才能对文件进行读写，文件读写结束后必须关闭文件，所以凡是涉及文件操作，必须先打开文件，打开文件可以使用 fopen()函数。

答案：fopen

2. 以下程序用来统计文件中字符的个数，请填空。

```c
#include <stdio.h>
#include <stdlib.h>
#include <conio.h>
int main()
{FILE*fp;
 long num=0;
 if((fp=fopen("D:\\fname.txt","r"))==NULL)
{ printf("Open error\n");
  exit(0);
}
while(____)
{ fgetc(fp);
  num++;
}
printf("num=%d\n",num-1);
fclose(fp);
}
```

分析：程序中，先打开文件 fname．dat，然后利用 while 循环遍历文件内容，即使用 fgetc(fp)函数逐个读取文件中的字符，每次读取一个字符，就将文件内的指针后移一个字符位置，并且利用变量 num++来进行累加统计文件中的字符个数，while 循环中的条件是用来控制文件遍历过程，循环的结束条件是遇到文件末尾。

答案：!feof(fp)

3. 下面程序把从终端读入的文本（用@作为文本结束标志）输出到 D 盘的一个名为 abc.txt 的新文件中，请填空。

```c
#include <stdio.h>
#include <stdlib.h>
int main()
{FILE *fp;
 char ch;
 if((fp=fopen(____))==NULL) exit(0);
 while((ch=getchar())!='@')
 fputc(ch,fp);
 fclose(fp);
}
```

分析：本题涉及文件操作，操作系统要求文件必须先打开才能读写，文件操作结束后，必须关闭文件。程序中 if 语句的作用是判断文件是否被成功地打开，使用了标准的 C 语言的文件打开方法，fopen()函数中要求给出需要打开的文件名和打开方式。

答案："d:\\abc.txt","w"或"d:\\abc.txt","w+"

12.3 测 试 题

一、选择题

1. 系统的标准输入文件是指_____。

    A. 键盘   B. 显示器   C. 硬盘   D. 鼠标

2. 以下可作为函数 fopen 中第一个参数的正确格式是_____。

    A. c:user\text. txt   B. c:user\text. txt

    C. "c:user\text. txt"   D. "c:\\user\\text. txt"

3. 当顺利执行了文件关闭操作时，fclose 函数的返回值是_____。

    A. −1   B. TRUE   C. 0   D. 1

4. 若用只读方式打开一个文本文件，只允许读数据，则文件打开方式应选择_____。

    A. w   B. r   C. rb   D. wb

5. 若用 fopen 函数打开一个新的二进制文件，该文件要既能读也能写，则文件打开方式字符串应是_____。

    A. "ab+"   B. "wb+"   C. "rb+"   D. "ab"

6. fgetc 函数的作用是从指定文件读入一个字符，该文件的打开方式必须是_____。

    A. 只写   B. 追加   C. 读或读写   D. B 和 C 都正确

7. 标准库函数 fgets(s,n,f)的功能是_____。

    A. 从文件 f 中读取长度为 n 的字符串存入指针 s 所指的内存

    B. 从文件 f 中读取长度不超过 n−1 的字符串存入指针 s 所指的内存

    C. 从文件 f 中读取 n 个字符串存入指针 s 所指的内存

    D. 从文件 f 中读取长度为 n−1 的字符串存入指针 s 所指的内存

二、填空题

1. 根据文件的编码方式，文件可以分为 【1】 和 【2】 。从用户的角度看，文件可分为 【3】 和 【4】 两种。C 语言中存在两种处理文件的方法：一种是" 【5】 "，另外一种是"非缓冲文件系统"。

2. C 语言中经常用到的格式化读写函数是 【1】 和 【2】 ，这两个函数的读写对象是 【3】 。C 语言中用于实现文件定位的函数有 【4】 和 【5】 。

3. 以下程序用来统计文件中字符的个数，请填空。

```
#include <stdio.h>
#include <stdlib.h>
int  main()
{ FILE *fp; long num=0;
  if((fp=fopen("d:\\fname.txt",【1】))==NULL)
   { printf("open error\n"); exit(0); }
    while(【2】)
```

```
        {【3】; num++; }
        printf("num=%d\n",num-1);
        fclose(fp);
    }
```

4. 在 C 程序中，文件可以用 __【1】__ 方式存取，也可以用 __【2】__ 方式存取。

5. 在 C 程序中，数据文件可以用 __【1】__ 和 __【2】__ 两种代码形式存放。

6. 以下 C 语言程序将磁盘中的一个文件复制到另一个文件中，两个文件名在命令行中给出(假定文件名无误)，请填空。

```
#include <stdio.h>
#include <stdlib.h>
int  main(int argc, char *argv[])
{ FILE *f1,*f2;
  if(argc【1】  ) { printf("命令行参数错!\n"); exit(0); }
  f1=fopen(argv【1】,"r");
  f2=fopen(argv【2】,"w");
  while(【2】  ) fputc(fgetc(f1),【3】  );
   【4】;【5】;
}
```

三、编程题

1. 从键盘输入一个字符串，将其中的小写字母全部转换成大写字母，输出到磁盘文件 upper.txt 中保存。输入的字符串以"！"结束。然后再将文件 upper.txt 中的内容读出显示在屏幕上。

2. 设文件 t.tex 中存放了一组整数。请编程统计并输出文件中正数、0 和负数的个数。

3. 设文件 student.txt 中存放着一年级学生的基本情况，这些情况由以下结构体描述：

```
struct student
{int num;            /*学号*/
 char name [10];     /*姓名*/
 int age;            /* 年龄 */
 char sex;           /* 性别 */
};
```

请编写程序，输出学号 8～20 的学生的学号、姓名、年龄和性别。

12.4 实 验 案 例

一、观察顺序文件的读数据操作

1）实验要求

在 D 盘根目录下建立一个名称为 test. txt 的文件，并录入一些内容（英文内容），然后调试如下程序：

```
#include <stdio.h>
```

```
int main()
{int ch;
 FILE *fp;
 fp=fopen("D:\\test.txt", "r");
 if (fp==NULL)
 {printf("test.txt不存在");
  return (0);
 }
 while((ch=fgetc(fp))!=EOF)
    putchar(ch);
 fclose(fp);
 return 1;
}
```

2）算法分析

（1）使用单步跟踪功能，观察 ch 变量的变化情况。

（2）删除 D 盘上的文件 test.txt，执行该程序，会出现什么情况？分析 if(fp==NULL) 的作用。

（3）将文件的打开模式改为 rb，程序的运行结果是什么？为什么？

二、观察顺序文件的读写操作

1）实验要求

分析给出的学生信息统计程序，观察程序，并找出向顺序文件写入数据和读出数据的语句。

2）算法分析（略）

程序代码如下：

```
#include <stdio.h>
#define MAX_STUDENT 100          /*用常量控制最大可以输入100名学生*/
struct  stu
{ long no;
  char name[20];
  int age;
  double score;
};                               /*存储学生信息的结构体类型 */
int main()
{struct stu student[MAX_STUDENT]; /*存储学生信息*/
 FILE *fp,*gp;
 int sum,i;
 printf("How many Students? ");  /*要输入的学生数*/
 scanf("%d",&sum);               /*输入每个学生信息*/
 for(i=0;i<sum;++i)
    {printf("\nInput score of student %d:\n",i+1);
     printf("No.: ");
     scanf("%ld",&student[i].no);
```

```
        printf("Name: ");
        scanf("%s",student[i].name);
        printf("Age: ");
        scanf("%d",&student[i].age);
        printf("Score : ");
        scanf("%lf",&student[i].score);
        }
/*将数据写入文件*/
fp=fopen("student.dat","w");
for(i=0;i<sum;++i)
    {if(fwrite(&student[i],sizeof(struct stu),1,fp)!=1)
    printf("File student.dat write error\n");
    fclose(fp);
    }
/*检查文件内容*/
fp=fopen("student.dat","r");
gp=fopen("student.txt","w");
for(i=0;i<sum;++i)
    {fread(&student[i],sizeof(struct stu),1,fp);
    /*fread以相同方式读出用fwrite写入的数据*/
    printf("%ld,%s,%d,%lf\n",student[i].no,student[i].name,student[i].age,
    student[i].score);        /*屏幕显示,检查数据*/
    fprintf(gp, "%ld,%s,%d,%lf\n",student[i].no, student[i].name,
    student[i].age,student[i].score);/*以相同的格式写入文件student.txt*/
    }
fclose(fp);
fclose(gp);
}
```

三、完善程序，实现文件输入输出验证

1）实验要求

完善下列程序，调用 fputs 函数，把 10 个字符串输出到文件中；再从此文件中读入这 10 个字符串放在一个数组中；最后把字符串数组中的字符串输出到终端屏幕，以检查所有操作的正确性。

2）算法分析（略）

程序代码如下：

```
#include <stdio.h>
int main()
{ int i;
  FILE *fp;
  char *str[10]={ "One","two","three","four","five","six","seven",
    "eight","nine","ten"};
  char str2[10][20];
  fp=fopen("D:\\test.txt", 【1】 )
```

```
if(fp==NULL)
    {printf("Can not open write file\n");return;}
for(i=0;i<10;i++)
{ fputs(str[i],fp);
  fputs("\n",fp);
}
 【2】 ;
fp=fopen("D:\\test.txt", 【3】 );
if( 【4】 )
    {printf("Can not open read file\n");return;}
i=0;
while(i<10&&!feof(fp))
    { printf("%s",fgets(str2[i],20,fp));
      i++;
    }
}
```

四、观察随机出题程序的实现方法

1）实验要求

建立一个程序，用于产生 20 组算式，每组算式包括一个两个数的加法、减法（要求被减数要大于减数）、乘法和两位数除以一位数的除法算式，每一组为一行，将所有的算式保存到文本文件 d:\\a.txt 中。

2）算法分析（略）

输入下列程序代码，观察并分析每条文件操作语句的作用。

```
#include<stdio.h>
#include<stdlib.h>
int main()
{FILE *fp;
 int i,a,b,t;
 fp=fopen("d:\\a.txt","w");
 for(i=1;i<=20;i++)
    {a=rand()%100;b=rand()%100;
     fprintf(fp,"\t%2d+%2d= ",a,b);
     a=rand()%100;b=rand()%100;
     if(a<b) {t=a;a=b;b=t;}
     fprintf(fp,"\t%2d-%2d= ",a,b);
     a=rand()%100;b=rand()%100;
     fprintf(fp,"\t%2d×%2d= ",a,b);
     a=rand()%100;b=rand()%10;
     if(b<2) b=b+2;   if(a<10) a=a+10;
     fprintf(fp,"\t%2d÷%2d= ",a,b);
     fprintf(fp,"\n");
    }
 fclose(fp);}
```

（1）在 Word 中打开 d:\\a.txt 文件，查看文件内容是否正确。

（2）向 d:\\a.txt 文件追加 100 组算式，每组算式包括一个一位数的加法和减法。

五、观察二进制文件数据读写的实现方法

1）实验要求

从键盘读入 10 个浮点数，以二进制形式存入文件中。再从文件中读出数据显示在屏幕上。修改文件中第 4 个数据，然后从文件中读出数据显示在屏幕上，以验证修改的正确性。输入下列程序代码，观察并分析每条文件操作语句的作用。

2）算法分析（略）

代码如下：

```
#include <stdio.h>
int  ctfb(FILE *fp)
{int i;
 float x;
 for(i=0;i<10;i++)
    { scanf("%f",&x);
      fwrite(&x,sizeof(float),1,fp);
    }
}
int fbtc(FILE *fp)
{float x;
rewind(fp);
fread(&x,sizeof(float),1,fp);
while(!feof(fp))
    { printf("%f ",x);
      fread(&x,sizeof(float),1,fp);
    }
}
int updata(FILE *fp,int n,float x)
{ fseek(fp,(long)(n-1)*sizeof(float),0);
  fwrite(&x,sizeof(float),1,fp);
}
main()
{ FILE *fp;
  int n=4;
  float x;
  if((fp=fopen("file.dat","wb+"))==NULL)
    { printf("can't open this file\n");exit(0); }
  ctfb(fp);fbtc(fp);
  scanf("%f",&x);
  updata(fp,n,x);
  fbtc(fp);
  fclose(fp);
}
```

第 13 章 C++对 C 的扩充

13.1 知 识 要 点

13.1.1 C++语言概述

1. C++的面向对象程序设计

C++面向对象程序设计的基本思想是,将软件系统当作通过消息交互作用来完成特定功能的对象的集合,每个对象用自己的方法来管理数据,只有对象自己可以操作自己内部的数据,可以简单概括为:

```
程序 = 对象 + 对象 + 对象 + 消息
对象 = 算法 + 数据结构
```

面向对象程序设计将解决问题的每一个不同的操作所需要的算法和数据封装,使其可自行对内部的算法和数据进行操控,不受外部结构化程序顺序的影响,通过交互作用来操作对象。相对于结构化程序设计,面向对象程序设计与人类习惯的思维方法一致,稳定性、可重用性、可维护性好,易于开发大型软件产品。

2. C++的泛型程序设计

C++泛型程序设计是指使用独立于数据类型的方式编写程序,C++使用函数模板和类模板可以实现泛型程序设计。使用泛型程序设计,用户编写的同一代码可以用于操作多种不同类型的对象。

3. C++相对于 C 语言在过程化程序设计方面的扩充

- C++语言中可以在任意位置定义变量。
- C++语言中允许在结构体中定义函数。
- C++语言中在定义结构体变量时可以省略 struct。
- C++语言增强了 const 数据类型。
- C++语言增加了引用（&）、布尔（bool）等新数据类型。
- C++语言相对于 C 语言有更加严格的数据类型检查。
- C++语言增加了作用域、new、delete 等运算符。
- C++语言增加了名字空间的功能。
- C++语言增加了内联类型的函数。
- C++语言增加了函数重载功能。
- C++语言增加了函数参数指定默认值的功能。

● C++语言增加了异常处理功能。

13.1.2　C++的数据类型

1. 常量

常量（const）限定符，把一个变量声明为一个常量，其值在使用过程中不能更改。

2. 布尔

布尔（bool）型变量要用类型标识符 bool 来定义，占用 1 字节内存，它的值只能是符号常量 true 和 false 之一。

3. 引用

引用（&）的作用是为一个变量起一个别名，对引用的操作与对被引用的变量直接操作完全一样。

4. C++的类型检查

C++是强类型语言，其编译器为保证程序不会在运行时发生类型错误，在编译阶段相比 C 语言对各种运算有更严格的类型匹配要求。

13.1.3　C++的运算符

1. 作用域运算符

作用域运算符（::）用来说明一个标识符的来源，它的优先级是最高的，分为 3 种：全局作用域运算符、类作用域运算符、命名空间作用域运算符。

2. new 运算符

new 运算符是 C++用于动态分配内存的运算符，对应于 C 语言中的 malloc 函数。new 运算符在申请内存的同时还会调用对象的构造函数。

3. delete 运算符

delete 运算符是 C++用于释放动态分配内存的运算符，对应于 C 语言中的 free 函数，delete 运算符在释放内存前会调用对象的析构函数。

13.1.4　C++的名字空间

名字空间（namespace）是 C++语言增加的一种可以由用户命名的作用域。在不同名字的作用域里面可以使用相同的函数名及变量名，从而使得 C++可以更加方便地整合第三方的库，以便进行大规模的开发。

13.1.5　C++的输入输出

1. C++的基本输入输出

C++流类库定义了两个流对象 cin、cout 用来实现基本的输入输出操作。

2. 文件输入输出

在 C++语言中，文件操作可以通过流来实现。C++包含输入文件流、输出文件流和输入输出文件流 3 种文件流。读文件需要定义一个 ifstream 流类型的对象；写文件需要定义一个 ofstream 流类型的对象；读写文件需要定义一个 fstream 流类型的对象。这 3 种流都在 C++头文件<fstream>中定义。

13.1.6　C++的函数与模板

1. 内联函数

内联函数可以使用 inline 说明，类似于 C 语言中的宏，编译器在编译程序时将所调用函数的代码直接嵌入到主调函数中，而不是跳转到被调用函数。

2. 函数的重载

C++允许使用同一函数名定义多个函数，这些函数的参数个数或参数类型不同，在调用这些函数时，编译器会根据调用时参数的不同调用不同的函数，这就是函数的重载。

3. 带默认参数的函数

C++允许在定义或声明函数时给形参一个默认值，这样在调用该函数时可以在不传送实参时，让形参使用该默认值。

4. 函数模板

函数模板（function template）实际上是建立一个通用函数，其函数类型和形参类型不具体指定，用一个虚拟的类型来代表。在调用函数模板时，编译器会根据实参的类型来取代模板中的虚拟类型，根据函数模板生成实际的函数并进行调用。

13.1.7　C++的异常处理

1. 异常的概念

异常处理指的是对程序运行时出现的差错以及其他例外情况的处理。

2. C++异常处理的方法

C++异常处理的方法是在执行一个代码段中如果发现（try）异常，可以不立即处理，而是发出（throw）一个异常信息传给它的上一级（即调用它的函数），它的上级捕捉（catch）到这个异常信息后进行处理。如果上一级的函数也不处理，可以再传给其上一级，由其上一级再进行处理；将异常信息逐级上传。如果整个程序中没有处理这个异常信息的代码，则中止程序的运行。

3. C++标准异常

在 C++头文件 <exception> 中定义了一系列标准的异常，开发人员可以在程序中使用这些标准异常。

13.2　例题分析与解答

一、选择题

1. 1979 年，_____博士从剑桥大学博士毕业后到贝尔实验室从事 C 语言的改良工作，之后发明了 C++语言。

    A．Bjarne Sgoustrup　　　　　　　　B．Dennis M. Ritchie

    C．Martin Richards　　　　　　　　　D．Kenneth Lane Thompson

分析：参见 C++发展历史。

答案：A

2. 在 C++中，_____是支持数据封装和隐藏的工具。

C++对 C 的扩充

A. 指针   B. 多态   C. 模板   D. 类

分析：C++将数据和操作这些数据的函数封装在一起定义成一个类。

答案：D

3. 以下关于函数重载的叙述中，正确的是_____。

  A. 函数名相同，函数的参数个数和参数类型也相同，但函数的返回值的类型不同

  B. 函数名相同，函数的参数个数必须不同，对参数类型和函数的返回值的类型无限制

  C. 函数名相同，函数的参数类型必须不同，对参数个数和函数的返回值的类型无限制

  D. 函数名相同，函数的参数个数或者参数类型不同，对函数的返回值的类型无限制

分析：C++允许多个函数同名，但这些函数的参数个数和参数类型至少有一项不同。

答案：D

4. 在 C++中，使用类创建的变量被称为_____。

  A. 指针   B. 对象   C. 模板   D. 引用

分析：C++中变量均可称为对象。

答案：B

5. 使用函数模板，对于多种数据类型，_____相同的函数可以用一个函数模板来代替，不必再定义多个函数。

  A. 函数名   B. 逻辑结构   C. 参数个数 D. 函数类型

分析：编译器可以使用一个逻辑结构，根据不同参数类型生成不同的函数代码。

答案：B

6. C++语言增加了布尔数据类型，该类型变量占用_____字节内存，只能有 false 和 ture 两个值。

  A. 0   B. 1   C. 2   D. 4

分析：bool 类型只有两个值，没有必要占用更多内存，可以用 sizeof 运算符进行验证。

答案：B

7. C++语言新增加了_____数据类型，在作为函数参数时，可以取代指针部分功能。

  A. bool   B. const   C. 引用   D. class

分析：引用是另一个变量的别名，两者共享内存。

答案：C

8. C++处理异常的机制由 3 部分组成，其中_____用来捕捉异常信息。

  A. try   B. throw   C. catch   D. case

分析：C++使用 catch 块捕捉异常。

答案：C

9. C++ 提供了一系列标准的异常，定义在_____文件中，开发人员可以在程序中使用这些标准的异常。

  A. iostream B. exception C. stdio. h D. fstream

分析：C++在 exception 头文件中定义标准异常。

答案：B

10. 已知有语句：int x=100；则在以下 4 个语句当中，不应在 C++的 inline 内联函数中使用的语句是_____。

    A．for(int=i;i<10;i++)　　x=x+i;　　　　B．if(x>0) x=x*2;

    C．cout<<x<<endl;　　　　　　　　　　D．printf("x=%d",x);

分析：若在 inline 函数中使用循环和 switch 语句，编译器将把它编译成普通函数。

答案：A

二、填空题

1．相对于结构化程序设计，面向对象程序设计与人类习惯的思维方法一致，_____、可重用性、可维护性好，易于开发大型软件产品。

    分析：因为类和对象使用数据封装和隐藏的方法使数据更加安全，所以稳定性好。

    答案：稳定性

2．在面向对象程序设计中，可以简单概括为：程序 = 对象 + 对象 + 对象 + _____。

    分析：对象间使用消息通信，协同工作。

    答案：消息

3．在面向对象的程序设计中，将数据和操作这些数据的_____封装在一起定义成一个类。

    分析：类和对象封装数据和处理这些数据的函数。

    答案：函数

4．在面向对象的程序设计中，原已有类称为父类或基类，新定义的类称为_____，它可以从父类那里继承属性和方法。

    分析：参见类和继承和派生。

    答案：子类或派生类

5．多态（Polymorphism）指同一个实体同时具有多种形式，在程序设计中指同一操作（消息）作用于不同的对象，可以有不同的解释，产生不同的_____。

    分析：在多态中不同对象接收同一消息会调用不同的函数，执行操作不同，结果不同。

    答案：执行结果

6．泛型程序设计是指使用独立于_____的方式编写程序，C++使用函数模板和类模板可以实现泛型程序设计。

    分析：因为使用虚拟类型创建模板，虚拟类型可以代表任意数据类型。

    答案：数据类型

7．函数模板实际上是建立一个通用"函数"，其函数类型和_____可以不具体指定，而用一个虚拟的类型来代表，这个通用"函数"就称为函数模板。

    分析：函数模板的返回类型和形参类型都可以使用虚拟类型。

    答案：形参类型

8．使用函数模板，只有在发生实际调用函数时，C++编译器才会根据_____的类型来取代模板中的虚拟类型，从而生成实际的的函数。

    分析：C++编译器会根据函数模板调用语句的实参类型生成函数。

    答案：实参

9. C++模板库 STL 使用_____封装软件开发过程中常用的数据结构及其常用操作算法。

分析：C++模板库用容器代表其封装的数据结构。

答案：容器

10. 相对于 C 语言，C++语言中可以在_____位置定义变量。

分析：C++允许在程序中任意位置定义变量。

答案：任意

11. 在 C++语言中，增加了_____运算符，可以取代 C 语言函数库中 malloc 函数的功能。

分析：C++语言中 new 运算符可以分配内存。

答案：new

12. 在 C++ 中推荐使用_____表示空指针。

分析：C++中为了避免 NULL 在指针使用中的局限性，使用 nullptr 代表空指针。

答案：nullptr

13. C++流类库定义了_____可用来实现基本的输入操作。

分析：C++中可以使用面向对象的流实现输入输出，cin 为输入流对象。

答案：cin

14. C++总共有输入文件流、输出文件流和输入输出文件流 3 种文件流。如果要读入一个文件，需要定义一个_____类型的对象。

分析：C++中可以使用面向对象的流实现输入输出，ifstream 为文件输入流类型。

答案：ifstream

三、阅读题

1. 阅读以下程序，给出程序运行结果_____。

```
#1.  #include <iostream>
#2.  using namespace std;
#3.  int main()
#4.  {
#5.      int x=50,&y=x;
#6.      x = 100;
#7.      cout <<y<< endl;
#8.      return 0;
#9.  }
```

分析：本程序考查引用的用法，x、y 共享内存，所以同时变化。

答案：100

2. 阅读以下程序，给出程序运行结果_____。

```
#1.  #include <iostream>
#2.  using namespace std;
#3.  int a = 100;
#4.  int main()
```

```
#5. {
#6.     int a = 200;
#7.     cout << a <<"\t" << ::a << endl;
#8.     return 0;
#9. }
```

分析：本程序考查名字空间的用法，::a 代表使用全局变量 a。

答案：200   100

3. 阅读以下程序，给出程序运行输出的第三行是_____。

```
#1. #include <iostream>
#2. using namespace std;
#3. int fun(int x, int &y)
#4. {
#5.     int a = x;
#6.     static int b = 10;
#7.     x = a + y;
#8.     y = b + y;
#9.     b = y + a;
#10.     return(x++);
#11.}
#12.int main()
#13.{
#14.     int x = 1, y = 5;
#15.     for (int i = 0; i < 3; i++)
#16.     {
#17.         cout << fun(x, y) << '\t';
#18.         cout << y << endl;
#19.     }
#20.     return 0;
#21.}
```

分析：本程序考查引用作函数参数的用法，fun 中的变量 y 与 main 中的变量 y 共享内存，所以同时变化，虽然不是指针，但起到了在函数参数中使用指针相似的效果。

答案：32   63

4. 阅读以下程序，给出程序运行输出结果_____。

```
#1. #include <iostream>
#2. using namespace std;
#3. int f(int x, int y)
#4. {
#5.     return x * y;
#6. }
#7. long f(long x, long y)
#8. {
#9.     return x / y;
```

```
#10.}
#11.int main()
#12.{
#13.    cout << f(5L, 10L) << endl;
#14.    return 0;
#15.}
```

分析：本程序考查函数重载的用法。在 C、C++中，常整数后面跟 L 为 long 类型，所以#13 行调用#7 行参数为 long 类型的重载函数，函数返回 5/10 的结果为 0。

答案：0

5. 阅读以下程序，给出程序运行输出结果_____。

```
#1. #include <iostream>
#2. using namespace std;
#3. template<typename T>
#4. T max(T a, T b)
#5. {
#6.     if (a > b)
#7.         return a;
#8.     else
#9.         return b;
#10.}
#11.int main()
#12.{
#13.    cout << max(5, 10) << max('C', 'P') << endl;
#14.    return 0;
#15.}
```

分析：本程序考查函数模板的用法。#13 行使用不同类型的参数调用模板，编译器为此生成两个不同的函数分别供其调用。

答案：10P

四、改错题

1. 以下程序应运行输出"Test!"，但存在语法错误，请修改。

```
#1. #include <iostream>
#2. using namespace std;
#3. void f(char *s)
#4. {
#5.     cout << s << endl;
#6. }
#7. int main()
#8. {
#9.     f("Test ! ");
#10.    return 0;
#11.}
```

分析：本程序考查 const 的用法。#3 行的形参为变量与#9 行的实参为常量不匹配。

答案：#3 行修改为"void f(const char *s)"。

2．以下程序应运行输出"200"，但存在语法错误，请修改。

```
#1. #include <iostream>
#2. using namespace std;
#3. int f(int &x)
#4. {
#5.     return x * 2;
#6. }
#7. int main()
#8. {
#9.     int x = f(100);
#10.    cout << x << endl;
#11.    return 0;
#12.}
```

分析：本程序考查引用的用法。#3 行的形参为变量与#9 行的实参为常量不匹配。

答案：#3 行修改为"int f(const int &x)"。

3．以下应运行输出"100"，但程序存在语法错误，请修改。

```
#1. #include <iostream>
#2. int main()
#3. {
#4.     cout << 100 << endl;
#5.     return 0;
#6. }
```

分析：本程序考查名字空间的用法。cout、endl 均为 std 名字空间下定义，需要使用作用域符操作指定。

答案：#4 行修改为"std::cout << 100 << std::endl;"。

4．以下程序应运行输出"-5"，但存在语法错误，请修改。

```
#1. #include <iostream>
#2. using namespace std;
#3. double f(double x, double y)
#4. {
#5.     return x - y;
#6. }
#7. float f(float x, float y)
#8. {
#9.     return x + y;
#10.}
#11.int main()
#12.{
```

```
#13.    cout <<f(5,10) << endl;
#14.    return 0;
#15.}
```

分析：本程序考查函数重载的用法。#13行调用重载函数的实参可以同时转换为double、float两种类型，函数调用出现了二义性，编译器无法确定调用哪个重载函数。

答案：#13行修改为"cout <<f((double)5,10) << endl;"或"cout <<f((float)5,10) << endl;"。

5. 以下程序应运行输出"min = 1"，但存在语法错误，请修改。

```
#1. #include <iostream>
#2. using namespace std;
#3. template<int T>
#4. T min(T a, T b, T c)
#5. {
#6.     if (b < a)
#7.         a = b;
#8.     if (c < a)
#9.         a = c;
#10.    return a;
#11.}
#12.int main()
#13.{
#14.    cout << "min = " << min(1, 2, 3) << endl;
#15.    return 0;
#16.}
```

分析：本程序考查函数模板的用法，模板参数使用错误，将int=改为typename 即可。

答案：#4行修改为"template<typename T>"。

五、编程题

1. 编写一个函数 swap，用引用作为参数，交换函数中两个变量的值；编写 main 函数输入两个整数，调用函数 swap 交换两个整数后输出。

分析：本程序考查引用的用法。因为引用可以共享内存，在函数形参中使用引用可以在函数中修改实参的值。

答案：

```
#1. #include <iostream>
#2. using namespace std;
#3. void swap(int &x, int &y)
#4. {
#5.     int temp;
#6.     temp = x;
#7.     x = y;
#8.     y = temp;
#9. }
#10.int main()
```

```
#11.{
#12.    int a, b;
#13.    cin >> a >> b;
#14.    swap(a, b);
#15.    cout << a << ", " << b << endl;
#16.    return 0;
#17.}
```

2. 编写一个函数模板 InsertionSort，实现插入排序功能，编写 main 函数生成 10 个小于 100 的随机整数，调用函数模板 InsertionSort 对生成的整数排序后输出。

分析：本程序主要考查函数模板的用法，函数模板与普通函数的区别就是形参要使用虚拟类型，虚拟类型定义后，其他与普通函数编写方法相同。

插入排序的基本思想：每一步将一个待排序的元素按其关键字值的大小插入到已排序序列的合适位置，直到待排序元素全部插入完为止。

答案：

```
#1. #include <iostream>
#2. using namespace std;
#3. template <typename T>
#4. void InsertionSort(T A[], int n)
#5. {
#6.     int i, j;
#7.     T temp;
#8.     for(i = 1; i < n; i++)
#9.     {
#10.        j = i;
#11.        temp = A[i];
#12.        while (j > 0 && temp < A[j - 1])
#13.        {
#14.            A[j] = A[j - 1]; //将元素逐个后移,以便找到插入位置时可立即插入
#15.            j--;
#16.        }
#17.        A[j] = temp;
#18.     }
#19.}
#20.int main()
#21.{
#22.    int a[10];
#23.    for (int i = 0; i < 10; i++)
#24.        a[i] = rand() % 100;
#25.    InsertionSort(a, 10);
#26.    for (int i = 0; i < 10; i++)
#27.        cout << a[i] << endl;
#28.    return 0;
#29.}
```

C++对 C 的扩充

13.3 测 试 题

13.3.1 测试题 1

一、选择题

1. 1979 年，Bjarne Sgoustrup 博士从剑桥大学博士毕业后到贝尔实验室从事_____语言的改良工作，之后发明了 C++语言。

    A. C   B. Java   C. BASIC   D. Python

2. 下列选项中，_____不能作为重载函数在调用时进行选择的依据。

    A. 参数个数   B. 不同类型参数的顺序

    C. 参数类型   D. 函数的返回值类型

3. 在 C++中，_____是数据封装和隐藏的实现。

    A. 函数   B. 对象   C. 模板   D. 类

4. 函数模板实际上是建立一个通用函数，其函数类型和_____可以不具体指定，而用一个虚拟的类型来代表，这个通用函数就称为函数模板。

    A. 形参类型   B. 函数返回值   C. 函数名   D. 实参类型

5. 相对于 C 语言，C++语言对于结构体最大的改变是允许在结构体中_____。

    A. 定义变量   B. 定义函数   C. 定义类   D. 定义常量

6. 相对于 C 语言，C++语言增强了 const 用法，使之可以在程序中用于_____。

    A. case 后面的标签   B. 定义常量

    C. 定义数组长度   D. 以上都可以

7. 在 C++中，已有语句使用 int *p=new 数据类型[10];分配内存，应使用_____释放 p 指向的内存。

    A. free(p);   B. delete []p;   C. delete p;   D. freee([]p);

8. C++处理异常的机制由 3 部分组成，把需要检查的语句放在_____块中。

    A. try   B. throw   C. catch   D. case

9. 在 C++里，文件操作也可以使用流来完成，以下可以用来进行文件读写操作的流类型是_____。

    A. ifstream   B. ofstream   C. iofstream   D. fstream

10. 已知有语句 int x=0;，则在以下 4 个语句当中，不能在 C++的 inline 函数中使用的语句是_____。

    A. scanf("%d",&x);   B. x<0?x=-x:x;

    C. cin>>x;   D. while(x<10) x++;

二、填空题

1. 面向对象程序设计的基本思想是将软件系统当作通过_____交互作用来完成特定功能的对象的集合。

2. 相对于结构化程序设计，面向对象程序设计与人类习惯的思维方法一致，稳定性、_____、可维护性好，易于开发大型软件产品。

3．在 C++程序中，如果使用 new 分配内存出错，会_____。

4．内联函数类似于 C 语言中的_____，编译器在编译程序时将所调用函数的代码直接嵌入到主调函数中，而不是跳转到函数中。

5．在面向对象的程序设计中，原已有类称为父类或基类，新定义的类称为子类或派生类，它可以从父类那里继承_____和方法。

6．C++作为面向对象的程序设计语言其多态性包括_____和动态多态。

7．泛型程序设计是指使用独立于数据类型的方式编写程序，C++使用_____和类模板可以实现泛型程序设计。

8．在软件开发过程中，_____与操作它的算法同样重要。

9．C++模板库 STL 使用容器封装了软件开发过程中常用的_____及其常用操作算法。

10．C++流类库定义了_____对象可用来实现基本的输出操作。

三、阅读程序题

1．阅读以下程序，给出程序运行结果_____。

```
#1. #include <iostream>
#2. using namespace std;
#3. namespace name1
#4. {
#5.     int a=100;
#6. }
#7. namespace name2
#8. {
#9.     int a = 200;
#10.}
#11.using namespace name1;
#12.int a = 300;
#13.int main()
#14.{
#15.    cout <<::a << name1::a << name2::a << endl;
#16.    return 0;
#17.}
```

2．阅读以下程序，给出程序运行输出的第二行是_____。

```
#1. #include <iostream>
#2. using namespace std;
#3. int *p;
#4. void fun(int a, int &b)
#5. {
#6.     p = &b;
#7.     a += *p;
#8.     b += a;
#9.     cout << a << '\t' << b << '\t' << *p << endl;
```

```
#10.}
#11.int main(int)
#12.{
#13.    int x = 20, y = 30;
#14.    fun(x, y);
#15.    cout << x << '\t' << y << '\t' << *p << endl;
#16.    return 0;
#17.}
```

3. 阅读以下程序，给出程序运行结果_____。

```
#1. #include <iostream>
#2. using namespace std;
#3. double f(double x, double y)
#4. {
#5.     return x - y;
#6. }
#7. float f(float x, float y)
#8. {
#9.     return x + y;
#10.}
#11.int main()
#12.{
#13.    cout <<f(5. 0,10) << endl;
#14.    return 0;
#15.}
```

4. 阅读以下程序，给出程序运行结果_____。

```
#1. #include <iostream>
#2. using namespace std;
#3. template <class T>
#4. T max(T a, T b)
#5. {
#6.     return a > b ? a : b;
#7. }
#8. char *max(char *x, char *y)
#9. {
#10.     return strcmp(x, y) > 0 ? x : y;
#11.}
#12.int main()
#13.{
#14.    const char *p = "ABCD", *q = "EFGH";
#15.    p = max(p, q);
#16.    int a = max(10, 20);
#17.    double b = max(10.5, 20.6);
```

```
#18.     cout << p << '\t'<< a << '\t'<< b << endl;
#19.     return 0;
#20.}
```

5. 阅读以下程序，给出程序运行结果_____。

```
#1. #include <iostream>
#2. using namespace std;
#3. bool StrCpy(const char *s,char *d)
#4. {
#5.     if (d == 0)
#6.         throw "指针为空";
#7.     else
#8.         strcpy(d, s);
#9.     return true;
#10.}
#11.int main()
#12.{
#13.    try
#14.    {
#15.        char *p = NULL;
#16.        StrCpy("abcdef", p);
#17.    }
#18.    catch (const char *s)
#19.    {
#20.        cout << s<<endl;
#21.    }
#22.    return 0;
#23.}
```

四、改错题

1. 以下程序应运行输出"abcdef"，但存在错误，请修改。

```
#1. #include <iostream>
#2. using namespace std;
#3. int main()
#4. {
#5.     char *s = "abcdef";
#6.     cout << s << endl;
#7.     return 0;
#8. }
```

2. 以下程序应运行输出"200"，但存在错误，请修改。

```
#1. #include <iostream>
#2. using namespace std;
#3. int &f(int x,int y)
```

C++对 C 的扩充

```
#4.  {
#5.      if (x > y)
#6.          return x;
#7.      else
#8.          return y;
#9.  }
#10. int main()
#11. {
#12.     const int &x = f(20, 100);
#13.     cout << x<< endl;
#14.     return 0;
#15. }
```

3. 以下程序应运行输出"AAAAAAAAAA"，但存在错误，请修改。

```
#1.  #include <iostream>
#2.  using namespace std;
#3.  namespace name
#4.  {
#5.      void f()
#6.      {
#7.          cout << "BBBBBBBBBBBB" << endl;
#8.      }
#9.  }
#10. using namespace name;
#11. void f()
#12. {
#13.     cout << "AAAAAAAAAA" << endl;
#14. }
#15. int main()
#16. {
#17.     f();
#18.     return 0;
#19. }
```

4. 以下程序应运行输出"200",但存在错误，请修改。

```
#1.  #include <iostream>
#2.  using namespace std;
#3.  double f(double x, double y = 100)
#4.  {
#5.      return x - y;
#6.  }
#7.  double f(double x)
#8.  {
#9.      return x * 2;
```

```
#10. }
#11. int main()
#12. {
#13.     cout << f(100) << endl;
#14.     return 0;
#15. }
```

5. 以下程序应运行输出"max = 3"，但存在错误，请修改。

```
#1. #include <iostream>
#2. using namespace std;
#3. template<typename  T>
#4. T max(T a, T b, T c)
#5. {
#6.     if (b > a)
#7.         a = b;
#8.     if (c > a)
#9.         a = c;
#10.    return a;
#11. }
#12. int main()
#13. {
#14.    cout << "max = " << max(1, 2.0, 3) << endl;
#15.    return 0;
#16. }
```

五、编程题

1. 利用 C++函数重载功能，编写两个重载函数 fun，分别实现对整数和浮点数求绝对值的功能。编写 main 函数读入两个 int 数据和两个 double 数据，调用函数 fun 分别输出它们的绝对值。

2. 编写一个函数模板 Sort 实现冒泡排序功能，编写 main 函数生成 10 个小于 100 的随机整数，调用函数模板 Sort 对生成的整数排序后输出。

13.3.2 测试题 2

一、选择题

1. 扩充后的 C 语言最初被命名为带类的 C（C with classes），_____年被正式命名为 C++。

    A. 1963   B. 1973   C. 1983   D. 1993

2. 在 C++中，函数重载是指两个或两个以上的函数，其函数名_____。

    A. 不同，但形参的个数或类型相同

    B. 相同，但返回值类型不同

    C. 相同，但形参的个数或类型不同

    D. 相同，但必定是形参的个数相同且其类型不同

3．下列不能作为 C++函数返回值类型的是_____。

    A．int *   B．int &   C．int   D．new

4．在 C++中，一个_____是其对应类的一个实例（Instance）。

    A．函数   B．对象   C．模板   D．指针

5．在 C++中，以下关于作用域运算符描述错误的是_____。

    A．全局作用域运算符   B．命名空间作用域运算符

    C．类作用域运算符   D．函数作用域运算符

6．在 C++语言中，在调用模板时，编译器用实参的_____取代函数模板中的虚拟类型，生成与实参类型匹配的函数代码并进行调用。

    A．类型   B．值   C．地址   D．虚拟类型

7．相对于 C 语言，C++语言中在定义结构体变量时可以省略_____。

    A．struct   B．type   C．enum   D．class

8．引用就是某一变量（对象）的_____，对引用的操作与对该变量（对象）直接操作完全一样。

    A．地址   B．克隆   C．赋值   D．别名

9．C++处理异常的机制由 3 部分组成，_____用来当出现异常时发出一个异常信息。

    A．try   B．throw   C．catch   D．goto

10．已知有语句 int a=0;，则在以下 4 个语句当中，可以在 C++的 inline 函数中使用的语句是_____。

    A．switch(a) {case 1:x++;break; default:a=100;}

    B．do{a++;} while(a<10);

    C．if(a>0) a=100; else a=-100;

    D．while(a<10) a++;

二、填空题

1．C++不但保留了 C 语言的全部功能特点，而且全面支持面向_____的编程语言。

2．相对于结构化程序设计，面向对象程序设计与人类习惯的思维方法一致，稳定性、可重用性、_____好，易于开发大型软件产品。

3．在 C++程序中，使用关键字_____声明的函数称内联函数，该声明只是程序的作者对编译器的建议，编译器会根据实际情况来决定是否将该函数编译为内联函数。

4．在面向对象的程序设计中，原已有类称为_____，新定义的类称为子类或派生类，它可以从父类那里继承属性和方法。

5．C++作为面向对象的程序设计语言，其多态性包括静态多态和_____。

6．泛型程序设计是指使用独立于数据类型的方式编写程序，C++使用函数模板和_____可以实现泛型程序设计。

7．在软件开发过程中，数据结构与操作它的_____同样重要。

8．C++模板库允许软件开发人员在自己的 C++程序中直接将 C++模板库中的_____和算法应用于自己的特定数据类型而不用再编写代码。

9．在 C++语言中，增加了_____运算符，可以取代 C 语言函数库中 free 函数的功能。

10. C++总共有输入文件流、输出文件流和输入输出文件流 3 种文件流。如果要写入一个文件，需要定义一个_____类型的对象。

三、阅读程序题

1. 阅读以下程序，给出程序运行结果_____。

```
#1. #include <iostream>
#2. using namespace std;
#3. int a = 300;
#4. namespace name1
#5. {
#6.     int a = 100;
#7. }
#8. using namespace name1;
#9. namespace name2
#10.{
#11.    int a = 200;
#12.    int f()
#13.    {
#14.        return ::a + a;
#15.    }
#16.}
#17.int main()
#18.{
#19.    cout << name2::f() << endl;
#20.    return 0;
#21.}
```

2. 阅读以下程序，给出程序运行结果_____。

```
#1. #include <iostream>
#2. using namespace std;
#3. int &f(int &a)
#4. {
#5.     return a;
#6. }
#7. int main()
#8. {
#9.     int x = 100;
#10.    int &y = f(x);
#11.    y = 200;
#12.    cout << x << endl;
#13.    return 0;
#14.}
```

3. 阅读以下程序，给出程序运行结果_____。

```
#1. #include <iostream>
```

```
#2. using namespace std;
#3. int max(int x, int y)
#4. {
#5.     return x > y ? x : y;
#6. }
#7. long max(int x, int y,int z)
#8. {
#9.     return max(max(x, y), z);
#10.}
#11.int main()
#12.{
#13.    cout << max(5L, 10L,20L) << endl;
#14.    return 0;
#15.}
```

4. 阅读以下程序，给出程序运行结果_____。

```
#1. #include <iostream>
#2. using namespace std;
#3. template <typename T>
#4. int BinSearch(T list[], int n, T key)
#5. {
#6.     int mid, low, high;
#7.     T midvalue;
#8.     low = 0;
#9.     high = n - 1;
#10.    while (low <= high)
#11.    {
#12.        mid = (low + high) / 2;
#13.        midvalue = list[mid];
#14.        if (key == midvalue)
#15.            return mid;
#16.        else if (key < midvalue)
#17.            high = mid - 1;
#18.        else
#19.            low = mid + 1;
#20.    }
#21.    return -1;
#22.}
#23.int main()
#24.{
#25.    int a[10] = { 2, 3, 7, 12, 16, 35, 67, 68,90, 98 };
#26.    cout << BinSearch(a, 10, 35) << "," << BinSearch(a, 10, 36) << endl;
#27.}
```

5. 阅读以下程序，给出程序运行结果_____。

```
#1. #include <iostream>
#2. using namespace std;
#3. void f(int *& p)
#4. {
#5.     p = new int[10];
#6.     for (int i = 0; i < 10; i++)
#7.         p[i] = i;
#8. }
#9. int main()
#10.{
#11.    int *p;
#12.    f(p);
#13.    for(int i=0;i<10;i++)
#14.        cout << p[i] << '\t';
#15.    delete []p;
#16.    return 0;
#17.}
```

四、改错题

1. 以下程序应运行输出"cccc"，但存在错误，请修改。

```
#1. #include <iostream>
#2. using namespace std;
#3. char *f(const char *s1, const char *s2)
#4. {
#5.     if (strcmp(s1, s2) >= 0)
#6.         return s1;
#7.     else
#8.         return s2;
#9. }
#10.double f(double x, double y )
#11.{
#12.    return x > y ? x : y;
#13.}
#14.int main()
#15.{
#16.    cout << f("aaa","cccc")<< endl;
#17.    return 0;
#18.}
```

2. 以下程序应运行输出"100",但存在错误，请修改。

```
#1. #include <iostream>
#2. using namespace std;
#3. namespace name
#4. {
```

C++对C的扩充

```
#5.      int x=100;
#6. }
#7. using namespace name;
#8. int x = 200;
#9. int main()
#10.{
#11.    cout << x << endl;
#12.    return 0;
#13.}
```

3. 以下程序应运行输出"5"，但存在错误，请修改。

```
#1. #include <iostream>
#2. using namespace std;
#3. int f(int x,int y=0)
#4. {
#5.      return x + y;
#6. }
#7. int f(int x)
#8. {
#9.      return x *2;
#10.}
#11.int main()
#12.{
#13.    cout <<f(5) << endl;
#14.    return 0;
#15.}
```

4. 以下程序应运行输出"100"，但存在语法错误，请修改。

```
#1. #include <iostream>
#2. using namespace std;
#3. int f(int &a,int &b)
#4. {
#5.      return a > b ? a : b;
#6. }
#7. int main()
#8. {
#9.      cout << f(50,100) << endl;
#10.    return 0;
#11.}
```

5. 以下程序应运行输出"30.5"，但存在语法错误，请修改。

```
#1. #include <iostream>
#2. using namespace std;
#3. template <typename T>
```

```
#4. T sum(T a, T b)
#5. {
#6.     return a +b;
#7. }
#8. int main(int)
#9. {
#10.    cout << sum(10.5, 20) << endl;
#11.    return 0;
#12. }
```

五、编程题

1. 利用 C++函数重载的功能，编写两个重载函数 area，分别实现对圆形和矩形求面积的功能；编写 main 函数读入一个圆的半径和一个矩形的长、宽数据；调用函数 area 分别输出它们的面积。

2. 编写一个实现快速排序功能的函数模板 Sort；编写 main 函数生成 10 个小于 100 的随机整数；调用函数模板 Sort 对生成的整数排序后输出。

13.4 实 验 案 例

13.4.1 案例 1——函数重载

1. 实验目的

（1）掌握 C++程序编译运行方法。

（2）掌握 C++函数默认参数的用法。

（3）掌握 C++函数重载的用法。

2. 实验内容

阅读下面的程序，分析程序运行输出的 test1，test2，test3，test4，test5 值分别为多少？上机实际检验实际值和分析的值是否一致。

```
#1. #include <iostream>
#2. using namespace std;
#3. struct S
#4. {
#5.     int i;
#6.     char c[10];
#7. }s;
#8. int f1(int a, int b = 1);
#9. int f2(int a, int b = 1, int c = 2)
#10.{
#11.    return a + b + c;
#12.}
#13.int main()
#14.{
```

C++对 C 的扩充

```
#15.    int test1, test2, test3, test4, test5;
#16.    s.i = 1;
#17.    strcpy(s.c, "abcd");
#18.    test1 = f1(s.i);
#19.    test2 = f1(2, 2);
#20.    test3 = f2(1);
#21.    test4 = f2(1, 2);
#22.    test5 = f2(1, 2, 3);
#23.    cout << test1 <<"\n"<<test2<<"\n"<<test3<<"\n"<<test4<<"\n"<<test5 <<"\n";
#24.    cout << s.c <<"\n";
#25.    return 0;
#26.}
#27.int f1(int a, int b)
#28.{
#29.    return a + b;
#30.}
```

3. 实验步骤

（1）写出程序运行应输出的 test1，test2，test3，test4，test5 值。

（2）使用 VC++或 Dev C++新建项目。

（3）如果是 VC++ 2005 以上版本，为了兼容，需要在程序开始处添加以下宏：

```
#define _CRT_SECURE_NO_WARNINGS
```

（4）在源程序文件中添加实验内容列出的代码。

（5）调试运行程序。

4. 思考

在 main 函数中调用 f1(s. i)、f1(2,2)、f2(1)、f2(1,2)和 f2(1,2,3)的完整实参值应是什么？

13.4.2 案例2——函数模板

1. 实验目的

（1）掌握 C++函数模板的用法。

（2）比较 C++函数重载和函数模板的区别。

2. 实验内容

（1）编写重载函数 My_Max1 可分别求取 3 个整数、3 个双精度数的最大值。

（2）使用函数模板重新实现函数 My_Max1，模板函数的名字为 My_Max2。

（3）在 main 函数中编写代码，测试该类。

3. 实验步骤

（1）使用 VC++或 Dev C++新建项目。

（2）参考代码如下：

```
#1. #include <iostream>
#2. using namespace std;
```

```
#3. double My_Max1(double d1, double d2, double d3)
#4. {
#5.     double max;
#6.     if (d1 >= d2)
#7.     {
#8.         if (d1 >= d3)
#9.             max = d1;
#10.    }
#11.    else if (d2 >= d3)
#12.        max = d2;
#13.    else
#14.        max = d3;
#15.    return max;
#16.}
#17.int My_Max1(int d1, int d2, int d3)
#18.{
#19.    int max;
#20.    if (d1 >= d2)
#21.    {
#22.        if (d1 >= d3)
#23.            max = d1;
#24.    }
#25.    else if (d2 >= d3)
#26.        max = d2;
#27.    else
#28.        max = d3;
#29.    return max;
#30.}
#31.template <typename T>
#32.T My_Max2(T t1, T t2, T t3)
#33.{
#34.    T max;
#35.    if (t1 >= t2)
#36.    {
#37.        if (t1 >= t3)
#38.            max = t1;
#39.    }
#40.    else if (t2 >= t3)
#41.        max = t2;
#42.    else
#43.        max = t3;
#44.    return max;
#45.}
#46.int main()
#47.{
```

C++对 C 的扩充

```
#48.    double d1, d2, d3;
#49.    int i1, i2, i3;
#50.    cout << "input three double number: " << endl;
#51.    cin >> d1 >> d2 >> d3;
#52.    cout << "The max double number is: " << My_Max1(d1, d2, d3) << endl;
#53.    cout << "input three int number: " << endl;
#54.    cin >> i1 >> i2 >> i3;
#55.    cout << "The max int number is: " << My_Max1(i1, i2, i3) << endl;
#56.    cout << "function templat" << endl;
#57.    cout << "The max double number is: " << My_Max2(d1, d2, d3) << endl;
#58.    cout << "The max int number is: " << My_Max2(i1, i2, i3) << endl;
#59.    return 0;
#60.}
```

4. 思考

My_Max1(d1,d2,d3)和 My_Max1(i1,i2,i3)分别调用的是哪个函数？当执行函数调用 My_Max2(d1,d2,d3)和 My_Max2(i1,i2,i3)时，传入参数 T 的实际参数分别是什么类型？

第 14 章　基于 C++ 的面向对象编程

14.1　知　识　要　点

14.1.1　类和对象

1. 概述

和传统的程序设计方法相比，面向对象的程序设计具有抽象、封装、继承和多态性等关键要素。

2. 类的定义

类声明以关键字 class 开始，其后跟类名。类所声明的内容用大括号括起来，右大括号后的分号作为类关键字声明语句的结束标志。这一对大括号之间的内容称为类体。

```
class 类名
{
  权限:
  成员;
};
```

3. 类和对象的特性

1）this 指针

在 C++ 程序中，当一个成员函数被调用时，系统自动向它传递一个隐含的参数，该参数是一个指向调用该函数的对象的指针即 this 指针。

2）使用类的权限

一般情况下，类的成员的使用权限如下：

（1）类本身的成员函数可以使用类的所有成员（私有、保护和公有成员）。

（2）类的子类的成员函数可以使用类的保护和公有成员。

（3）非（1）、（2）的函数可以通过类的对象使用类的公有成员。

3）类作用域

声明类时所使用的一对大括号形成类的作用域。在类作用域中声明的标识符只在类中可见。

4）对象、类和消息

使用类定义对象，对象响应消息完成对象功能。

4. 构造函数

C++ 类又称为构造函数的特殊成员函数，它可以在创建对象时被自动调用进行对象的初始化。

5. 析构函数

和构造函数相对应，在对象删除时，析构函数会被自动调用。

6. 静态成员

类的静态成员使用关键字 static 进行声明，类的静态成员可以通过类名直接使用，类的静态成员函数只能访问类的静态成员，一个类创建的所有对象共享静态成员。

7. 友元函数

友元使用关键字 friend 进行声明，可以允许一个函数或一个类无限制地存取另一个类的所有成员。

8. const 对象

const 成员包括 const 数据成员、const 静态数据成员和 const 引用成员。const 静态数据成员仍保留静态成员特征，需要在类外初始化。const 数据成员和 const 引用成员只能通过初始化列表来获得初值。一个 const 对象只能访问 const 成员函数。

9. 指向类成员的指针

使用指针不但可以指向对象，也可以指向类的成员。指向类的成员的指针分为指向数据成员和指向成员函数的指针，使用这两种指针之前都必须先创建对象。

10. 运算符重载

在 C++语言中，用户可以重定义或重载大部分 C++内置的运算符，不但可以提高代码的可读性，还可以满足泛型算法的需求。

14.1.2 类的继承与派生

1. 继承与派生的概念

使用已有的类来建立新类的过程，叫做"类的派生"，原来的类叫做"基类"或"父类"，新建立的类则叫做"派生类"或"子类"。派生类自动地将基类的所有成员作为自己的成员，这叫做"继承"。

2. 继承与派生的一般形式

C++中有两种继承：单一继承和多重继承。对于单一继承，一个"子类"只能有一个"父类"；对于多重继承，一个"子类"可以有多个"父类"。在 C++中，声明单一继承的一般形式如下：

```
class 派生类名:访问控制 基类名
{
    成员声明列表
};
```

多重继承的一般形式如下：

```
class 类名1：访问控制 类名2，访问控制 类名3,…,访问控制 类名n
{
    成员声明列表
};
```

3. 派生类的构造函数与析构函数

当创建一个派生类对象时，需要首先调用"父类"的构造函数，对"父类"成员进行初始化，然后执行派生类的构造函数，如果某个"父类"仍是一个派生类，则这个过程递归执行。该对象删除时，析构函数的执行顺序和执行构造函数的顺序正好相反。

4. 继承与派生的访问权限

在 C++中，子类虽然可以继承父类的全部成员，但派生的方式不同，子类对父类不同成员的访问权限也不同。表 14-1 列出了不同的派生方式下，子类对父类不同成员的不同访问权限。

表 14-1　派生方式与访问权限

派生方式	父类权限		
	private 成员	**protected 成员**	**public 成员**
private 派生	不可访问	私有成员	私有成员
protected 派生	不可访问	保护成员	保护成员
public 派生	不可访问	保护成员	公有成员

14.1.3　类的多态性

1. 多态性的概念

多态性在 C++中指同样的消息被不同类型的对象接收时导致不同的行为。这里的消息就是指对对象成员函数的调用，而不同的行为是指不同的实现，也就是调用了不同的函数。多态性从系统实现的角度来讲可以划分为两类：静态多态（也叫编译时多态性）和动态多态（又称运行时多态性），如图 14-1 所示。

图 14-1　C++多态性

2. 虚函数与动态多态

根据消息调用哪个具体函数，如果是在程序运行时确定的称为动态联编。动态联编所支持的多态性称为运行时的多态性，运行时的多态性由 C++的虚函数来实现。虚函数只能是类中的非静态成员函数，关键字 virtual 用于类中该函数的声明。声明虚成员函数的格式如下：

```
virtual 类型标识符 函数名（参数列表）；
```

当父类定义了虚函数，在派生类中定义同名的成员函数时，只要该成员函数的参数以及它的返回类型与基类中同名的虚函数完全一样，则无论是否为该成员使用 virtual 声明，它都将成为一个虚函数。

3. 虚类（抽象类）

有一种特殊的虚函数称为纯虚函数，纯虚函数没有函数体。声明纯虚成员函数的格式如下：

```
virtual 类型标识符 函数名(参数列表)=0;
```

一个类可以声明多个纯虚函数，包含有纯虚函数的类称为虚类或抽象类。一个抽象类只能作为基类来派生新类，不能说明抽象类的对象，但可以说明指向抽象类对象的指针（或引用）。

4. 虚基类

如果一个派生类的多条继承路径上有一个公共的基类，则这个公共基类在该派生类的对象中就会产生多个实例（或多个副本）。例如已有一个类 A，类 B 和类 C 分别由类 A 派生，类 D 由类 B 和类 C 共同派生，则在类 D 中有两个类 A 的属性存在，若只想保存类 A 一份属性，可以在派生子类时将类 A 说明为虚基类。说明虚基类格式如下：

```
class 派生类名:访问控制 virtual 基类名
```

14.1.4 类模板与泛型编程

1. 类模板

C++将数据类型从类中分离出来形成一个虚拟的数据类型 T，可以使用这个数据类型 T 设计"类"，但是这个"类"并不是真正的类，只是对类的描述，这种类的描述在 C++中被称为类模板。在编译时，编译器将类模板与某种具体数据类型联系起来，即可生成一个有具体数据类型的类（模板类）。

2. 类模板的继承

类模板也可以继承，继承的方法与普通的类相似。如果是从类模板继承，在子类的定义中，父类的名称后面要加上"<虚拟类型>"。类模板的基类和派生类都可以是模板类或非模板类。

3. 泛型编程

函数模板和类模板是实现 C++泛型编程的基础。模板相当于蓝图，它本身不是类或函数。编译器根据创建对象或调用函数语句中实际使用的数据类型用模板产生类或函数，产生模板特定类型的过程称为模板的实例化。在 C++中使用模板进行编程即泛型编程。

14.2 例题分析与解答

一、选择题

1. 面向对象程序设计不仅能进行功能抽象，也能进行数据抽象。_____实际上是功能抽象和数据抽象的统一。

    A. 指针   B. 函数   C. 对象   D. 模板

分析：面向对象程序设计使用类和对象实现功能抽象和数据抽象。

答案：C

2．目前，面向对象的程序设计并不具有以下_____关键要素。

　　A．抽象　　　　　B．封装　　　　　C．继承　　　　　D．智能

分析：面向对象的程序设计关键要素包括抽象、封装、继承、多态等要素。

答案：D

3．在 C++中，不同的对象可以调用相同名称的函数，但可导致完全不同的行为的现象称为_____。

　　A．隐藏性　　　　B．封装性　　　　C．继承性　　　　D．多态性

分析：参见多态的定义。

答案：D

4．类的访问权限用于控制对象的某个成员在程序中的可访问性，如果没有使用关键字说明，则成员默认为_____权限。

　　A．private　　　B．protected　　　C．virtual　　　D．public

分析：参见 C++中关于类的成员的权限限定。

答案：A

5．在 C++中，关于对象的特性描述错误的是_____。

　　A．同一个类的对象之间可以相互赋值

　　B．可使用对象数组

　　C．可使用指向对象的指针，使用取地址运算符&可以获取一个对象的地址

　　D．对象本身不占用内存

分析：对象是类的实例，只要有数据成员就占用内存。

答案：D

6．对象的行为是定义在对象属性上的一组操作的集合，是通过它的_____实现的。

　　A．数据成员　　　B．成员函数　　　C．对象指针　　　D．私有成员

分析：对象的行为通过它的成员函数实现。

答案：B

7．对象的属性和行为是对象定义的组成要素，分别代表了对象的静态特征和动态特征，以下错误的是_____。

　　A．一个类的所有对象都使用相同内存地址

　　B．对象的操作包括自身操作（施加于自身）和施加于其他对象的操作

　　C．对象之间以消息传递（函数调用）的方式进行通信

　　D．一个对象的成员仍可以是一个对象

分析：一个类的不同对象的数据成员使用不同的内存，成员函数是相同的。

答案：A

8．有时我们需要使用一个对象创建另外一个对象。通常情况下，编译器建立一个默认复制构造函数，默认复制构造函数采用_____方式使用已有的对象来建立新对象。

　　A．对象地址复制　　　　　　　　B．引用已有对象

　　C．属性值复制　　　　　　　　　D．以上 3 种方式

分析：默认复制构造函数采用属性值复制的方式使用已有的对象来建立新对象。

基于 C++的面向对象编程

答案：C

9. 以下关于类的静态成员描述错误的是_____。

    A. 可以不属于某个特定的对象，可以与类名连用

    B. 静态成员可以和对象一起动态分配内存

    C. 在没有建立对象之前，静态成员就已经存在

    D. 静态成员为该类的所有对象共享，它们被存储于一个公用的内存中

分析：类的静态数据成员的内存采用静态分配。

答案：B

10. 在 C++语言中，增加了 new 运算符，在调用它为对象动态分配内存时_____。

    A. 功能与 malloc 相同   B. 可以自动调用对象的构造函数

    C. 可以自动调用对象的析构函数   D. 以上都正确

分析：new 运算符在为对象动态分配内存时可以自动调用对象的构造函数。

答案：B

11. 声明_____函数时，使用 const 关键字非法或无意义。

    A. 构造函数   B. 析构函数

    C. static 成员函数   D. 以上都是

分析：static 成员函数没有 this 指针，无法访问类的非静态成员，const 声明无意义。

答案：C

12. 用关键字_____标记的函数被称为虚函数。

    A. virtual   B. private   C. public   D. protected

分析：参见书中关于虚函数的定义。

答案：A

13. 在 C++中，要实现动态联编，可以使用_____调用虚函数。

    A. 类名   B. 派生类指针   C. 对象名   D. 基类指针

分析：在 C++中，要使用虚函数和基类指针或引用实现动态联编。

答案：D

14. 下列函数中，可以作为虚函数的是_____。

    A. 普通全局函数   B. 静态成员函数   C. 构造函数   D. 析构函数

分析：参见书中关于虚函数的功能定义。

答案：D

15. 在派生类中，重载一个虚函数时，要求函数名、参数的个数、参数的类型、参数的顺序和函数的类型_____。

    A. 不同   B. 相同   C. 相容   D. 部分相同

分析：参见书中关于虚函数的定义。

答案：B

16. 使用虚函数保证了在通过一个基类类型的指针（或引用）调用一个虚函数时，C++系统对该调用使用_____，但是，在通过一个对象访问一个虚函数时，使用静态联编。

    A. 动态联编   B. 静态联编   C. 动态编译   D. 静态编译

分析：参见书中关于虚函数的功能定义。

答案：A

17．下面函数原型声明中，_____声明的 func 为纯虚函数。

    A．int func()=0;   B．virtual int func()=0;

    C．vitual int func();   D．virtual int func(){};

分析：参见书中关于纯虚函数的定义。

答案：B

18．若一个类中含有纯虚函数，则该类称为_____。

    A．基类   B．虚基类

    C．抽象类   D．派生类

分析：参见书中关于抽象类的定义。

答案：C

19．假设 CEx 为抽象类，下列声明_____是错误的。

    A．CEx& func(int);   B．CEx* x;

    C．int func(CEx &x);   D．CEx x;

分析：抽象类不能用来定义对象。

答案：D

二、填空题

1．结构化程序设计使用的是功能抽象，面向对象程序设计不仅能进行功能抽象，而且能进行_____抽象。

分析：参见本书关于面向对象程序设计的说明。

答案：数据

2．C++可使用对象名、属性和_____三要素来描述对象。

分析：参见本书关于面向对象程序设计的说明。

答案：操作

3．"一个类的所有对象具有相同的属性"，是指属性的个数、名称、_____相同，各个对象的属性值则可以互不相同，并且随着程序的执行而变化。

分析：参见本书关于对象属性的说明。

答案：数据类型

4．类和 C 语言中结构类型不同的是，组成这种类型的不仅可以有数据，而且可以有对数据进行操作的函数，它们分别叫做类的_____和类的成员函数，

分析：参见本书关于类成员的说明。

答案：数据成员

5．当没有为一个类定义任何构造函数的情况下，C++编译器会为类自动建立一个不带参数的构造函数，该构造函数称为类的_____。

分析：参见本书关于默认构造函数的说明。

答案：默认构造函数

6．如果类的数据成员或成员函数使用关键字_____进行修饰，这样的成员称为静态数据成员或静态成员函数，统称为静态成员。

分析：参见本书关于静态成员的说明。

答案：static

7. 运算符重载是定义一些有特殊名称的函数，_____是由关键字 operator 和其后要重载的运算符符号构成的。

分析：参见本书关于运算符重载的说明。

答案：函数名

8. 从父类中派生出子类时，子类可以增加_____。

分析：参见本书关于派生类的说明。

答案：新的成员（数据成员或成员函数）

9. 当创建一个派生类对象时，需要首先调用_____的构造函数，对父类成员进行初始化。

分析：使用派生类创建对象时，先调用父类构造函数再调用本类构造函数。

答案：父类

10. 如使用一个表达式的含义能解释为可访问类中的多个成员，则这种对类的成员的访问就是不确定的，称这种访问具有_____性。

分析：对类的成员的访问必须是无二义性的，否则编译器不知道调用哪个。

答案：二义性

11. 多态在 C++中是指同样的_____被不同类型的对象接收时导致不同的行为。

分析：C++中对象使用消息进行通信。

答案：消息

12. C++的两种联编方式为_____。

分析：参见书中关于 C++多态实现方式的说明。

答案：静态联编和动态联编

13. C++支持两种多态性，静态联编所支持的多态性被称为编译时的多态性，动态联编所支持的多态性被称为_____。

分析：参见书中关于 C++多态实现方式的说明。

答案：运行时的多态性

14. 重载函数在编译时表现出多态性，就是静态联编；而虚函数则在运行时表现出多态性是_____联编。

分析：参见书中关于 C++多态实现方式的说明。

答案：动态

15. 与重载函数不同，在 C++中把一个派生类中重定义基类的虚函数称为基类同名函数的_____。

分析：参见书中关于虚函数的说明。

答案：覆盖或重写

16. 派生类定义了某个函数，该函数的名字与基类中函数名字一样，称为派生类对基类的成员函数_____。

分析：参见书中关于重定义函数的说明。

答案：重新定义或重定义

17. 在构造函数和析构函数中调用虚函数时，采用_____联编。

分析：参见书中关于虚函数的说明。

答案：静态

18．纯虚函数的定义是在虚函数定义的基础上，让函数等于_____。

分析：参见书中关于纯虚函数的说明。

答案：0

19．对于包含有纯虚函数的类被称为_____。

分析：参见书中关于抽象类的说明。

答案：抽象类

三、阅读题

1．阅读以下程序，给出程序运行输出的第二行是_____，第三行是_____，第四行是_____。

```
#1.  #include<iostream>
#2.  using namespace std;
#3.  int n1=0,n2=0,n3=0,n4=0;
#4.  class T{
#5.  public:
#6.      T(int a)     {
#7.          ia=a;
#8.          n1++;
#9.      }
#10.     void print()     {
#11.         cout<<ia<<endl;
#12.     }
#13.     int Getia() {
#14.         return ia;
#15.     }
#16. private:
#17.     int ia;
#18. };
#19. class S1:public T{
#20.     int x;
#21. public:
#22.     S1(int a,int c):T(a)     {
#23.         x=c;
#24.         n2++;
#25.     }
#26.     void printS1() {
#27.         cout<<Getia()<<'\t'<<x<<endl;
#28.     }
#29. };
#30. class S2:public T
#31. {
#32.     int y;
```

```
#33.  public:
#34.     S2(int a):T(10){
#35.          y=a;
#36.          n3++;
#37.     }
#38.     void printS2()  {
#39.          cout<<Getia()<<'\t'<<y<<endl;
#40.     }
#41. };
#42. class S:public S1,public S2{
#43.     int xx;
#44. public:
#45.     S(int a,float b,int c,int d):S1(a,b),S2(c){
#46.          xx=d;
#47.          n4++;
#48.     }
#49.     void printS(){
#50.          cout<<xx<<endl;
#51.     }
#52. };
#53. int main(int){
#54.     T t1(2);
#55.     S1 t2(3,4);
#56.     S2 t3(5);
#57.     S t4(6,7,8,9),*p;
#58.     p=&t4;
#59.     p->printS();
#60.     p->printS1();
#61.     p->printS2();
#62.     cout<<n1<<'\t'<<n2<<'\t'<<n3<<'\t'<<n4<<endl;
#63. }
```

分析：

main 函数创建类 T 对象 t1(2)，t1::ia=2，::n1=1；

main 函数创建类 S1 对象 t2(3,4)，t2 调用父类构造函数 T(3)，t2::S1::ia=3，::n1=2，t2::y=4，n2=1；

main 函数创建类 S2 对象 t3(5)，t3 调用父类构造函数 T(10)，t3::S1::ia=10，::n1=3，t3::y=5，n3=1；

main 函数创建类 S 对象 t4(6,7,8,9)，

t4 调用父类构造函数 S1(6,7. 0)，调用 S1 父类构造函数 T(6)，t4::S1::T::ia=6，::n1=4，t4::S1::x=7，::n2=2；

t4 调用父类构造函数 S2(8)，调用 S2 父类构造函数 T(10)，t4::S2:T:::ia=10，::n1=5，t4::S2::y=8，::n3=2；

t4::xx=9，n4=1；

通过指针 p 调用 t4.printS()，输出 t4::S1::T::ia 即 6；

通过指针 p 调用 t4.printS1()，即 t4::S1 printS1()。输出 t4::S1::T::ia，即 9；输出 t4::S1::x，即 7；

通过指针 p 调用 t4.printS2()，即 t4::S2 printS2()。输出 t4::S2::T::ia，即 10；输出 t4::S2::y，即 8；

最后 cout 输出::n1、::n2、::n3、::n4，由上可知输出为 5、2、2、1。

答案:

输出的第二行是 6   7 ，第三行是 10 8 ，第四行是 5 2 2 1 。

2. 阅读以下程序，程序运行一共输出_____行，第二行是_____，第四行是_____。

```
#1.  #include<iostream>
#2.  using namespace std;
#3.  class A{
#4.  public:
#5.      int x,y;
#6.      A(int a,int b){
#7.          x=a;
#8.          y=b;
#9.      }
#10.     virtual void display(){
#11.         cout<<x<<'\t'<<y<<endl;
#12.     }
#13. };
#14. class B: public A
#15. {
#16. public:
#17.     int z;
#18.     B(int a,int b,int c):A(a,b) {
#19.         z=c;
#20.     }
#21.     void display(){
#22.         cout<<x<<'\t'<<y<<'\t'<<z<<endl;
#23.     }
#24. };
#25. class D:public B{
#26. public:
#27.     int m;
#28.     D(int a,int b,int c,int d):B(a,b,c) {
#29.         m=d;
#30.     }
#31.     void display(){
#32.         cout<<x<<'\t'<<y<<'\t'<<z<<'\t'<<m<<'\t'<<endl;
#33.     }
#34. };
```

基于C++的面向对象编程

```
#35.  class E:public A{
#36.  public:
#37.      int n;
#38.      E(int a,int b,int c):A(a,b) {
#39.          n=c;
#40.      }
#41.      void display1(){
#42.          cout<<"E::"<<x<<'\t'<<y<<n<<endl;
#43.      }
#44.  };
#45.  void fun(A *p1){
#46.      p1->display();
#47.  }
#48.  int main(int){
#49.      A b0(10,20),*p;
#50.      p=&b0;
#51.      fun(p);
#52.      B b1(30,40,50);
#53.      D d1(31,41,51,61);
#54.      p=&b1;
#55.      fun(p);
#56.      p=&d1;
#57.      fun(p);
#58.      E e1(100,200,300);
#59.      p=&e1;
#60.      fun(p);
#61.  }
```

分析：

main 函数创建类 A 对象 b0(10,20)，b0. x=10，b0. y=20；

main 函数通过指针用 b0 地址作参数调用 fun 函数，fun 函数调用 b0. display 输出 x、y 值，输出 10、20；

main 函数创建类 B 对象 b1(30,40,50)，b1. A::x=30，b1. A::y=40，b1. z=50；

main 函数创建类 D 对象 d1(31,41,51,61)，d1. B::A::x=31，d1. B::A::y=41，d1. B::z=51，d1. m=61；

main 函数通过指针用 b1 地址作参数调用 fun 函数，fun 函数调用 b1. display 输出 x、y、z 值，即输出 b1. A::x、b1. A::y、b1. z，输出 30、40、50；

main 函数通过指针用 d1 地址作参数调用 fun 函数，fun 函数调用 d1. display 输出 x、y、z、m 值，即输出 d1. B::A::x、d1. B::A::y、d1. B::z、d1. :m 值，输出 31、41、51、61；

main 函数创建类 E 对象 e1(100, 200, 300)，e1. A::x=100，e1. A::y=200，e1. n=300；

main 函数通过指针用 e1 地址作参数调用 fun 函数，fun 函数调用 e1. A::display()输出 x、y 值，即输出 e1. A::x、e1. A::y，输出 100、200。

答案：一共输出___4___行，第二行是__30 40 50__，第四行是__100 200__。

四、改错题

1. 以下程序应运行输出"100",但存在错误，请修改。

```
#1. #include<iostream>
#2. using namespace std;
#3. class CEx
#4. {
#5.      int x;
#6. public:
#7.      CEx(int x) { x = x; }
#8. };
#9. void Show(CEx x)
#10. {
#11.     cout << x. x << endl;
#12. }
#13. int main()
#14. {
#15.     CEx x(100);
#16.     Show(x);
#17.     return 0;
#18. }
```

分析：#5 行类外的代码不能访问对象的私有成员，#7 行赋值需要指明作用域。

答案：#5 行修改为 public :int x;，#7 行修改为 CEx(int x) { CEx::x = x; }。

2. 以下程序应运行输出"abcdefg"，但存在错误，请修改。

```
#1. #include<iostream>
#2. using namespace std;
#3. class CEx{
#4.      char *s;
#5. public:
#6.      CEx(const char *s) {
#7.          CEx::s = new char[strlen(s)+1];
#8.          strcpy(CEx::s, s);
#9.      }
#10.     ~CEx(){
#11.         delete []s;
#12.     }
#13.     CEx(CEx &x){
#14.         delete []s;
#15.         CEx::s = new char[strlen(x. s) + 1];
#16.         strcpy(CEx::s, x. s);
#17.     }
#18.     void show(){
#19.         cout << s << endl;
#20.     }
```

```
#21.   };
#22.  class CEx2 : public CEx{
#23.      char *s2;
#24.  public:
#25.      CEx2(char const *s, char const *s2) :CEx(s){
#26.          CEx2::s2 = new char[strlen(s2) + 1];
#27.          strcpy(CEx2::s2, s2);
#28.      }
#29.      ~CEx2(){
#30.          delete[]s2;
#31.      }
#32.      void show(){
#33.          cout << s <<s2 << endl;
#34.      }
#35.  };
#36.  int main(){
#37.      CEx *p=new CEx2("abcd","efg");
#38.      p->show();
#39.      delete p;
#40.      return 0;
#41.  }
```

分析：#4 行私有成员在子类中无法直接访问，需要改为保护类型；为了能够正确调用子类的析构函数，#10 行应该将析构函数说明为虚拟的；为了能够通过基类指针调用子类对象的函数 show，需要在#18 行将基类的 show 成员函数说明为虚拟的。

答案：#4 行修改为 protected: char *s;，#10 行修改为 virtual ~CEx(){，#18 行修改为 virtual void show(){。

五、编程题

字符串的并集定义为两个字符串中所包含的所有字符（并集中字符的排列顺序不做要求，但不能重复）。试定义一个字符串类 STR，求两个字符串的并集。具体要求如下：

（1）私有数据成员。

- char *p1,*p2;存放两个原始字符串。
- char *p;存放两个字符串的并集。

（2）公有成员函数。

- STR(chars1[],chars2[]);初始化原始字符串并为指针 p 分配存储空间。
- void del(char p);删除 p 指向字符串中的重复字符。
- void fun();求指针 p1 和 p2 所指向的两个字符串的并集,结果存入指针 p 所指向的存储空间,注意调用 del 函数删除结果中的重复字符。
- void print();输出两个原始字符串及它们的并集。
- ~STR();析构函数,释放动态内存。

（3）在主函数中对该类进行测试。

输出示例：

分析：本程序定义了一个类 STR，在类中封装了字符串的并集处理和打印输出功能。本程序根据题目的要求，可以把程序分成两部分：一部分是类的定义和实现；另一部分是 main 函数，对类的功能进行测试：

（1）首先声明 STR 类。

（2）完成构造函数 STR(chars1[],chars2[]) 和析构函数 ~STR() 的编写。

（3）完成类 STR 中 print 成员函数编写。

（4）编写 main 函数对完成的类进行测试。

（5）在类 STR 中增加 fun 成员函数，并进行测试。

（6）在类 STR 中增加 Del 成员函数，并进行测试。

（7）完成整个程序。

参考答案：

```
#1.  #include<iostream>
#2.  using namespace std;
#3.  #include<string.h>
#4.  class STR
#5.  {
#6.      char *p1, *p2, *p;
#7.  public:
#8.      STR(const char s1[],const char s2[])
#9.      {
#10.         int n1=strlen(s1)+1,n2=strlen(s2)+1;
#11.         strcpy(p1=new char[n1],s1);
#12.         strcpy(p2=new char[n2],s2);
#13.         p=new char[n1+n2+1];
#14.     }
#15.     void fun()
#16.     {
#17.         char *s=p1, *p0=p;
#18.         while( *p0++= *s++);
#19.         s=p2;
#20.         p0--;
#21.         while( *p0++= *s++);
#22.         del(p);
#23.     }
#24.     void del(char *s)
#25.     {
#26.         while( *(s+1))
#27.         {
#28.             for(char *s1=s+1; *s1;s1++)
#29.                 if( *s== *s1)
```

```
#30.                    {
#31.                         *s1='\0';
#32.                         strcat(s,s1+1);
#33.                         s1--;
#34.                    }
#35.                s++;
#36.        }
#37.    }
#38.    void print()
#39.    {
#40.        cout<<"原字符串:";
#41.        cout<<p1<<'\t'<<p2<<endl;
#42.        cout<<"它们的并集为:"<<p<<endl;
#43.    }
#44.    ~STR()
#45.    {
#46.        delete[]p1;
#47.        delete[]p2;
#48.        delete[]p;
#49.    }
#50. };
#51. int main()
#52. {
#53.    STR s1("adb12345","abcdefg23xz");
#54.    s1. fun();
#55.    s1. print();
#56.    return 0;
#57. }
```

14.3　测　试　题

14.3.1　测试题 1

一、选择题

1. C++的类是从 C 语言中的_____演变而来，开始称为"带类的 C"。

    A. 指针类型　　　　B. 共用体类型　　　　C. 枚举类型　　　D. 结构体类型

2. 对于一个具体的类，它有许多具体的个体，这些个体叫做_____。

    A. 类的地址　　　　B. 类的引用　　　　　C. 类的对象　　　D. 类的定义

3. 从一个个具体的事物中把共同的特征抽取出来，形成一个一般的概念，这就是_____。

    A. 分类　　　　　　B. 归类　　　　　　　C. 推理　　　　　　D. 逻辑

4. 在 C++中，子类不论以何种方式派生，一个子类的成员函数不可以直接使用_____。

    A．自己类的所有成员   B．父类的私有成员

    C．父类的保护成员   D．父类的公有成员

5．在 C++中，关于对象的特性描述错误的是_____。

    A．对象可以用作函数参数

    B．对象数据成员只能通过对象的成员函数访问

    C．对象作为函数参数时，可以使用对象、对象引用和对象指针

    D．一个对象可以作为另一个类的成员

6．使用 new 建立的动态对象应使用_____删除，以便释放所占空间。

    A．delete   B．free

    C．对象的析构函数   D．以上都可以

7．以下关于类的静态成员描述错误的是_____。

    A．应该先创建对象，后使用对象的静态成员

    B．没有 this 指针，所以除非显式地把指针传给它们，否则不能存取类的数据成员

    C．静态成员函数不能说明为虚函数

    D．静态成员函数不能直接访问非静态函数

8．友元可以允许一个函数或一个类存取一个类的_____成员。

    A．私有成员   B．保护成员   C．公有成员   D．所有成员

9．使用指针可以指向_____。

    A．对象   B．对象的数据成员

    C．对象的成员函数   D．以上都可以

10．在 C++中规定了父类和子类间互相赋值的规则，以下错误的是_____。

    A．可以将父类对象赋值给子类对象

    B．可以将子类对象赋值给父类对象

    C．可以将子类类型指针的值赋值给父类类型指针变量

    D．可以将子类类型引用赋值给父类类型引用

二、填空题

1．面向对象的程序设计方法不是以函数过程和数据结构为中心，而是以_____代表求解问题的中心环节。

2．和传统的程序设计方法相比，面向对象的程序设计具有抽象、_____、继承和多态性等关键要素。

3．在类中，封装与隐藏是通过设置类的属性和操作的使用_____实现的。

4．类声明以关键字_____开始，其后跟类名。类所声明的内容用大括号括起来，右大括号后的分号作为类关键字声明语句的结束标志。

5．C++的类又称为_____的特殊成员函数，它可以在删除对象时被自动调用。

6．有时需要使用一个对象创建另外一个对象，该情况下会使用到类的_____函数。

7．因为静态成员函数没有_____指针，所以静态成员函数只能通过对象名（或指向对象的指针）访问该对象的非静态成员。

8．允许友元访问类的私有成员，这破坏了类的_____，导致程序的可维护性变差，因此在使用友元时必须权衡得失。

基于C++的面向对象编程

9. 在 const 成员函数里，不能更改对象的_____成员，也不能调用该类中非 const 成员函数。

10. 从父类中派生出子类时，子类可以重新定义已有的_____。

三、阅读题

1. 阅读以下程序，给出程序运行输出的第一行是_____，第二行是_____，最后一行是_____。

```cpp
#1. #include<iostream>
#2. using namespace std;
#3. class A{
#4. public:
#5.   A(const char *s) {
#6.       cout<<s<<endl;
#7.   }
#8.   A(){ };
#9. };
#10. class B: public A{
#11. public:
#12.   B(const char *s1,const char *s2):A(s1) {
#13.       cout<<s2<<endl;
#14.   }
#15. };
#16. class C: public A
#17. {
#18. public:
#19.   C(const char *s1, const char *s2):A(s1) {
#20.       cout<<s2<<endl;
#21.   }
#22. };
#23. class D: public B, public C{
#24. public:
#25.   D(const char*s1,const char*s2,const char*s3,const char*s4):B(s1,s2),
     C(s1,s3){
#26.       cout<<s4<<endl;
#27.   }
#28. };
#29. int main(){
#30.   D *ptr=new D("students", "study", "C++", "hard");
#31.   delete ptr;
#32.   return 0;
#33. }
```

2. 阅读以下程序，给出程序运行输出的第一行是_____，第二行是_____。

```cpp
#1. #include<iostream>
```

```
#2. using namespace std;
#3. class CEx{
#4. public:
#5.     virtual void f() {
#6.         cout << "In CEx" << endl;
#7.     };
#8. };
#9. class CEx1 : public CEx{
#10. public:
#11.     void f() {
#12.         cout << "In CEx1" << endl;
#13.     }
#14. };
#15. class CEx2 : public CEx{
#16. public:
#17.     void f() {
#18.         cout << "In CEx2" << endl;
#19.     }
#20. };
#21. CEx &f1(CEx *x){
#22.     return *x;
#23. }
#24. CEx f2(CEx *x){
#25.     return *x;
#26. }
#27. int main(){
#28.     CEx1 x1;
#29.     CEx2 x2;
#30.     CEx &x=f1(&x1),y=f2(&x2);
#31.     x.f();
#32.     y.f();
#33.     return 0;
#34. }
```

四、改错题

1. 以下程序运行后应该输出"abcd"，但存在两个错误，请修改。

```
#1. #include<iostream>
#2. using namespace std;
#3. class CEx{
#4.     char *s;
#5. public:
#6.     CEx(char *s) {
#7.         CEx::s = new char[strlen(s)+1];
#8.         strcpy(CEx::s, s);
#9.     }
```

```
#10.     virtual ~CEx(){
#11.        delete []s;
#12.     }
#13.     CEx(CEx x){
#14.        delete []s;
#15.        CEx::s = new char[strlen(x.s) + 1];
#16.        strcpy(CEx::s, x.s);
#17.     }
#18.     void show(){
#19.        cout << s << endl;
#20.     }
#21. };
#22. int main(){
#23.    CEx x("abcd"),y(x);
#24.    y.show();
#25.    return 0;
#26. }
```

2. 以下程序运行后应该输出"100　200"，但存在 3 个错误，请修改。

```
#1. #include<iostream>
#2. using namespace std;
#3. class CEx
#4. {
#5.     int x;
#6. public:
#7.     CEx(int x) { CEx::x = x; }
#8. };
#9. class CEx2 : public CEx
#10. {
#11. public:
#12.    CEx2(int x){CEx::x=x; }
#13.    void Show() { cout << x << '\t'; }
#14.    CEx2 &operator =(int x)
#15.    {
#16.       CEx::x = x;
#17.        return this;
#18.    }
#19. };
#20. int main()
#21. {
#22.    CEx2 x(100);
#23.    x.Show();
#24.    x = 200;
#25.    x.Show();
#26.    return 0;
```

五、编程题

试定义一个类 Array，实现由一个数组派生出另一个数组。派生规则如下。新数组的元素取值为：原数组中相同位置元素的左、右两个相邻元素前后拼接后形成的整数（左邻元素在前，右邻元素在后）。规定最左（右）列元素的左（右）邻元素为该元素所在行的最右（左）侧的元素。具体要求如下：

（1）私有数据成员。

- int a[3][4]：原数组。
- int b[3][4]：派生数组。

（2）公有成员函数。

- Array(int t[][4], int n)：构造函数，利用参数 t 的前 n 行元素初始化数据成员 a。
- int nn(int t1, int t2)：返回 t1、t2 拼接后形成的整数（t1 在前，t2 在后）。
- void fun()：按题意生成新数组，并将结果存放到数据成员 b 中。
- void print()：按矩阵形式输出成员数组。

（3）在主函数中对该类进行测试。

输出示例：

原数组：

41	67	34	0
69	24	78	58
62	64	5	45

派生数组：

67	4134	670	3441
5824	6978	2458	7869
4564	625	6445	562

14.3.2 测试题 2

一、选择题

1. C++可以使用三要素来描述对象，下面_____项是错误的。

    A．地址   B．对象名   C．属性   D．操作

2. 关于对象的属性，一个类各个对象的_____可以互不相同，并且随着程序的执行而变化。

    A．属性的个数   B．属性值

    C．属性名称   D．属性数据类型

3. 类的访问权限用于控制对象的某个成员在程序中的可访问性，以下_____是错误的。

    A．private   B．protected   C．virtual   D．public

4. C++规定，当一个成员函数被调用时，系统自动向它传递一个隐含的参数，该参数是_____。

A．this 指针　　　　B．对象的引用　　　　C．对象名　　　　D．父类名

5．一般情况下，类的成员的使用权限以下描述错误的是_____。

A．类本身的非静态成员函数肯定可以使用类的所有成员

B．子类的非静态成员函数可以使用父类的保护和公有成员

C．类外的函数可以通过类的对象使用类的公有成员

D．类外的函数都不能通过类的对象使用类的私有成员

6．对象的属性是指描述对象的_____。

A．地址　　　　　B．对象名　　　　　C．数据成员　　　　　D．操作

7．对象的属性和行为是对象的组成要素，分别代表了对象的静态和动态特征，对象一般都具有以下特征_____。

A．有一个父类，包含其基本属性

B．有不同的行为，可以区别于其他对象

C．有一组属性，代表了对象的动态特征

D．有一组操作方法，每个操作决定对象的一种行为

8．可以在类中使用 const 关键字定义数据成员和成员函数或修饰一个对象。一个 const 对象只能访问_____成员函数

A．private　　　　B．protected　　　　C．const　　　　D．public

9．在 C++中，子类虽然可以继承父类的_____成员，派生的方式不同，在子类对父类不同成员的访问权限也不同。

A．private　　　　B．protected　　　　C．public　　　　D．全部

10．下面描述中，_____是正确的。

A．虚函数是没有实现的函数　　　　B．抽象类是只有纯虚函数的类

C．纯虚函数的实现是在派生类中定义　　　　D．虚基类也被称为抽象类

二、填空题

1．与传统的程序设计方法相比，面向对象的程序设计具有抽象、封装、继承和_____等关键要素。

2．将类封装起来，也是为了保护类的安全。所谓安全，就是限制使用类的属性和_____。

3．尽管类的目的是封装代码和数据，它也可以不包括任何代码和数据，这样的类称为_____。

4．C++的类又称为_____的特殊成员函数，它可以在创建对象时被自动调用进行对象的初始化。

5．一个类的成员函数（包括构造函数和析构函数）可以通过使用关键字_____说明为另一个类的友元。

6．如果使用引用作为参数，但不允许函数改变对象的值，这时可以使用_____引用作为函数参数。

7．使用指针不但可以指向对象，也可以指向类的成员。指向类的成员的指针分为指向数据成员和指向_____的指针。

8. 在 C++语言中，用户可以重定义或重载大部分 C++内置的运算符，不但可以提高代码的可读性，还可以满足_____的需求。

9. 运算符重载是定义一些有特殊名称的函数，函数名是由关键字 operator 和其后要重载的_____符号构成的。

10. 从父类中派生出子类时，子类可以改变_____成员的访问权限。

三、阅读题

1. 阅读以下程序，给出程序运行输出的第一行是_____，第二行是_____，最后一行是_____。

```
#1.  #include<iostream>
#2.  using namespace std;
#3.  class A{
#4.      int x,y;
#5.  public:
#6.      A(int a,int b){
#7.          x=a;
#8.          y=b;
#9.      }
#10.     virtual void fun1() {
#11.         cout<<"x+y="<<x+y<<"\n";
#12.     }
#13. };
#14. class B:public A{
#15.     int m,n;
#16. public:
#17.     B(int a,int b,int c,int d):A(c,d){
#18.         m=a;
#19.         n=b;
#20.     }
#21.     void fun1(){
#22.         cout<<"m*n="<<m*n<<"\n";
#23.     }
#24. };
#25. void print(A & ra){
#26.     ra.fun1();
#27. }
#28. int main(){
#29.     A a(10,20),*pa;
#30.     B *p;
#31.     p=new B(20,30,40,50);
#32.     p->fun1();
#33.     pa=&a;
#34.     pa->fun1();
#35.     pa=p;
```

基于C++的面向对象编程

```
#36.    pa->fun1();
#37.    print(a);
#38.    delete p;
#39.    return 0;
#40. }
```

2. 阅读以下程序，给出程序运行输出的第一行是_____，第二行是_____。

```
#1. #include<iostream>
#2. using namespace std;
#3. class CEx {
#4. public:
#5.     virtual void f() {
#6.         cout << "In CEx" << endl;
#7.     };
#8. };
#9. class CEx1 : public CEx {
#10. public:
#11.    void f() {
#12.        cout << "In CEx1" << endl;
#13.    }
#14. };
#15. class CEx2 : public CEx {
#16. public:
#17.    void f() {
#18.        cout << "In CEx2" << endl;
#19.    }
#20. };
#21. void f(CEx &x){
#22.    x.f();
#23. }
#24. int main(){
#25.    CEx1 x1;
#26.    CEx2 x2;
#27.    CEx *x = &x2;
#28.    x->f();
#29.    f(x1);
#30.    return 0;
#31. }
```

四、改错题

1. 以下程序运行后应该输出"abcd"，存在两处错误，请修改。

```
#1. #include<iostream>
#2. using namespace std;
#3. class CEx{
```

```
#4.        char *s;
#5. public:
#6.        CEx(const char *s){
#7.            CEx::s = new char[strlen(s)+1];
#8.            strcpy(CEx::s, s);
#9.        }
#10.       ~CEx(){
#11.           delete []s;
#12.       }
#13.       CEx &operator =(CEx &x) {
#14.           delete []s;
#15.           CEx::s = new char[strlen(x.s) + 1];
#16.           strcpy(CEx::s, x.s);
#17.       }
#18.       static void show()  {
#19.           cout << s << endl;
#20.       }
#21. };
#22. int main(){
#23.     CEx x("abcd"),y(x);
#24.     y.show();
#25.     return 0;
#26. }
```

2. 以下程序运行后应该输出"InCEx1 InCEx2",但存在 3 处错误,请修改。

```
#1. #include<iostream>
#2. using namespace std;
#3. class CEx {
#4. public:
#5.     void f() {
#6.         cout << "In CEx" << endl;
#7.     };
#8. };
#9. class CEx1 : public CEx {
#10. public:
#11.    void f() {
#12.        cout << "In CEx1" << "\t";
#13.    }
#14. };
#15. class CEx2 : public CEx {
#16. public:
#17.    int f() {
#18.        cout << "In CEx2" << "\t";
#19.    }
#20. };
```

```
#21. void show(CEx2 *x) {
#22.     x->f();
#23. }
#24. int main() {
#25.     CEx1 x1;
#26.     CEx2 x2;
#27.     show(&x1);
#28.     show(&x2);
#29.     return 0;
#30. }
```

五、编程题

试定义一个数组类 ARRAY，实现对数组 a 中的 n（0<n<100）个整数从小到大进行编号，要求不改变数组 a 中元素的顺序，且相等的整数具有相同的编号，编号的结果存放在另一个数组 b 中。例如，当 a={ 5, 3, 4, 7, 3, 5, 6 }时，a 的第 2 和第 5 个元素值都为 3，均是最小元素，因此其编号都为 1，即 b 的第 2 和第 5 个元素的值均为 1；a 的第 3 个元素为 4，为 a 的次小元素，编号为 2，因此 b 的第 3 个元素值为 2……依此类推，得到 b={ 3, 1, 2, 5, 1, 3, 4 }。具体要求如下：

（1）私有成员。

- int *a：原数组。
- int *b：存放数组 a 的元素的编号。
- int len：数组 a、b 中实际元素的个数。

（2）公有成员。

- ARRAY(int *x, int n)：构造函数。为数组 a 和 b 动态分配存储空间，分别利用 x 和 n 初始化数组 a 和整数 len。
- void number()：对数组 a 的元素从小到大进行连续编号并保存在数据成员 b 中。
- void print()：按输出示例的格式输出数据成员。
- ~ARRAY()：释放相应的动态存储空间。

（3）在主函数中对该类进行测试。

输出示例：

```
数组a={ 5, 3, 4, 7, 3, 5, 6 }
编号b={ 3, 1, 2, 5, 1, 3, 4 }
```

14.4 实 验 案 例

14.4.1 案例 1——类和对象

1. 实验目的

（1）掌握类的定义方法。

（2）掌握构造函数、析构函数的用法。

（3）掌握对象的用法。

2. 实验内容

（1）创建一个人员类，该类主要实现人员信息的基本操作，参考代码如下：

```
#1. class person
#2. {
#3.      char Name[32];                          //姓名
#4.      int Num;                                //学号=0代表NULL
#5.      enum SEX{ MEN,WOMEN } Sex;              //性别
#6. public:
#7.      person();                               //构造函数
#8.      person(const char *Name, int Num,const char *Sex);
#9.      const char *GetName();                  //取得人员姓名
#10.     int GetNum();                           //取得人员编号
#11.     SEX GetSex();                           //取得人员性别
#12.     void show(char EndChar='\n');           //显示人员信息
#13.};
```

（2）在 main 函数中编写代码测试该类：

- 读入人员数量。
- 根据人员数量读入人员信息。
- 根据编号对人员排序。
- 输出排序后人员信息。

3. 实验步骤

（1）使用 VC++或 Dev C++新建项目。

（2）参考代码如下：

```
#1. #define _CRT_SECURE_NO_WARNINGS      //Dev C++删除此行
#2. #include<iostream>
#3. using namespace std;
#4. class person{
#5.      char Name[32];                          //姓名
#6.      int Num;                                //编号=0代表NULL
#7.      enum SEX{ MEN,WOMEN } Sex;              //性别
#8. public:
#9.      person() {
#10.         Num = 0;
#11.     }
#12.     person(const char *Name, int Num,const char *Sex)  {
#13.         strcpy(person::Name, Name);
#14.         person::Num = Num;
#15.         if(strcmp(Sex,"女")==0)
#16.             person::Sex = WOMEN;
#17.         else
```

```cpp
#18.            person::Sex = MEN;
#19.        }
#20.     const char *GetName() { return Name; }
#21.     int GetNum() { return Num; }
#22.     SEX GetSex() { return Sex; }
#23.     void show(char EndChar='\n');
#24. };
#25. void person::show(char EndChar){
#26.     if (Num == 0)
#27.         cout << "NULL" << endl;
#28.     else    {
#29.         cout << "名字:" << Name << '\t';
#30.         cout << "编号:" << Num << '\t';
#31.         cout << "性别:" << (Sex == WOMEN ? "女" : "男") << endl;
#32.     }
#33. }
#34. void SortByNum(person *pPerson, int n){ //使用编号排序
#35.     person t;
#36.     for(int i=0;i<n-1;i++)
#37.         for (int j = 0; j < n-i-1; j++)
#38.             if (pPerson[j].GetNum() > pPerson[j + 1].GetNum()) {
#39.                 t = pPerson[j];
#40.                 pPerson[j] = pPerson[j + 1];
#41.                 pPerson[j + 1] = t;
#42.             }
#43. }
#44. int main() {
#45.     person *pPerson;
#46.     int n = 0;
#47.     cout << "请输入人员数量:";
#48.     cin >> n;
#49.     pPerson = new person[n];
#50.     for (int i = 0; i < n; i++) {
#51.         char name[32],sex[8];
#52.         int num;
#53.         cout << "请依次输入：姓名 编号 性别" << endl;
#54.         cin >> name >> num >> sex;
#55.         pPerson[i]= person(name, num, sex);
#56.     }
#57.     SortByNum(pPerson,n);
#58.     for (int i = 0; i < n; i++)
#59.         pPerson[i].show();
#60.     delete[]pPerson;
#61.     return 0;
#62. }
```

4. 思考

（1）#6 行约定 Num=0 代表 NULL 的意义是什么？

（2）#7 行使用枚举类型的好处是什么？

（3）#12 行定义常量参数的好处是什么？

（4）#12 行定义的构造函数与#55 行的关系是什么？

（5）#20 行为什么将成员函数定义为 const 成员？意义是什么？

（6）#23 行函数参数 EndChar 的意义是什么？

14.4.2　案例 2——继承和派生

1. 实验目的

（1）掌握派生类的定义方法。

（2）掌握派生类构造函数、析构函数的用法。

（3）复习函数模板的用法。

（4）复习指针的用法。

2. 实验内容

（1）包含案例 1 中的人员类 person。

（2）从人员类派生一个学生类，增加分数属性、重载相关成员函数，参考代码如下：

```
#1. class student :public person
#2. {
#3.     int Grade;        //成绩
#4. public:
#5.     student();
#6.     student(const char *Name, int Num, const char *Sex, int grade):
         person(Name, Num, Sex);
#7.     void show(char EndChar='\n');
#8. };
```

（3）从人员类派生一个教师类，增加教龄属性、重载相关成员函数，参考代码如下：

```
#1. class teacher :public person
#2. {
#3.     int Tage;         //教龄
#4. public:
#5.     teacher();
#6.     teacher(const char *Name, int Num, const char *Sex, int tage):
         person(Name, Num, Sex);
#7.     void show(char EndChar = '\n');
#8. };
```

（4）为了能同时为学生、教师排序，将 SortByNum 函数修改为函数模板：

```
#1. template <typename T>
#2. void SortByNum(T *pPerson, int n)
```

基于 C++的面向对象编程

（5）在 main 函数中编写代码测试该类。

3. 实验步骤

（1）使用 VC++或 Dev C++新建项目。

（2）参考代码如下：

```
#1.  …//person类的定义略,见本节"案例1——类和对象"
#2.  class student :public person{
#3.      int Grade;        //成绩
#4.  public:
#5.      student() :person() {}
#6.      student(const char *Name, int Num, const char *Sex, int grade):
         person(Name, Num, Sex)  {
#7.          Grade = grade;
#8.      }
#9.      void show(char EndChar='\n'){
#10.         person::show('\t');
#11.         cout << "成绩:" << Grade << EndChar;
#12.     }
#13. };
#14. class teacher :public person{
#15. private:
#16.     int Tage;         //教龄
#17. public:
#18.     teacher() :person() {}
#19.     teacher(const char *Name, int Num, const char *Sex, int tage): person
         (Name, Num, Sex)    {
#20.         Tage = tage;
#21.     }
#22.     void show(char EndChar = '\n'){
#23.         person::show('\t');
#24.         cout << "教龄:" << Tage << EndChar;
#25.     }
#26. };
#27. //使用编号排序函数模板
#28. template <typename T>
#29. void SortByNum(T *pPerson, int n){
#30.     T t;
#31.     for(int i=0;i<n-1;i++)
#32.         for (int j = 0; j < n-i-1; j++)
#33.             if (pPerson[j].GetNum() > pPerson[j + 1].GetNum()) {
#34.                 t = pPerson[j];
#35.                 pPerson[j] = pPerson[j + 1];
#36.                 pPerson[j + 1] = t;
#37.             }
#38. }
```

```
#39.  enum TYPE {STU,TEC};
#40.  int main() {
#41.      person *pPerson;
#42.      int n = 0,x;        //x为临时变量
#43.      TYPE type;
#44.      cout << "请输入人员数量:";
#45.      cin >> n;
#46.      cout << "请输入人员类型:(0=学生、1=教师)";
#47.      cin >> x;
#48.      if (x == 0){
#49.          type = STU;
#50.          pPerson = new student[n];
#51.      }
#52.      else    {
#53.          type = TEC;
#54.          pPerson = new teacher[n];
#55.      }
#56.      for (int i = 0; i < n; i++) {
#57.          char name[32],sex[8];
#58.          int  num;
#59.          cout << "请依次输入: 姓名 编号 性别 成绩或教龄" << endl;
#60.          cin >> name >> num >> sex>>x;
#61.          if(type==STU)
#62.              ((student *)pPerson)[i]= student(name, num, sex,x);
#63.          else
#64.              ((teacher *)pPerson)[i] = teacher(name, num, sex, x);
#65.      }
#66.      if (type == STU)
#67.          SortByNum((student *)pPerson,n);
#68.      else
#69.          SortByNum((teacher *)pPerson, n);
#70.      for (int i = 0; i < n; i++)
#71.          if (type == STU)
#72.              ((student *)pPerson)[i].show();
#73.          else
#74.              ((teacher *)pPerson)[i].show();
#75.      delete[]pPerson;
#76.      return 0;
#77. }
```

4. 思考

（1）#5 行为什么定义该构造函数？

（2）#10 行调用父类构造函数的作用是什么？参数有何意义？

（3）#29 行使用函数模板的好处是什么？

（4）#43 行为什么定义 type 变量？作用是什么？

209

第
14
章

基于C++的面向对象编程

(5) #62 行该指针类型转换的意义是什么？

(6) #64 行该指针类型转换的意义是什么？

(7) #72 行该指针类型转换的意义是什么？

14.4.3 案例 3——类的多态性

1. 实验目的

(1) 掌握虚函数的使用方法。

(2) 掌握多态的用法。

(3) 复习二级指针的用法。

2. 实验内容

(1) 重写案例 1 中的人员类，添加 Set 成员函数并声明为虚函数。

(2) 将 show 成员函数声明为虚函数，参考代码如下：

```
#1. class person
#2. {
#3.     char Name[32];              //姓名
#4.     int Num;                    //学号=0代表NULL
#5.     enum SEX{ MEN,WOMEN } Sex;  //性别
#6. public:
#7.     person()
#8.     virtual void Set(const char *Name, int Num,const char *Sex,int x);
#9.     virtual void show(char EndChar='\n');
#10. };
```

(3) 派生一个学生类，重载 Set、show 成员函数，参考代码如下：

```
#1. class student:public person
#2. {
#3.     int Grade;                 //成绩
#4. public:
#5.     student();
#6.     void Set(const char *Name, int Num, const char *Sex, int x);
#7.     void show(char EndChar='\n');
#8. };
```

(4) 派生一个教师类，重载 Set、show 成员函数，参考代码如下：

```
#1. class teacher:public person
#2. {
#3.     int Tage;                     //教龄
#4. public:
#5.     teacher();
#6.     void Set(const char *Name, int Num, const char *Sex, int x);
#7.     void show(char EndChar='\n');
#8. };
```

（5）在 main 函数中编写代码测试该类。

3. 实验步骤

（1）使用 VC++或 Dev C++新建项目。

（2）参考代码如下：

```
#1.  #define _CRT_SECURE_NO_WARNINGS        //Dev C++删除此行
#2.  #include<iostream>
#3.  using namespace std;
#4.  class person{
#5.      char Name[32];                      //姓名
#6.      int Num;                            //学号=0代表NULL
#7.      enum SEX{ MEN,WOMEN } Sex;          //性别
#8.  public:
#9.      person()    {
#10.         Num = 0;
#11.     }
#12.     virtual void Set(const char *Name, int Num,const char *Sex,int x){
#13.         strcpy(person::Name, Name);
#14.         person::Num = Num;
#15.         if(strcmp(Sex,"女")==0)
#16.             person::Sex = WOMEN;
#17.         else
#18.             person::Sex = MEN;
#19.     }
#20.     virtual void show(char EndChar='\n');
#21. };
#22. void person::show(char EndChar ){
#23.     if (Num == 0)
#24.         cout << "NULL" << endl;
#25.     else    {
#26.         cout << "名字:" << Name << '\t';
#27.         cout << "编号:" << Num << '\t';
#28.         cout << "性别:" << (Sex == WOMEN ? "女" : "男") << EndChar;
#29.     }
#30. }
#31. class student :public person{
#32. private:
#33.     int Grade;        //成绩
#34. public:
#35.     student() :person() {}
#36.     void Set(const char *Name, int Num, const char *Sex, int x){
#37.         person::Set(Name, Num, Sex, x);
#38.         Grade = x;
#39.     }
#40.     void show(char EndChar='\n'){
```

```
#41.            person::show('\t');
#42.            cout << "成绩:" << Grade << EndChar;
#43.        }
#44. };
#45. class teacher :public person{
#46. private:
#47.     int Tage;            //教龄
#48. public:
#49.     teacher() :person() {}
#50.     void Set(const char *Name, int Num, const char *Sex, int x){
#51.            person::Set(Name, Num, Sex, x);
#52.            Tage = x;
#53.        }
#54.     void show(char EndChar = '\n'){
#55.            person::show('\t');
#56.            cout << "教龄:" << Tage << EndChar;
#57.        }
#58. };
#59. typedef person * pperson;
#60. int main() {
#61.     pperson *pPerson;
#62.     int n = 0,x;        //x为临时变量
#63.     cout << "请输入人员数量:";
#64.     cin >> n;
#65.     pPerson=new pperson[n];
#66.     for(int i=0;i<n;i++){
#67.         char name[32], sex[8];
#68.         int  type,num;             //0 person,1 student,2techer
#69.         cout << "请依次输入:类型(0~2) 姓名 编号 性别 成绩或教龄" << endl;
#70.         cin >>type>> name >> num >> sex >> x;
#71.         switch (type)    {
#72.         case 0:
#73.             pPerson[i] = new person;
#74.             break;
#75.         case 1:
#76.             pPerson[i] = new student;
#77.             break;
#78.         case 2:
#79.             pPerson[i] = new teacher;
#80.             break;
#81.         }
#82.         pPerson[i]->Set(name, num, sex, x);
#83.     }
#84.     for (int i = 0; i < n; i++)
#85.         pPerson[i]->show();
```

```
#86.    for (int i = 0; i < n; i++)
#87.        delete pPerson[i];
#88.    delete[]pPerson;
#89.    return 0;
#90.}
```

4. 思考

（1）#12 行函数形参 x 起到什么作用？

（2）#12 行该函数声明为 virutal 函数有什么意义？

（3）#20 行该函数声明为 virutal 函数有什么意义？

（4）#59 行为什么定义该类型？作用是什么？

（5）#86 行该循环的作用是什么？

（6）本程序都哪里实现了多态？

14.4.4 案例 4——类模板与泛型编程

1. 实验目的

（1）掌握类模板的使用方法。

（2）复习运算符重载的用法。

（3）掌握泛型编程基本方法。

2. 实验内容

（1）使用案例 3 的人员类 person、教师类 teacher。

（2）修改人员类 person，在该类中添加重载 ">" 运算符成员函数，参考代码如下：

```
#1. class person {
#2. …
#3.     bool operator > (person &d)
#4.     {
#5.         return Num > d.Num;
#6.     }
#7. };
```

（3）创建数据表 CTable 类模板，封装通用记录数据类型基本操作，参考代码如下：

```
#1. template <class T>
#2. class CTable                            //表
#3. {
#4.     T *pRec;                            //记录数组
#5.     int nRec;                           //记录个数
#6.     char Name[32];                      //记录名称
#7. public:
#8.     CTable(const char Name[]);          //构造函数,记录数据表名称
#9.     ~CTable();                          //析构函数
#10.        int GetNum() { return nRec; }   //取得记录数量
#11.        int InsertRec(T *a, int n);     //插入记录,返回插入后记录数量
```

基于 C++的面向对象编程

```
#12.        const T *GetRecBySn(int i);        //根据存储次序取得记录
#13.        void Sort();                        //对记录排序
#14.    };
```

（4）在 main 函数中编写代码测试该类。

3. 实验步骤

（1）使用 VC++或 Dev C++新建项目。

（2）参考代码如下：

```
#1. template <class T>
#2. class CTable{                         //表
#3.     T *pRec;                          //记录
#4.     int nRec;                         //记录个数
#5.     char Name[32];                    //记录名称
#6. public:
#7.     CTable(const char *Name){strcpy(CTable::Name,Name);pRec = nullptr;
        nRec = 0;}
#8.     ~CTable() { delete[]pRec; }
#9.     int GetNum() { return nRec; }     //取得记录数量
#10.    int InsertRec(T *a, int n);       //插入记录,返回插入后记录数量
#11.    const T *GetRecBySn(int i) { return &pRec[i]; }//根据序号取得记录
#12.    void Sort();                      //对记录排序
#13. };
#14. template <class T>
#15. int CTable<T>::InsertRec(T *a, int n){
#16.    T *rec = new T[nRec + n];
#17.    for (int i = 0; i < nRec; i++)
#18.        rec[i] = pRec[i];
#19.    delete[]pRec;
#20.    for (int i = 0; i < n; i++)
#21.        rec[nRec+i] = a[i];
#22.    pRec = rec;
#23.    nRec += n;
#24.    return nRec;
#25. }
#26. template <class T>
#27. void CTable<T>::Sort(){
#28.    for(int i=0;i<nRec-1;i++)
#29.        for (int j = 0; j < nRec - i - 1; j++){
#30.            if (pRec[j] > pRec[j + 1]){
#31.                T t = pRec[j];
#32.                pRec[j] = pRec[j + 1];
#33.                pRec[j + 1] = t;
#34.            }
#35.        }
```

```
#36.    }
#37.    int main() {
#38.        CTable<teacher> table("teacher");
#39.        teacher *pPerson = nullptr;
#40.        int n = 0,x;        //x为临时变量
#41.        cout << "请输入人员数量:";
#42.        cin >> n;
#43.        pPerson=new teacher[n];
#44.        for(int i=0;i<n;i++){
#45.            char name[32], sex[8];
#46.            int  num;
#47.            cout << "请依次输入: 姓名 编号 性别 成绩或教龄" << endl;
#48.            cin >> name >> num >> sex >>x;
#49.            pPerson[i].Set(name, num, sex, x);
#50.        }
#51.        table.InsertRec(pPerson, n);
#52.        delete[]pPerson;
#53.        table.Sort();
#54.        for (int i = 0; i < n; i++)
#55.            ((teacher *)table.GetRecBySn(i))->show();
#56.        return 0;
#57. }
```

4. 思考

（1）为什么要在 person 类中重载 ">" 运算符？

（2）CTable 类模板都有什么作用？如果用普通类可以吗？

（3）将 main 函数中的测试代码中的类型由 teacher 改成 student 或 person 如何修改？

（4）#56 行的数据类型转换起到什么作用？如果不希望使用类型转换如何实现？

基于C++的面向对象编程

第15章 | 基于 MFC 的 Windows 编程

15.1　知　识　要　点

15.1.1　MFC 基础

1. 概述

MFC（Microsoft Foundation Classes）是微软公司提供的一个类库（class libraries），以 C++类的形式封装了 Windows 的 API，并且包含一个应用程序框架。MFC 使用 C++类的特性封装隐藏了大量 Windows API 调用细节，使用户在使用 MFC 开发 Windows 应用软件时，可以更加专注于自己的功能需求而不需要了解调用 Windows API 的内部细节。

1）Windows 数据类型

微软公司在 Windows API 中自定义了一些新的数据类型，用于 Windows 系统下软件的开发，这些数据类型称为 Windows 数据类型。

2）Windows 窗口消息

Windows 系统是一种消息驱动（也被称为事件驱动）的操作系统。消息驱动是指操作系统中的每一部分与其他部分之间都可以通过消息的方式进行通信，Windows 应用程序与操作系统间的许多交互也是通过消息来完成的。

2. 创建 MFC 框架程序

MFC 不仅仅是一个 C++类库，它还通过 MFC 类之间的关系定义了一套标准的程序结构，这套程序结构被称为 MFC 应用程序框架。使用 MFC 应用程序框架，用户可以快速构建自己的应用程序，构建的程序称为 MFC 框架程序。

3. Windows 程序的资源

Windows 应用程序的显示界面通常包括菜单、工具栏、图标、位图、按钮、输入输出框等内容，这些元素的显示形式及它们在窗口内的布局构成了一个 Windows 应用程序的外貌。Windows 应用程序外貌的调整，如按钮的位置和大小的调整并不影响程序的逻辑结构，因此在开发 Windows 程序过程中可以将这些程序外貌的描述从程序代码中分离出来，单独以程序数据的形式存放，这些与程序逻辑结构无关的描述程序外貌的数据被统称为 Windows 程序的 UI 资源。

4. MFC 对话框程序

MFC 对话框程序是用户使用 VC++可以快速创建的一种 MFC 框架程序。MFC 对话框框架程序包含 CMy1301App、CMy1301Dlg、CAboutDlg 3 个类，其中 CMy1301App 类实现程序的启动、创建对话框窗口、程序终止等功能；CMy1301Dlg 类封装了对话框主窗口的管理功能；CAboutDlg 类封装一个窗口用来显示程序信息。

15.1.2　MFC 控件

1. 按钮控件

按钮（BUTTON）控件通常显示为一个突起的矩形窗口 ▭ 。每一个按钮可代表一个单独的命令，单击按钮就会激发该命令所要执行的动作，MFC 的 CButton 类封装了按钮控件的功能。

2. 静态控件

静态（STATIC）控件是一个矩形子窗口，工具箱中的图标为 **Aa** 。静态控件可用来向用户显示文本信息，MFC 的 CStatic 类封装了静态控件的功能。

3. 编辑框控件

编辑框（EDITBOX）控件是一个矩形子窗口，在工具箱中的图标为 **abl** 。编辑框允许用户输入或改变文本，它是对话框中用户进行输入的常用工具，MFC 的 CEdit 类封装了编辑框控件的功能。

15.1.3　MFC 绘图

1. 基本概念

在 Windows 系统中包含一个图形设备接口 Graphics Device Interface，简称 GDI，它管理 Windows 系统下的所有图形输出，是 Windows 操作系统的重要组成部分，用户程序可以使用 GDI 进行绘图操作。使用 GDI 通常涉及以下 3 项内容：

（1）画布。

画布指图形要绘制在什么地方。GDI 提供的画布可以是屏幕上的窗口、打印机甚至是内存。

（2）绘图工具。

绘图工具指使用什么进行绘制。GDI 提供了多种绘图工具，每种绘图工具可以设定多种属性。

（3）绘图动作。

绘图动作指怎样绘制。GDI 提供了多种绘图函数，如直线、曲线及文本输出等绘图函数。

2. CDC 类与绘图

MFC 使用类对 GDI 进行了封装，将绘图工具封装到 CGdiObject 类中，称为 GDI 对象类。将画布、绘图动作和 GDI 对象封装到 CDC 类中，称为设备环境类。使用 MFC 进行绘图的方法如下：

（1）根据输出设备（如窗口）创建或取得 CDC 对象。

（2）创建或取得绘图要使用的 CGdiObject 对象。

（3）将 CGdiObject 对象附加到 CDC 对象。

（4）使用该 CDC 对象的绘图成员函数绘制图形。

在 MFC 程序中通常并不直接创建 CDC 对象进行绘图，而是创建 CDC 的派生类对象，然后使用该派生类对象调用父类 CDC 的成员函数进行绘图。

3. GDI 类与绘图属性

在 MFC 中使用 CGdiObject 的派生类封装绘图工具，下面为常用的 CGdiObject 派生类。

（1）CPen 类

该类封装一个画笔对象。它可用于指定画线的颜色、粗细、虚实等属性。

（2）CBrush 类

该类封装一个画刷对象。它可用于对封闭区域内进行填充等操作。

（3）CBitmap 类

该类封装一个位图对象。它可用来显示位图图形。

（4）CFont 类

该类封装一个字体对象。它可用来设定输出文本的字体、字符大小、样式等。

使用 GDI 对象的方法如下：

（1）创建 GDI 对象。

（2）对 GDI 对象进行初始化。

（3）使用 CGdiObject* CDC::SelectObject(CGdiObject* pObject)函数将 GDI 对象附加到 CDC 对象，同时保存被取代的原 GDI 对象。

（4）使用 CDC 绘图函数绘图输出。

（5）使用 CGdiObject* CDC::SelectObject(CGdiObject* pObject)函数恢复 CDC 中原 GDI 对象。

4. 修改控件的字体

可以通过控件的 ID 在对话框初始化函数中设定指定控件的字体，用来设定控件字体的函数 CWnd::SetFont 定义如下：

```
void SetFont(
  CFont* pFont,              //设置的新字体指针
  BOOL bRedraw = TRUE        //是否更新重画窗口
);
```

15.1.4 常用消息

1. 鼠标消息

当鼠标光标在应用程序窗口移动或操作时，Windows 发送消息给具有输入焦点的窗口。具有输入焦点的窗口是指当前处于活动状态的窗口。用户程序可以选择接收、处理这些消息。

2. 键盘消息

当用户操作键盘时，Windows 发送消息给具有输入焦点的窗口。用户程序可以选择接收、处理这些消息。

3. 定时器消息

在 MFC 框架程序中，用户可以在程序中创建定时器。用户为一个窗口创建定时器后，相应窗口就会根据创建定时器时的设置，持续地定时收到 WM_TIMER 消息，直到用户取消该定时器。

4. 关闭窗口消息

当用户企图关闭一个窗口时，Windows 会向该窗口发送 WM_CLOSE 消息，用户程序可以选择接收、处理该消息，控制窗口关闭过程，甚至取消用户的关闭操作。

15.2　例题分析与解答

一、选择题

1. 随着 C++的流行，微软公司推出了一种基于面向对象技术的 Windows 应用程序开发方法，该方法的基础是_____。

    A. MFC 类库　　　　　　　　　B. C++标准模板库 STL

    C. C 语言标准函数库　　　　　D. C++流库

分析：MFC 是一个用于 Windows 应用软件开发的类库，它通过封装，隐藏了大量 Windows API 调用细节，使用户在使用 MFC 开发 Windows 应用软件时，可以更加专注于自己的功能需求而不需要了解调用 Windows API 的实现细节。

答案：A

2. 微软公司在 Windows API 中使用_____自定义了一些新的数据类型，用于 Windows 系统下软件的开发。

    A. class　　　　　B. struct　　　　　C. typedef　　　　　D. enum

分析：在 C/C++语言中，只能使用关键字 typedef 定义数据类型。

答案：C

3. 在 Windows 消息中，元素 hwnd 是一个_____。

    A. 字符串　　　　　B. 整数　　　　　C. 浮点数　　　　　D. 字符

分析：hwnd 是一个整数，是窗口在系统内的唯一标识（被称为窗口句柄），这个参数用来说明消息是发送给哪个窗口的。

答案：B

4. 使用 VS 集成开发环境提供的"资源编辑器"，用户无法修改的项目是_____。

    A. 对话框外观　　　　　　　　B. 对话框字体

    C. 对话框标题　　　　　　　　D. 对话框颜色

分析："资源编辑器"无法修改对话框颜色，但可以在程序中通过代码修改。

答案：D

5. 在"添加资源"对话框中的"资源类型"栏选择_____并单击"导入"按钮，显示位图"导入"对话框，通过该对话框可以导入位图资源。

    A. Icon　　　　　B. Bitmap　　　　　C. Menu　　　　　D. Toolbar

分析：略

答案：B

6. 如果要在用户 Windows 窗口程序中使用 MFC 类库中的控件，以下_____操作通常是不需要的。

    A. 使用"资源编辑器"添加控件　　B. 导入控件图片

    C. 设置控件 ID　　　　　　　　　D. 为控件添加成员变量或对象

分析：很少会用到修改控件图片

答案：B

7．用户在 Windows 窗口程序中使用 GDI 进行各种绘图操作，_____通常涉及不到。

    A．画布   B．绘图工具   C．文件   D．绘图动作

分析：GDI 绘图三要素是画布、绘图工具、绘图动作。

答案：C

8．在接到 WM_PAINT 消息时进行绘图操作，通常在对话框的窗口类的成员函数中创建_____对象进行绘图。

    A．CPaintDC   B．CClientDC

    C．CDC   D．CWindowDC

分析：CPaintDC 类适用于在接到 WM_PAINT 消息时进行绘图操作。

答案：A

9．如果需要指定绘制图形的填充颜色、阴影类型等属性，通常需要使用_____类。

    A．CPen   B．CBrush   C．CBitmap   D．CFont

分析：CBrush 类有多个构造函数，使用构造函数 CBrush(COLORREF crColor)可以创建原色画刷，其中参数 crColor 用来设定画刷的颜色，使用构造函数 CBrush(int nIndex, COLORREF crColor)可以创建阴影画刷。

答案：B

10．如果需要删除一个定时器，通常需要使用_____函数。

    A．DestroyTimer()   B．CloseTimer

    C．DelTimer   D．KillTimer

分析：可以通过 KillTimer 函数用于取消一个定时器。

答案：D

二、填空题

1．微软公司为 Windows 系统下的软件开发提供了强大的应用程序开发接口，一般称为_____。

分析：Windows API 即 Windows 应用程序开发接口简写。

答案：Windows API

2．Windows 系统是一种_____（也被称为事件驱动）的操作系统。

分析：Windows 系统中的每一部分与其他部分之间都可以通过消息的方式进行通信。

答案：消息驱动

3．MFC 使用_____封装和隐藏了大量 Windows API 的调用，用户通过使用 MFC 即可获得大部分常用 Windows API 的功能，而不用关注这些 Windows API 的调用细节。

分析：MFC 包含了一个庞大的 C++类库，利用 C++类的面向对象特性封装和隐藏了大量的 Windows API 的调用。

答案：C++类

4．当操作系统发现一个程序需要重画窗口时（例如一个遮挡该程序窗口的窗口被移开），就向该程序发送_____消息。

分析：略

答案：WM_PAINT 或 更新窗口

5. 在开发 Windows 程序过程中可以将这些程序外貌的描述从程序代码中分离出来，单独以程序数据的形式存放，这些描述程序外貌的数据被统称为 Windows 程序的_____。

分析：这些程序数据存放的文件称为资源文件，这些数据被称为 UI 资源。

答案：UI 资源

6. 对话框窗口类成员函数_____在对话框创建之后、显示之前被框架程序自动调用，用户可以在本函数中添加一些窗口的初始化代码。

分析：对话框窗口的初始化代码一般都放在对话框窗口类的 OnInitDialog 函数里。

答案：OnInitDialog

7. 为了在程序中处理控件消息，需要为控件在对话框窗口类中添加_____程序。

分析：系统通过消息和控件通信，处理这些消息的函数称为事件处理函数。

答案：事件处理

8. 静态控件可用来向用户显示_____信息，用户通常不使用该控件与程序使用者进行交互，所以称为静态控件。

分析：静态控件向用户显示最多的信息，即文本信息。

答案：文本

9. 使用 MFC 处理鼠标消息需要使用到_____类，它包含两个 LONG 类型成员 x、y，为鼠标光标的位置。

分析：CPoint 是 Windows API 定义的数据类型 POINT 的封装，主要用来封装一个窗口屏幕坐标的操作。

答案：CPoint

10. 当用户企图关闭一个窗口时，Windows 会向该窗口发送_____消息，用户处理该消息可以控制窗口关闭过程，甚至取消用户的关闭操作。

分析：略

答案：WM_CLOSE

三、阅读题

1. 以下程序代码的功能是_____。

```
#01.void CMyTestDlg::OnPaint()
#02.{
#03.    if (IsIconic()){
#04.        …
#05.    }
#06.    else    {
#07.        CPaintDC dc(this);
#08.        COLORREF OldColor, NewColor = RGB(255, 0, 0);
#09.        OldColor = dc.SetTextColor(NewColor);
#10.        int OldBkMode = dc.GetBkMode();
#11.        dc.SetBkMode(TRANSPARENT);
#12.        dc.TextOut(100, 100, "你好!");
```

```
#13.          dc.SetBkMode(OldBkMode);
#14.          dc.SetBkColor(OldColor);
#15.          CDialogEx::OnPaint();
#16.     }
#17. }
```

分析：OnPaint 在窗口需要绘制时被自动调用，CPaintDC dc(this);用来创建一个在接到 WM_PAINT 消息时可以绘图的 dc 对象，SetTextColor 可以设置输出文本的颜色，SetBkMode 可以设置输出文本的背景模式，TextOut 可以在窗口内指定位置输出文本。

答案：在窗口内（100，100）的位置输出红色、背景透明的文字信息"你好！"。

2．以下程序代码的功能是_____。

```
#01. BOOL CMyTestDlg::OnInitDialog()
#02. {
#03. …
#04.     // TODO: 在此添加额外的初始化代码
#05.     static CFont MyFont;
#06.     MyFont. CreatePointFont(120, "楷体", NULL);
#07.     GetDlgItem(IDC_SAVE)->SetFont(&MyFont);
#08.     return TRUE;   // 除非将焦点设置到控件，否则返回 TRUE
#09. }
```

分析：OnInitDialog 在对话框窗口建立时会被自动调用，static CFont MyFont;用来创建一个静态字体对象 MyFont，CFont::CreatePointFont 用来创建字体，CWnd::SetFont 可以设置指定控件的字体。

答案：将 ID 为 IDC_SAVE 的控件的字体修改为 120 大小的楷体。

3．以下程序代码的功能是_____。

```
#01. void CMyTestDlg::OnMouseMove(UINT nFlags, CPoint point)
#02. {
#03.     // TODO: 在此添加消息处理程序代码和/或调用默认值
#04.     char szTemp[80];
#05.     sprintf_s(szTemp, "%d,%d", point.x,point.y);
#06.     SetWindowText(szTemp);
#07.     CDialogEx::OnMouseMove(nFlags, point);
#08. }
```

分析：OnMouseMove 可以用来接收鼠标移动消息，SetWindowText 可以设置窗口的标题。

答案：在 CMyTestDlg 对话框标题上实时显示鼠标在当前对话框窗口内坐标。

4．以下程序代码#01～#7 行的功能是_____。

分析：SetTimer 可以用来创建一个定时器。

答案：创建一个编号为 1 的定时器，每隔 2 秒发送一次 WM_TIMER 消息给窗口。

```
#01. BOOL CMyTestDlg::OnInitDialog()
```

```
#02.    {
#03.       ...
#04.          // TODO: 在此添加额外的初始化代码
#05.          SetTimer(1, 2000, NULL);
#06.          return TRUE;   // 除非将焦点设置到控件,否则返回 TRUE
#07.    }
#08.    void CMyTestDlg::OnTimer(UINT_PTR nIDEvent)
#09.    {
#10.          // TODO: 在此添加消息处理程序代码和/或调用默认值
#11.          switch (nIDEvent)
#12.          {
#13.          case 1:
#14.                static int x;
#15.                char szTemp[80];
#16.                sprintf_s(szTemp, "%d", ++x);
#17.                GetDlgItem(IDC_STATIC1)->SetWindowText(szTemp);
#18.                UpdateData(FALSE);
#19.                break;
#20.          }
#21.          CDialogEx::OnTimer(nIDEvent);
#22.    }
```

5. 以上程序代码#08～#22 行的功能是_____。

分析：OnTimer 用来接收定时器消息，GetDlgItem 可以取得一个控件窗口，SetWindow-Text 可以设置窗口的标题。

答案：在 ID 为 IDC_STATIC1 的控件上显示窗口创建的时间（秒），每隔 2 秒更新一次。

四、改错题

1. 以下程序按下 Button1 按钮隐藏某静态控件，但是存在错误，请修改。

```
#01.    void CMyTestDlg::OnBnClickedButton1()
#02.    {
#03.       GetDlgItem(IDC_STATIC)->ShowWindow(SW_HIDE);
#04.    }
```

分析：所有静态控件的默认 ID 均为 IDC_STATIC，若有唯一指定某控件,需要修改 ID。

答案：#03 行改为 GetDlgItem(静态控件唯一 ID)->ShowWindow(SW_HIDE);。

2. 以下程序在对话框窗口中从（10，10）到（100，100）画一条线段，但是存在错误，请修改。

```
#01.    void CMyTestDlg::OnPaint()
#02.    {
#03.       ...
#04.          CPaintDC dc(this);
#05.          dc.LineTo(10, 10);
#06.          dc.LineTo(110, 110);
```

基于 MFC 的 Windows 编程

```
#07.        CDialogEx::OnPaint();
#08.
#09. }
```

分析：绘制线段的起点应该使用 CDC::MoveTo(int x,int y)。

答案：#05 行改为 dc．MoveTo(10, 10);。

3．以下程序按下 Button1 按钮后在窗口左上角输出文字，但是存在错误，请修改。

```
#01. void CMyTestDlg::OnBnClickedButton1()
#02. {
#03.    CPaintDC dc(this);
#04.    dc.TextOut(0,0, "在窗口左上角输出文字");;
#05. }
```

分析："主动"进行绘图操作应该使用 CClientDC。

答案：#03 行改为 CClientDC dc(this);。

4．以下程序绘制一段虚线和点交替的蓝色线段，但是存在错误，请修改。

```
#01. void CMyTestDlg::OnPaint()
#02. {
#03.    CPaintDC dc(this);
#04.    CPen *pOldPen,NewPen(PS_DASHDOTDOT, 3, RGB(0, 0, 255));
#05.    pOldPen=dc.SelectObject(&NewPen);
#06.    dc.Ellipse(100, 100, 200, 200);
#07.    dc. SelectObject(pOldPen);
#08. }
```

分析：创建虚线和点交替的画笔，画笔宽度不能超过 1。

答案：#04 行改为 CPen *pOldPen,NewPen(PS_DASHDOTDOT, 1, RGB(0, 0, 255));。

5．以下程序载入一个 ID 为 IDB_BITMAP1 的位图资源并显示，但是存在错误，请修改。

```
#01. void CMyTestDlg::OnPaint()
#02. {
#03.    …
#04.        CPaintDC dc(this); // 创建CPaintDC 对象
#05.        CBitmap bmp;
#06.        BITMAP bm;
#07.        bmp.LoadBitmap(IDB_BITMAP1);
#08.        bmp.GetObject(sizeof(BITMAP), &bm); //取得图片信息
#09.        CDC MemDC;
#10.        MemDC.CreateCompatibleDC(&dc);
#11.        CBitmap *pOldBitmap = MemDC.SelectObject(&bm);
#12.        dc.BitBlt(0, 0, bm.bmWidth, bm.bmHeight, &MemDC, 0, 0, SRCCOPY);
#13.        MemDC.SelectObject(pOldBitmap);
#14.    …
```

```
#09. }
```

分析：CDC::SelectObject 函数应载入位图对象而不是位图信息。

答案：#11 行改为 CBitmap *pOldBitmap = MemDC．SelectObject(&bmp);。

五、编程题

简单计算程序界面如图 15-1 所示。

图   15-1

"圆锥半径" 对应编辑框控件的 ID 为 IDC_EDIT1，对应值类型的成员变量为 double m_x；

"圆锥高度" 对应编辑框控件的 ID 为 IDC_EDIT2，对应值类型的成员变量为 double m_y；

"计算结果" 对应编辑框控件的 ID 为 IDC_EDIT3，对应值类型的成员变量为 double m_r；

"求表面积" 按钮控件的 ID 为 IDC_BUTTON1，按钮功能是计算圆锥表面积并在计算结果对应的编辑框 IDC_EDIT3 内输出；

"求体积" 按钮控件的 ID 为 IDC_BUTTON2，按钮功能是计算圆锥体积并在计算结果对应的编辑框 IDC_EDIT3 内输出；

（1）请完成按钮控件 "求表面积" 的事件处理程序。

```
#1. void CMy150205Dlg::OnBnClickedButton1()
#2. {
#3.     // TODO: 在此添加控件通知处理程序代码
#4. }
```

（2）请完成按钮控件 "求体积" 的事件处理程序：

```
#1. void CMy150205Dlg::OnBnClickedButton1()
#2. {
#3.     // TODO: 在此添加控件通知处理程序代码
#4. }
```

分析：使用 UpdateData()从编辑框控件取得数据到对应的变量，根据表面积和体积公式计算，使用 UpdateData(FALSE)将计算结果从对应变量返回给编辑框即可。

答案：

基于 MFC 的 Windows 编程

（1）完成按钮控件"求表面积"的事件处理程序：

```
#1. void CMyTestDlg::OnBnClickedButton1()
#2. {
#3.     // TODO: 在此添加控件通知处理程序代码
#4.     UpdateData();
#5.     m_r = 3. 14*m_x *( m_x+sqrt(m_x*m_x+m_y*m_y));
#6.     UpdateData(FALSE);
#7. }
```

（2）完成按钮控件"求体积"的事件处理程序：

```
#1. void CMyTestDlg::OnBnClickedButton1()
#2. {
#3.     // TODO: 在此添加控件通知处理程序代码
#4.     UpdateData();
#5.     m_r = (3. 14*m_x *m_x*m_y)/3;
#6.     UpdateData(FALSE);
#7. }
```

15.3 测 试 题

15.3.1 测试题 1

一、选择题

1. 微软公司为 Windows 系统下的软件开发提供了强大的应用程序开发接口（一般称为 Windows API），该接口由多达_____个系统功能的调用组成。

    A. 几十   B. 几百   C. 几千   D. 几万

2. 微软公司在 Windows API 中自定义了一些新的数据类型用于 Windows 系统下软件的开发。为了与标准 C/C++语言中的数据类型区别，这些自定义的数据类型的名称用_____表示。

    A. 数字   B. 大写字母   C. 小写字母   D. 字母+数字组合

3. 消息驱动是指操作系统中的每一部分与其他部分之间都可以通过_____的方式进行通信。

    A. 命令   B. 函数调用   C. 消息   D. 邮件

4. 在 Windows 消息中，元素 wParam、lParam 是两个_____，是消息的附加参数。其值的确切意义取决于消息本身，发送方通常用它们来传送一些附加的信息给接收消息的一方。

    A. 字符串   B. 浮点数   C. 整数   D. 字符

5. 在"添加资源"对话框中的"资源类型"栏选择_____并单击"新建"按钮，程序添加新的图标资源并进入图标编辑状态。

    A. Icon   B. Bitmap   C. Menu   D. Toolbar

6. 使用 VS 集成开发环境提供的"资源编辑器"，用户无法修改的项目是_____。

A．添加指定控件   B．删除指定控件

C．修改指定控件尺寸   D．修改指定控件字体

7．如果需要指定画线的颜色、粗细、虚实等属性，通常需要使用_____类。

  A．CPen   B．CBrush   C．CBitmap   D．CFont

8．在应用程序窗口按下鼠标左键时，系统生成鼠标消息并向窗口发送，用户程序可以使用_____函数接收、处理该消息。

  A．OnMouseMove   B．OnLButtonDown

  C．OnLButtonUp   D．OnLButtonDblClk

9．使用 SetTimer 函数创建定时器时，可以设置的最小时间间隔是_____。

  A．1 秒   B．0.1 秒   C．0.01 秒   D．0.001 秒

10．当用户要关闭一个窗口时，Windows 会向该窗口发送_____消息，用户处理该消息可以控制窗口关闭过程，甚至取消用户的关闭操作。

  A．WM_DEL   B．WM_TIMER

  C．WM_SHUT   D．WM_CLOSE

二、填空题

1．Windows 系统是一种_____驱动（也被称为事件驱动）的操作系统。

2．MFC 不仅仅是一个 C++类库，它还通过 MFC 类之间的关系定义了一套标准的程序结构，这套程序结构被称为 MFC_____。

3．通过 VS 集成开发环境提供的_____，软件开发人员可以直观地修改 Windows 程序的各种资源。

4．在 MFC 中，通常从_____类派生子类，使用该派生类的对象实现对话框的各项管理功能。

5．窗口的 OnInitDialog()成员函数在对话框创建之后、显示之前被框架程序自动调用，用户可以在本函数中添加一些窗口的_____代码。

6．为了在程序中使用按钮控件，通常需要为按钮控件在对话框窗口类中添加_____。

7．MFC 对 GDI 进行了封装，将绘图工具封装到_____类中，称为 GDI 对象类。

8．创建位图对象有多种方法，其中最方便的方法是使用资源编辑器先创建或导入_____资源，然后使用位图对象加载该资源并进行显示。

9．在 MFC 程序中，可以通过控件的_____取得控件，并在对话框初始化函数中设定该控件的的字体。

10．用户通常可以使用_____消息处理函数来处理键盘消息，nChar 参数值为 Windows 虚键代码，对于显示字符，其编码与 ASCII 码基本一致。

三、阅读题

1．以下程序代码的功能是_____。

```
#01. void CMyTestDlg::OnPaint()
#02. {
#03.     if (IsIconic()){
#04.         …
```

```
#05.    }
#06.  else    {
#07.      CPaintDC dc(this);
#08.      CBitmap bmp;
#09.      BITMAP bm;
#10.      bmp.LoadBitmap(IDB_BITMAP_01);
#11.      bmp.GetObject(sizeof(BITMAP), &bm);//取得图片信息
#12.      CDC MemDC;
#13.      MemDC.CreateCompatibleDC(&dc);
#14.      CBitmap *pOldBitmap = MemDC.SelectObject(&bmp);
#15.      dc.BitBlt(0, 10, bm.bmWidth, bm.bmHeight, &MemDC, 0, 0, SRCCOPY);
#16.      MemDC.SelectObject(pOldBitmap);
#17.      CDialogEx::OnPaint();
#18.    }
#19. }
```

2. 以下程序代码的功能是_____。

```
#01. BOOL CMyTestDlg::OnInitDialog()
#02. {
#03. …
#04.    // TODO: 在此添加额外的初始化代码
#05.    GetDlgItem(IDC_EDIT1)->EnableWindow(FALSE);
#06.    return TRUE;  // 除非将焦点设置到控件，否则返回 TRUE
#07. }
```

3. 以下程序代码的功能是_____。

```
#01. void CMyTestDlg::OnRButtonUp(UINT nFlags, CPoint point)
#02. {
#03.    // TODO: 在此添加消息处理程序代码和/或调用默认值
#04.    char szTemp[80];
#05.    sprintf_s(szTemp, "%d,%d", point.x, point.y);
#06.    AfxMessageBox(szTemp);
#07.    CDialogEx::OnRButtonUp(nFlags, point);
#08. }
```

4. 以下程序代码#01～#11 行的功能是_____。

```
#01. void CMyTestDlg::OnBnClickedButton1(){
#02.    static bool bStart = false;
#03.    if (!bStart)    {
#04.      SetTimer(1, 10, NULL);
#05.      bStart = true;
#06.    }
#07.    else    {
#08.      KillTimer(1);
```

```
#09.            bStart = false;
#10.        }
#11. }
#12. void CMyTestDlg::OnTimer(UINT_PTR nIDEvent){
#13.     switch (nIDEvent)    {
#14.     case 1:
#15.         static int color = 0, i = 1;
#16.         if (color <= 0)
#17.             i = 1;
#18.         if (color >= 255)
#19.             i = -1;
#20.         color += i;
#21.         CClientDC dc(this);
#22.         CBrush *pOldBrush, NewBrush(RGB(color, color, color));
#23.         pOldBrush = dc.SelectObject(&NewBrush);
#24.         dc.Rectangle(120, 10, 220, 110);
#25.         dc.SelectObject(pOldBrush);
#26.         break;
#27.     }
#28.     CDialogEx::OnTimer(nIDEvent);
#29. }
```

5. 以上程序代码#12～#29 行的功能是_____。

四、改错题

1. 以下程序用来设置控件字体，但是存在错误，请修改。

```
#01. BOOL CMyTestDlg::OnInitDialog()
#02. {
#03. …
#04.     // TODO: 在此添加额外的初始化代码
#05.     CFont MyFont;
#06.     MyFont.CreatePointFont(120, "楷体", NULL);          //创建字体
#07.     GetDlgItem(IDC_SAVE)->SetFont(&MyFont);
#08.     return TRUE;  // 除非将焦点设置到控件,否则返回 TRUE
#09. }
```

2. 以下程序在对话框窗口内（10，10）位置输出一段黄色文字，但是存在错误，请修改：

```
#01. void CMyTestDlg::OnPaint()
#02. {
#03. …
#04.         CPaintDC dc(this);
#05.         COLORREF OldColor, NewColor = RGB(255, 0, 0);
#06.         dc.TextOut(10, 10, "使用TextOut黄色输出");
#07.         CDialogEx::OnPaint();
#08. }
```

3. 以下程序载入一个 ID 为 IDB_BITMAP1 的位图资源并显示，但是存在错误，请修改。

```
#01.  void CMyTestDlg::OnPaint()
#02.  {
#03.  …
#04.       CPaintDC dc(this);  // 创建CPaintDC 对象
#05.       CBitmap bmp;
#06.       BITMAP bmp;
#07.       bmp.LoadBitmap(IDB_BITMAP1);
#08.       bmp.GetObject(sizeof(BITMAP), &bm); //取得图片信息
#09.       CDC MemDC;
#10.    MemDC.CreateCompatibleDC(&dc);
#11.    CBitmap *pOldBitmap = MemDC.SelectObject(&bmp);
#12.    dc.BitBlt(0, 0, bm.bmWidth, bm.bmHeight, &MemDC, 0, 0, SRCCOPY);
#13.    MemDC.SelectObject(pOldBitmap);
#14.  }
```

4. 以下程序在窗口中创建一个时间间隔 1 秒的定时器，但是存在错误，请修改。

```
#01.  void CMyTestDlg::OnInitDialog()
#02.  {
#03.    // TODO: 在此添加消息处理程序代码和/或调用默认值
#04.    SetTimer(1,1,NULL);
#05.    …
#06.  }
```

5. 以下程序在按下按钮 Button1 后读入编辑框中的文字，然后通过调用 OnPaint 函数重绘窗口，但是存在错误，请修改。

```
#01.  void CMyTestDlg::OnBnClickedButton1()
#02.  {
#03.    UpdateData();
#04.    OnPaint();
#05.  }
```

五、编程题

简单计算程序界面如图 15-2 所示。

图 15-2

"圆柱半径"对应编辑框控件的 ID 为 IDC_EDIT1，对应值类型的成员变量为 double m_x；

"圆柱高度"对应编辑框控件的 ID 为 IDC_EDIT2，对应值类型的成员变量为 double m_y；

"计算结果"对应编辑框控件的 ID 为 IDC_EDIT3，对应值类型的成员变量为 double m_r；

"求表面积"按钮控件的 ID 为 IDC_BUTTON1，该按钮功能是计算圆柱表面积并在计算结果对应的 IDC_EDIT3 编辑框内输出；

"求体积"按钮控件的 ID 为 IDC_BUTTON2，该按钮功能是计算圆柱体积并在计算结果对应的 IDC_EDIT3 编辑框内输出；

（1）完成按钮控件"求表面积"的事件处理程序：

```
#1. void CMyTestDlg::OnBnClickedButton1()
#2. {
#3.     // TODO: 在此添加控件通知处理程序代码
#4. }
```

（2）完成按钮控件"求体积"的事件处理程序：

```
#1. void CMyTestDlg::OnBnClickedButton1()
#2. {
#3.     // TODO: 在此添加控件通知处理程序代码
#4. }
```

15.3.2　测试题 2

一、选择题

1. 如果希望使用 C/C++开发出具有 Windows 系统同样技术特点的 Windows 应用程序，可以使用_____。

　　A．C 语言标准函数库　　　　　　　　　B．C++语言标准函数库

　　C．C++标准模板库　　　　　　　　　　D．Windows API

2. 微软公司在 Windows API 中自定义了一些新的数据类型，其中 INT 类型表示_____范围内的有符号整数。

　　A．−128～127　　　　　　　　　　　　B．−32768～32767

　　C．$-2^{31}\sim(2^{31}-1)$　　　　　　　　　D．$-10^{38}\sim10^{38}$

3. Windows 系统是一种消息驱动（也被称为事件驱动）的操作系统，在 Windows 中的消息种类很多，所有消息的格式是_____。

　　A．动态的　　　　　　　　　　　　　　B．固定的

　　C．由消息类型确定的　　　　　　　　　D．用户自己定义的

4. 在 Windows 消息中，元素 message 是一个_____，用来标识 Windows 消息，该标识在 Windows API 的头文件 winuser. h 中定义。

　　A．字符串　　　　B．浮点数　　　　　C．整数　　　　　D．字符

基于 MFC 的 Windows 编程

5. MFC 中的_____类封装了按钮的操作,按钮在工具箱中的图标为 ▭ ,通常显示为一个突起的矩形窗口。

    A. CButton   B. CWnd   C. CStatic   D. CEdit

6. 在未接到 WM_PAINT 消息时主动进行绘图操作,通常在对话框的窗口类的成员函数中创建_____对象进行绘图。

    A. CPaintDC   B. CClientDC   C. CDC   D. CWindowDC

7. 如果需要指定输出文字的大小、字体等属性,通常需要使用_____类。

    A. CPen   B. CBrush   C. CBitmap   D. CFont

8. 使用控件的 ID 在对话框初始化函数中可以设定指定控件的字体,设定控件字体通常使用_____函数。

    A. CreatePointFont   B. SetFont

    C. CFont   D. OpenFont

9. 在 MFC 对话框框架程序中,键盘消息默认发给控件而不是对话框窗口,通过重载对话框窗口类的_____函数,将键盘消息发往对话框窗口。

    A. OnKeyDown   B. OnKeyUp

    C. PreTranslateMessage   D. OnChar

10. 用户为一个窗口创建_____后,相应窗口就会根据创建时的设置,持续地定时收到 WM_TIMER 消息。

    A. 秒表   B. 时间控件   C. 按钮控件   D. 定时器

二、填空题

1. 使用 MFC 应用程序框架不但可以提高软件的开发效率,而且由于 MFC 应用程序框架具有统一的结构,还有利于软件开发的_____,方便软件的维护和升级。

2. 使用 VS 2017 创建的项目默认字符集为_____,这里为了字符处理方便,需要将项目的默认字符集修改为 ANSI。

3. _____资源是一组对话框窗口的布局设计数据。这组数据定义了对话框的外观、对话框中有哪些控件,以及它们的位置、尺寸及属性等。

4. 为对话框添加控件需要在对话框模板上添加控件,在对话框类中为控件添加对象成员,最后添加控件的_____。

5. 在对话框窗口类中,成员函数_____在窗口变化时被调用,可在该函数中添加绘图代码实现在对话框窗体上的绘图操作。

6. MFC 从 CWnd 派生的_____类封装了编辑控件的功能,编辑控件也被称为编辑框,允许用户输入或改变文本。

7. MFC 对 GDI 进行了封装,将画布、绘图动作和 GDI 对象封装到_____类中,称为设备环境类。

8. 窗口的成员函数 OnPaint 通常在_____时被调用,可在该函数中添加绘图代码实现在对话框窗体上的绘图操作。

9. 用户通常可以使用 OnChar() 消息处理函数处理键盘消息,nChar 参数值为 Windows 虚键代码,对于显示字符,其编码与_____码基本一致。

10. 当关闭窗口时,应用程序需要提醒用户保存文档或取消退出操作,此类情况可以在 WN_CLOSE 消息处理函数_____中处理。

三、阅读题

1. 以下程序代码的功能是_____。

```
#01. void CMyTestDlg::OnPaint()
#02. {
#03.     if (IsIconic()){
#04.     ...
#05.     }
#06.     else    {
#07.         CPaintDC dc(this);
#08.         CPen *pOldPen,NewPen(PS_SOLID, 3, RGB(0, 0, 150));
#09.         pOldPen = dc.SelectObject(&NewPen);
#10.         dc.MoveTo(10, 10);
#11.         dc.LineTo(110, 110);
#12.         dc.LineTo(210, 10);
#13.         dc.LineTo(10, 10);
#14.         dc.SelectObject(pOldPen);
#15.         CDialogEx::OnPaint();
#16.     }
#17. }
```

2. 以下程序代码的功能是_____。

```
#01. BOOL CMyTestDlg::OnInitDialog()
#02. {
#03. …
#04.     //TODO: 在此添加额外的初始化代码
#05.     GetDlgItem(IDC_EDIT1)->ShowWindow(SW_HIDE);
#06.     return TRUE;   //除非将焦点设置到控件，否则返回 TRUE
#07. }
```

3. 以下程序代码的功能是_____。

```
#01. void CMyTestDlg::OnLButtonDblClk(UINT nFlags, CPoint point)
#02.{
#03.     //TODO: 在此添加消息处理程序代码和/或调用默认值
#04.     int iRet = AfxMessageBox("要退出程序吗?", MB_OKCANCEL |
        MB_ICONQUESTION);
#05.     if (iRet == IDOK)
#06.         exit(0);
#07.     CDialogEx::OnLButtonDblClk(nFlags, point);
#08. }
```

4. 以下程序代码#01～#10 行的功能是_____。

```
#01. BOOL CMyTestDlg::PreTranslateMessage(MSG* pMsg)
```

```
#02. {
#03.     //TODO: 在此添加专用代码和/或调用基类
#04.     if (pMsg->message == WM_CHAR)
#05.     {
#06.         pMsg->hwnd = m_hWnd;
#07.         return FALSE;
#08.     }
#09.     return CDialogEx::PreTranslateMessage(pMsg);
#10. }
#11. void CMyTestDlg::OnChar(UINT nChar, UINT nRepCnt, UINT nFlags)
#12. {
#13.     //TODO: 在此添加消息处理程序代码和/或调用默认值
#14.     char s[2] = { 0 };
#15.     s[0] = nChar;
#16.     AfxMessageBox(s);
#17.     CDialogEx::OnChar(nChar, nRepCnt, nFlags);
#18. }
```

5. 以上程序代码#11~#18 行的功能是_____。

四、改错题

1. 以下程序,按下按钮 Button1 后读入 m_Text 对应文本框的文字,将全部小写字母转为大写后输出,但是存在错误,请修改。

```
#01. void CMyTestDlg::OnBnClickedButton1()
#02. {
#03.     UpdateData();
#04.     m_Text.MakeUpper();
#05.     UpdateData();
#06. }
```

2. 以下程序,用户在窗口按下鼠标左键,在鼠标处显示文字,但程序存在错误,请修改。

```
#01. void CMyTestDlg::OnLButtonDown(UINT nFlags, CPoint point)
#02. {
#03.     // TODO: 在此添加消息处理程序代码和/或调用默认值
#04.     CClientDCdc(this);
#05.     dc.TextOut(1, 1, "在鼠标处使用TextOut输出");
#06.     CDialogEx::OnLButtonDown(nFlags, point);
#07. }
```

3. 以下程序绘制蓝色填充圆形,但程序存在错误,请修改。

```
#01. void CMyTestDlg::OnPaint()
#02. {
#03.     CPaintDC dc(this);
```

```
#04.        CBrush *pOldBrush,NewBrush(RGB(0, 0, 255));
#05.        pOldBrush=dc.SelectObject(NewBrush);
#06.        dc.Ellipse(100, 100, 200, 200);
#07.        dc.SelectObject(pOldBrush);
#08. }
```

4. 以下程序在接到 WM_PAINT 消息后显示资源 ID 为 IDB_BITMAP1 的位图，但程序存在错误，请修改。

```
#01. void CMyTestDlg::OnPaint()
#02. {
#03. …
#04.        CPaintDC dc(this);                        //创建CPaintDC 对象
#05.        CBitmap bmp;
#06.        BITMAP bm;
#07.        bmp.LoadBitmap(IDB_BITMAP1);
#08.        bmp.GetObject(sizeof(BITMAP), &bm);//取得图片信息
#09.        CDC MemDC;
#10.        MemDC.CreateCompatibleDC(&dc);
#11.        CBitmap *pOldBitmap = dc.SelectObject(bmp);
#12.        dc.BitBlt(0, 0, bm.bmWidth, bm.bmHeight, &MemDC, 0, 0, SRCCOPY);
#13.        MemDC.SelectObject(pOldBitmap);
#14. …
#15. }
```

5. 以下程序代码创建一个时间间隔 1 秒的定时器记录程序启动经历的时间，但是存在错误，请修改。

```
#01. void CMyTestDlg::OnPaint()
#02. {
#03. …
#04.    CPaintDC dc(this);
#05.    SetTimer(1,1000,NULL);
#06. …
#07. }
```

五、编程题

求长方体表面积和高的程序界面如图 15-3 所示。

图   15-3

基于 *MFC* 的 *Windows* 编程

"长方体长"对应编辑框控件的 ID 为 IDC_EDIT1，对应值类型的成员变量为 double m_x；

"长方体宽"对应编辑框控件的 ID 为 IDC_EDIT2，对应值类型的成员变量为 double m_y；

"长方体高"对应编辑框控件的 ID 为 IDC_EDIT3，对应值类型的成员变量为 double m_z；

"计算结果"对应的编辑框控件的 ID 为 IDC_EDIT4，对应值类型的成员变量为 double m_r；

"求表面积"按钮控件的 ID 为 IDC_BUTTON1，该按钮功能是计算长方体表面积并在计算结果对应的 IDC_EDIT4 编辑框内输出；

"求体积"按钮控件的 ID 为 IDC_BUTTON2，该按钮功能是计算长方体体积并在计算结果对应的 IDC_EDIT4 编辑框内输出。

请完成按钮控件"求表面积"的事件处理程序。

```
#1. void CMyTestDlg::OnBnClickedButton1()
#2. {
#3.     // TODO: 在此添加控件通知处理程序代码
#4. }
```

请完成按钮控件"求体积"的事件处理程序。

```
#1. void CMyTestDlg::OnBnClickedButton1()
#2. {
#3.     // TODO: 在此添加控件通知处理程序代码
#4. }
```

15.4 实 验 案 例

15.4.1 案例 1——MFC 控件

1. 实验目的

（1）掌握 MFC 对话框框架程序创建方法。

（2）掌握按钮控件使用方法。

（3）掌握静态控件使用方法。

（4）掌握编辑框控件使用方法。

2. 实验内容

（1）创建计算机资源文件，对话框模板及控件如图 15-4 所示。

（2）为每个控件指定 ID：IDC_EQU，IDC_CLEAR，IDC_SIGN，IDC_ADD，IDC_SUB，IDC_MUL，IDC_DIV，IDC_PERCENT，IDC_NUM0，IDC_NUM1，IDC_NUM2，IDC_NUM3，IDC_NUM4，IDC_NUM5，IDC_NUM6，IDC_NUM7，IDC_NUM8，IDC_NUM9，IDC_DOT。

图 15-4

（3）为编辑控件添加 CString 类型成员变量 m_csDisplay。

（4）为每个按钮添加按键事件处理功能。

（5）添加其他必要的数据成员和成员函数，实现计算器功能。

3. 实验步骤

（1）使用 VC++新建项目 Calculator。

（2）CCalculatorDlg 对话框类声明参考代码如下：

```
#1. class CCalculatorDlg : public CDialogEx
#2. {
#3. …
#4. public:
#5.     afx_msg void OnBnClickedEqu();              //处理按键事件
#6.     afx_msg void OnBnClickedClear();            //处理按键事件
#7.     afx_msg void OnBnClickedSign();             //处理按键事件
#8.     afx_msg void OnBnClickedAdd();              //处理按键事件
#9.     afx_msg void OnBnClickedSub();              //处理按键事件
#10.    afx_msg void OnBnClickedMul();              //处理按键事件
#11.    afx_msg void OnBnClickedDiv();              //处理按键事件
#12.    afx_msg void OnBnClickedPercent();          //处理按键事件
#13.    afx_msg void OnBnClickedNum0();             //处理按键事件
#14.    afx_msg void OnBnClickedNum1();             //处理按键事件
#15.    afx_msg void OnBnClickedNum2();             //处理按键事件
#16.    afx_msg void OnBnClickedNum3();             //处理按键事件
#17.    afx_msg void OnBnClickedNum4();             //处理按键事件
#18.    afx_msg void OnBnClickedNum5();             //处理按键事件
#19.    afx_msg void OnBnClickedNum6();             //处理按键事件
#20.    afx_msg void OnBnClickedNum7();             //处理按键事件
#21.    afx_msg void OnBnClickedNum8();             //处理按键事件
#22.    afx_msg void OnBnClickedNum9();             //处理按键事件
#23.    afx_msg void OnBnClickedDot();              //处理按键事件
#24.    double m_first;              //存储一次运算的第一个操作数及一次运算的结果
```

基于 MFC 的 Windows 编程

```
#25.        double m_second;              //存储一次运算的第二个操作数
#26.        double m_coff;                //存储小数点的系数权值
#27.        CString m_csOperator;         //存储运算符
#28.        CString m_csDisplay;          //显示内容
#29.        void UpdateDisplay(double dck); //显示
#30.        void Calculate();             //计算
#31.        void onButtonN(int n);        //统一处理按键输入的数字
#32. };
```

（3）CCalculatorDlg 对话框类定义参考代码如下：

```
#1. CCalculatorDlg::CCalculatorDlg(CWnd* pParent /*=nullptr*/)
#2.     : CDialogEx(IDD_CALCULATOR_DIALOG, pParent), m_csDisplay(""){
#3.     m_csOperator = "+";
#4.     m_first = 0;
#5.     m_second = 0;
#6.     m_coff = 1.0;
#7.     m_hIcon = AfxGetApp()->LoadIcon(IDR_MAINFRAME);
#8. }
#9. void CCalculatorDlg::OnBnClickedEqu(){
#10.    Calculate();
#11. }
#12. void CCalculatorDlg::OnBnClickedClear(){
#13.    m_first = 0.0;
#14.    m_second = 0.0;
#15.    m_csOperator = "+";
#16.    m_coff = 1.0;
#17.    UpdateDisplay(0.0);
#18. }
#19. void CCalculatorDlg::OnBnClickedSign(){
#20.    m_second = -m_second;
#21.    UpdateDisplay(m_second);
#22. }
#23. void CCalculatorDlg::OnBnClickedAdd(){
#24.    Calculate();
#25.    m_csOperator = "+";
#26. }
#27. void CCalculatorDlg::OnBnClickedSub(){
#28.    Calculate();
#29.    m_csOperator = "-";
#30. }
#31. void CCalculatorDlg::OnBnClickedMul(){
#32.    Calculate();
#33.    m_csOperator = "*";
#34. }
#35. void CCalculatorDlg::OnBnClickedDiv(){
```

```
#36.        Calculate();
#37.        m_csOperator = "/";
#38. }
#39. void CCalculatorDlg::OnBnClickedPercent(){
#40.        Calculate();
#41.        m_csOperator = "%";
#42. }
#43. void CCalculatorDlg::OnBnClickedNum0(){
#44.        onButtonN(0);
#45. }
#46. void CCalculatorDlg::OnBnClickedNum1(){
#47.        onButtonN(1);
#48. }
#49. void CCalculatorDlg::OnBnClickedNum2(){
#50.        onButtonN(2);
#51. }
#52. void CCalculatorDlg::OnBnClickedNum3(){
#53.        onButtonN(3);
#54. }
#55. void CCalculatorDlg::OnBnClickedNum4(){
#56.        onButtonN(4);
#57. }
#58. void CCalculatorDlg::OnBnClickedNum5(){
#59.        onButtonN(5);
#60. }
#61. void CCalculatorDlg::OnBnClickedNum6(){
#62.        onButtonN(6);
#63. }
#64. void CCalculatorDlg::OnBnClickedNum7(){
#65.        onButtonN(7);
#66. }
#67. void CCalculatorDlg::OnBnClickedNum8(){
#68.        onButtonN(8);
#69. }
#70. void CCalculatorDlg::OnBnClickedNum9(){
#71.        onButtonN(9);
#72. }
#73. void CCalculatorDlg::OnBnClickedDot(){
#74.        m_coff = 0.1;
#75. }
#76. void CCalculatorDlg::UpdateDisplay(double dck){
#77.        m_csDisplay.Format("%f", dck);
#78.        UpdateData(false);
#79. }
#80. void CCalculatorDlg::Calculate(){
```

基于 MFC 的 Windows 编程

```
#81.    switch (m_csOperator.GetAt(0)){
#82.    case '+':   m_first += m_second;    break;
#83.    case '-':   m_first -= m_second;    break;
#84.    case '*':   m_first *= m_second;    break;
#85.    case '/':   m_first /= m_second;    break;
#86.    }
#87.    m_second = 0.0;
#88.    m_coff = 1.0;
#89.    m_csOperator = "+";
#90.    UpdateDisplay(m_first);              //更新编辑框显示内容
#91. }
#92. void CCalculatorDlg::onButtonN(int n){
#93.    if (m_coff == 1.0)
#94.        m_second = m_second * 10 + n;    //作为整数输入数字
#95.    else {
#96.        m_second = m_second + n * m_coff;  //作为小数输入数字
#97.        m_coff *= 0.1;
#98.    }
#99.    UpdateDisplay(m_second);            //更新编辑框的数字显示
#100. }
```

4. 思考

（1）如何添加乘方和开方功能？

（2）如何添加函数运算功能？

（3）如果发生除以 0 运算如何处理？

（4）onButtonN 起到什么作用？

（5）如何修改计算器程序图标？

15.4.2 案例 2——MFC 绘图

1. 实验目的

（1）掌握 CDC 绘图函数的基本用法。

（2）掌握 GDI 对象的基本使用方法。

（3）掌握鼠标消息的使用方法。

2. 实验内容

（1）创建计算机资源文件，对话框模板修改如图 15-5 所示。

（2）创建 CMyShow 类，封装计算器显示窗的操作。

（3）创建 CMyButton 类，封装计算机按钮的操作。

（4）在对话框窗口类中添加 CMyShow 对象成员。

（5）在对话框窗口类中添加 CMyButton 对象成员数组。

（6）在对话框窗口类构造函数中初始化 CMyButton 对象和 CMyShow 对象。

（7）在对话框窗口类 OnPaint 函数中显示 CMyButton 对象和 CMyShow 对象。

（8）为对话框窗口类添加鼠标消息处理函数，判断用户单击了哪个按钮，如果是"退出"按钮退出程序，如果是其他按钮，显示该按钮信息。

图 15-5

（9）程序运行效果如图15-6所示。

图 15-6

3. 实验步骤

（1）使用VC++新建项目Calculator2。

（2）将以下行添加到stdafx.h文件起始处。

```
#1. #define _CRT_SECURE_NO_WARNINGS
```

基于MFC的Windows编程

（3）CMyShow 类参考代码：

```
#1. class CMyShow{
#2.        int m_x1;                        //显示窗左上角x坐标
#3.        int m_y1;                        //显示窗左上角y坐标
#4.        int m_x2;                        //显示窗右下角x坐标
#5.        int m_y2;                        //显示窗右下角x坐标
#6.        char m_cTxt[16];                 //显示窗显示内容
#7. public:
#8.        void SetShow(int x1, int y1, int x2, int y2,, const char cTxt[]){
#9.            m_x1 = x1;
#10.           m_y1 = y1;
#11.           m_x2 = x2;
#12.           m_y2 = y2;
#13.           strcpy(m_cTxt, cTxt);
#14.       }
#15.       void Show(CDC *pDC){            //显示显示窗
#16.           CBrush *pOldBrush;
#17.           CBrush NewBrush(RGB(50, 55, 60));
#18.           pOldBrush = pDC->SelectObject(&NewBrush);
#19.           pDC->Rectangle(m_x1,m_y1,m_x2, m_y2);
#20.           pDC->SelectObject(pOldBrush);
#21.           COLORREF OldColor, NewColor = RGB(255, 255, 255);
#22.           OldColor = pDC->SetTextColor(NewColor);
#23.           int OldBkMode = pDC->GetBkMode();
#24.           pDC->SetBkMode(TRANSPARENT);
#25.           pDC->TextOut(m_x1+10,m_y1+10 , m_cTxt);
#26.           pDC->SetBkMode(OldBkMode);
#27.           pDC->SetTextColor(OldColor);
#28.       }
#29. };
```

（4）CMyButton 类参考代码：

```
#1. class CMyButton
#2. {
#3.     int m_x;                          //按钮中心x坐标
#4.     int m_y;                          //按钮中心y坐标
#5.     int m_r;                          //按钮半径
#6.     char m_cTxt[8];                   //按钮上显示内容（按钮名称）
#7. public:
#8.     void SetButton(int x, int y, int r, const char cTxt[])
#9.     {
#10.        m_x = x;
#11.        m_y = y;
#12.        m_r = r;
#13.        strcpy(m_cTxt, cTxt);
#14.     }
```

```
#15.    void Show(CDC *pDC){              //显示按钮
#16.        CBrush *pOldBrush;
#17.        CBrush NewBrush(RGB(55, 61, 75));
#18.        pOldBrush = pDC->SelectObject(&NewBrush);
#19.        pDC->Ellipse(m_x-m_r, m_y - m_r, m_x + m_r, m_y + m_r);
#20.        pDC->SelectObject(pOldBrush);
#21.        COLORREF OldColor, NewColor = RGB(255, 255, 255);
#22.        OldColor = pDC->SetTextColor(NewColor);
#23.        int OldBkMode = pDC->GetBkMode();
#24.        pDC->SetBkMode(TRANSPARENT);
#25.        if(strlen(m_cTxt)==2)
#26.            pDC->TextOut(m_x-m_r, m_y - m_r, m_cTxt);
#27.        else
#28.            pDC->TextOut(m_x - m_r / 2, m_y - m_r, m_cTxt);
#29.        pDC->SetBkMode(OldBkMode);
#30.        pDC->SetTextColor(OldColor);
#31.    }
#32.    bool HitTest(int x, int y)            //判断本按钮是否被点中
#33.    {
#34.        if (sqrt((x - m_x)*(x - m_x) + (y - m_y)*(y - m_y)) <= m_r)
#35.            return true;
#36.        return false;
#37.    }
#38.    const char *GetName() { return m_cTxt; }    //取得本按钮名称
#39. };
```

（5）CCalculator2Dlg 对话框类声明增加成员：

```
#1. class CCalculator2Dlg : public CDialogEx{
#2.     CMyShow m_Show;                         //输出显示窗
#3.     CMyButton m_Button[20];                 //计算机的20个按钮
#4.     …
#5. }
```

（6）CCalculator2Dlg 类定义参考代码：

```
#1. CCalculator2Dlg::CCalculator2Dlg(CWnd* pParent /*=nullptr*/)
#2.     : CDialogEx(IDD_CALCULATOR2_DIALOG, pParent){
#3.     char buttton[20][4] = { "+", "7", "8", "9", "C",
#4.                             "-", "4", "5", "6", "%",
#5.                             "×","1", "2", "3", "±",
#6.                             "/", "0", "•","=", "◎", };
#7.     int dx = 70, dy = 230;
#8.     m_Show. SetShow(40,60,dx + 320, dy-60,"0000. 00");
#9.     for (int i = 0; i < 4; i++)            //5行
#10.        for (int j = 0; j < 5; j++)        //4列
```

```
#11.            m_Button[i*5+j]. SetButton(dx+j*72,dy+i*70,30, buttton[i*5+j]);
#12.     m_hIcon = AfxGetApp()->LoadIcon(IDR_MAINFRAME);
#13. }
#14. void CCalculator2Dlg::OnPaint(){
#15. ...
#16.        CPaintDC dc(this);                            //创建CPaintDC 对象
#17.        CFont MyFontShow, *pOldFont;
#18.        MyFontShow.CreatePointFont(700, "黑体", &dc);    //创建字体
#19.        pOldFont = dc.SelectObject(&MyFontShow);         //选择字体
#20.        m_Show.Show(&dc);                               //显示显示窗
#21.        CFont MyFont;
#22.        MyFont.CreatePointFont(450, "黑体", &dc);        //创建字体
#23.        dc.SelectObject(&MyFont);                       //选择字体
#24.        for (int i = 0; i < 20; i++)
#25.            m_Button[i].Show(&dc);                      //显示按钮
#26.        dc.SelectObject(pOldFont);                      //恢复字体
#27.        CDialogEx::OnPaint();
#28.     }
#29. }
#30. void CCalculator2Dlg::OnLButtonUp(UINT nFlags, CPoint point){
#31.     // TODO: 在此添加消息处理程序代码和/或调用默认值
#32.     for(int i=0;i<20;i++)
#33.         if (m_Button[i].HitTest(point.x,point.y) == true){
#34.             const char *pButtonName =m_Button[i].GetName();
#35.             if (strcmp(pButtonName, "◎")==0)
#36.                 exit(0);
#37.             else
#38.                 AfxMessageBox(pButtonName);
#39.         }
#40.     CDialogEx::OnLButtonUp(nFlags, point);
#41. }
```

4. 思考

（1）如何给计算器插入背景图，进一步美化计算机的显示效果，实现如图 15-7 所示的显示效果？

图　15-7

（2）如何修改本案例中程序，实现案例 1 中计算器的计算功能？

15.5　综合案例

15.5.1　综合案例——游戏软件制作

1. 实验目的

（1）掌握 CDC 绘图函数的基本用法。

（2）掌握 GDI 对象的基本使用方法。

（3）掌握鼠标消息的使用方法。

（4）熟悉 UI 资源的使用。

（5）熟悉 MFC 框架程序的开发。

2. 实验内容

（1）根据实验需求创建 UI 资源。

（2）使用 CDC 结合 UI 资源和 CDC 绘图功能实现显示效果。

（3）使用鼠标消息实现对弈功能。

（4）玩家单击"开始"开始游戏，实现双人对战功能，窗口上侧显示游戏持续时间。

（5）当一方成功连接五子游戏提示结束，游戏程序运行效果如图 15-8 所示。

图　15-8

3. 实验步骤

（1）使用 VC++新建项目 FiveInARow。

（2）修改项目的 UI 资源。

① 参照 MFC 绘图案例修改对话框模板。

② 添加位图资源 IDB_BITMAP_ABOUT，该资源用于做游戏说明，用户可以使用绘

图软件绘制，内容可参考图 15-9。

图　15-9

③ 添加位图资源 IDB_BITMAP_BK，该资源用于做游戏窗口背景，用户可以使用绘图软件绘制，内容可参考图 15-10。

图　15-10

④ 添加位图资源 IDB_BITMAP_HZ、IDB_BITMAP_BZ、IDB_BITMAP_MASK，该资源用于显示棋子，用户可以使用绘图软件绘制，内容可参考图 15-11。

图　15-11

（3）添加类 CChess，该类封装棋子的各项操作功能。

VS 添加新类方法如下：在类视图窗口项目名称上右击，在弹出的菜单中选"添加/类"菜单，显示"添加类"窗口如下图所示。在窗口中输入类的名字，单击"确定"按钮就可添加完成，新添加类的声明和实现分别存放在如图 15-12 所示的两个文件中。

图　15-12

① CChess 类参考代码如下（CChess.h）：

```
#1. #pragma once
#2. enum COLOR { BLACK, WHITE };                            //棋子只有两种颜色
#3. class CChess{
#4.      int m_Num;                                         //序号
#5.      int m_x;                                           //棋子位置x坐标
#6.      int m_y;                                           //棋子位置y坐标
#7.      COLOR m_Color;                                     //棋子颜色
#8. public:
#9.      CChess();
#10.     ~CChess();
#11.     void Set(int num, int x, int y, COLOR color);      //设置棋子属性
#12.     COLOR GetColor() { return m_Color; }               //取得棋子颜色
#13.     int GetX() { return m_x; }                         //取得棋子逻辑坐标x
#14.     int GetY() { return m_y; }                         //取得棋子逻辑坐标y
#15.     void Show(CDC *pDC);                               //显示棋子
#16.     static int m_dx;                                   //棋盘左上角屏幕坐标
#17.     static int m_dy;                                   //棋盘左上角屏幕坐标y
#18.     static double m_d;                                 //棋子间距离
#19. };
```

② CChess 类成员函数代码如下（CChess.cpp）：

```
#1. #include <stdafx. h>
#2. #include <CChess. h>
#3. #include <Resource. h>
```

基于MFC 的 Windows 编程

```
#4.  int CChess::m_dx = 271;                        //该坐标可根据背景图调整
#5.  int CChess::m_dy=68;                            //该坐标可根据背景图调整
#6.  double CChess::m_d=36.5;                        //该间距可根据背景图调整
#7.  CChess::CChess(){
#8.  }
#9.  CChess::~CChess(){
#10. }
#11. void CChess::Set(int num, int x, int y, COLOR color){
#12.    m_Num = num;                                 //设置落子序号
#13.    m_x = x;                                     //设置落子逻辑坐标x
#14.    m_y = y;                                     //设置落子逻辑坐标y
#15.    m_Color = color;                             //设置落子颜色
#16. }
#17. void CChess::Show(CDC *pDC){
#18.    CBitmap bmpMask;                             //棋子位图掩码
#19.    bmpMask.LoadBitmap(IDB_BITMAP_MASK);         //载入棋子掩码位图资源
#20.    CBitmap bmpQz;                               //棋子位图
#21.    if (m_Color==WHITE)                          //判断棋子颜色
#22.        bmpQz.LoadBitmap(IDB_BITMAP_BZ);         //载入白色棋子位图资源
#23.    else
#24.        bmpQz.LoadBitmap(IDB_BITMAP_HZ);         //载入黑色棋子位图资源
#25.    BITMAP bm;                                   //位图信息
#26.    bmpQz.GetObject(sizeof(BITMAP), &bm);        //取得位图信息
#27.    CDC mDc0;                                    //内存DC,用来显示棋子位图掩码
#28.    mDc0.CreateCompatibleDC(pDC);               //创建用来显示棋子位图掩码的DC
#29.    CBitmap *pOldBitmapMask = mDc0.SelectObject(&bmpMask);
#30.    CDC mDc1;                                    //内存DC,用来显示棋子位图
#31.    mDc1.CreateCompatibleDC(pDC);               //创建用来显示棋子位图的DC
#32.    CBitmap *pOldBitmapQz = mDc1.SelectObject(&bmpQz);
#33. //将掩码位图(棋子区域黑色,其他区域白色)与棋盘与运算,将棋子区域置黑,其他区域不变
#34.    pDC->BitBlt(m_dx+m_x*m_d,m_dy+m_y*m_d,bm.bmWidth,bm.bmHeight,
           &mDc0,0,0,SRCAND);
#35. //将棋子位图(棋子区域正常,其他区域黑色)与棋盘异或运算,显示棋子,其他区域不变
#36.    pDC->BitBlt(m_dx+m_x*m_d,m_dy+m_y*m_d,bm.bmWidth,bm.bmHeight,
           &mDc1,0,0,SRCPAINT);
#37.    mDc1.SelectObject(pOldBitmapMask);
#38.    mDc0.SelectObject(pOldBitmapQz);
#39. }
```

（4）添加类 CChessManager，该类封装五子棋的落子数据及各项操作功能，类添加方法同 CChess。

① CChessManager 类参考代码如下（CChessManager.h）：

```
#1. #pragma once
#2. #include <CChess.h>
```

```
#3.  #define MAX_ROWS      15                        //棋盘行数
#4.  #define MAX_COLS      15                        //棋盘列数
#5.  #define MAX_CHESS    MAX_ROWS*MAX_COLS    //最多落子数
#6.  #define WIN_NUM        5                        //赢棋标准(连续五子)
#7.  class CChessManager{
#8.       CChess   m_aChess[MAX_CHESS];        //保存落子信息对象数组
#9.       int      m_nChess;                   //落子个数
#10.      COLOR    m_Color;                     //当前将要落子的颜色
#11.      bool     CheckRows();                 //检查行是否达到赢棋标准
#12.      bool     CheckCols();                 //检查列是否达到赢棋标准
#13.      bool     CheckLSlash();          //检查左斜线 "\"方向是否达到赢棋标准
#14.      bool     CheckRSlash();          //检查右斜线 "/"方向是否达到赢棋标准
#15.  public:
#16.      CChessManager();
#17.      ~CChessManager();
#18.      void NewGame() { m_nChess = 0; m_Color = BLACK; }//开始新的一局
#19.      bool Xy2Xy(int x0,int y0,int &x1,int &y1);//物理坐标转为逻辑坐标,成
                                                  //功返回true
#20.      int Add(int x, int y);  //在物理坐标x,y处落子,成功返回0;没点中返回1;
                     //重复返回2
#21.      void Show(CDC *pDC);                       //显示所有棋子
#22.      bool GameOver();                           //判断游戏是否结束
#23.      COLOR GetWinner(){ return m_aChess[m_nChess-1].GetColor();}
                                                  //取得获胜方棋子颜色
#24.      CChess * GetQz(int x, int y);     //取得指定逻辑坐标的棋子,无则返回空
#25. };
```

② CChessManager 类部分成员函数参考代码如下（CChessManager.cpp）：

```
#1.  #include <stdafx.h>
#2.  #include <CChessManager.h>
#3.  CChessManager::CChessManager(){
#4.  }
#5.  CChessManager::~CChessManager(){
#6.  }
#7.  bool CChessManager::Xy2Xy(int x0, int y0, int &x1, int &y1){
#8.      int x, y;                          //棋盘上每个交叉点位置坐标
#9.      for(int i=0;i<15;i++)              //遍历棋盘每一列
#10.        for (int j = 0; j < 15; j++){  //遍历棋盘每一行
#11.           x=CChess::m_dx+i*CChess::m_d+CChess::m_d*0.5;//交叉点x坐标
#12.           y=CChess::m_dy+j*CChess::m_d+CChess::m_d*0.5;//交叉点y坐标
#13.           if(sqrt((x-x0)*(x-x0)+(y-y0)*(y-y0))<15){//x,y到交叉点距离小于15
#14.             x1 = i, y1 = j;                //设置逻辑坐标
#15.                 return true;
#16.           }
#17.        }
```

基于MFC 的 Windows 编程

```
#18.      return false;                          //没有找到x,y临近交叉点
#19. }
#20. int CChessManager::Add(int x, int y){  //落子,成功返回0,失败返回非0值
#21.      int x1, y1;
#22.      if (!Xy2Xy(x, y, x1, y1))     //将物理坐标x,y转为棋盘上的逻辑坐标x1,y1
#23.          return 1;                           //物理坐标x,y不在棋盘交叉点上,返回1
#24.      for(int i=0;i<m_nChess;i++)//遍历落子数组,根据逻辑坐标判断是否已有落子
#25.          if (x1 == m_aChess[i].GetX() && y1 == m_aChess[i].GetY())
#26.              return 2;                        //已有落子,返回2
#27.      m_aChess[m_nChess].Set(m_nChess, x1, y1, m_Color);
                                                  //将落子添加到落子数组
#28.      m_nChess++;                              //落子数量加1
#29.      m_Color=(m_Color == WHITE ? BLACK : WHITE);    //设置下次落子的颜色
#30.      return 0;                                //落子成功返回0
#31. }
#32. void CChessManager::Show(CDC *pDC){      //显示所有落子
#33.      for (int i = 0; i < m_nChess; i++)
#34.          m_aChess[i].Show(pDC);             //调用棋子对象成员函数显示棋子
#35. }
#36. bool CChessManager::GameOver(){          //判断游戏是否结束
#37.      if (CheckRows())                      //判断棋盘所有行
#38.          return true;
#39.      if (CheckCols())                      //判断棋盘所有列
#40.          return true;
#41.      if (CheckLSlash())                    //判断棋盘所有"\"方向左斜线
#42.          return true;
#43.      if (CheckRSlash())                    //判断棋盘所有"/"方向右斜线
#44.          return true;
#45.      return false;
#46. }
#47. CChess * CChessManager::GetQz(int x, int y){
                                                  //根据逻辑坐标取得棋子,失败返回空
#48.      for (int i = 0; i < m_nChess; i++)
#49.          if (m_aChess[i].GetX() == x && m_aChess[i].GetY() == y)
#50.              return &m_aChess[i];
#51.      return nullptr;
#52. }
#53. bool CChessManager::CheckRows(){                    //按行方向检查
#54.      CChess *pQz;                                   //取得棋子
#55.      COLOR color;                                   //上一个棋子颜色
#56.      int iCount;                                    //已连续同色棋子个数
#57.      for (int i = 0; i < MAX_ROWS; i++)             //扫描所有行
#58.      {
#59.          iCount = 0;
#60.          for (int j = 0; j < MAX_COLS ; j++)        //扫描所有列
```

```
#61.              if (pQz = GetQz(j, i)){              //取得下一个棋子
#62.                  if (iCount == 0){               //如果是第一个棋子
#63.                      color = pQz->GetColor();     //保存颜色
#64.                      iCount++;                    //记录已连续数量
#65.                  }
#66.                  else if (color == pQz->GetColor()){ //是同色连续棋子
#67.                      iCount++;                    //已连续数量加1
#68.                      if (iCount == WIN_NUM)       //已达到获胜数量
#69.                          return true;             //游戏结束
#70.                  }
#71.                  else    {                        //新颜色棋子
#72.                      color = pQz->GetColor();     //保存颜色
#73.                      iCount = 1;                  //记录数量
#74.                  }
#75.              }
#76.              else                                 //该行、列无棋子
#77.                  iCount = 0;                      //已连续数量置0
#78.      }
#79.      return false;
#80. }
#81. bool CChessManager::CheckCols(){                  //按列方向检查
#82.      CChess *pQz;                                 //取得棋子
#83.      COLOR color;                                 //上一个棋子颜色
#84.      int iCount;                                  //已连续同色棋子个数
#85.      for (int i = 0; i < MAX_COLS; i++){          //扫描所有列
#86.          iCount = 0;                              //已连续同色棋子0
#87.          for (int j = 0; j < MAX_ROWS ; j++)      //扫描所有行
#88.              if (pQz = GetQz(i, j)){              //取得下一棋子
#89.                  if (iCount == 0){                //如果是第一个棋子
#90.                      color = pQz->GetColor();     //保存颜色
#91.                      iCount++;                    //记录已连续数量
#92.                  }
#93.                  else if (color == pQz->GetColor()){ //是同色连续棋子
#94.                      iCount++;                    //已连续数量加1
#95.                      if (iCount == WIN_NUM)       //已达到获胜数量
#96.                          return true;             //游戏结束
#97.                  }
#98.                  else    {                        //新颜色棋子
#99.                      color = pQz->GetColor();     //保存颜色
#100.                     iCount = 1;                  //记录数量
#101.                 }
#102.             }
#103.             else                                 //该行、列无棋子
#104.                 iCount = 0;                      //连续数量置0
#105.     }
```

```
#106.    return false;
#107. }
#108. bool CChessManager::CheckLSlash(){                        //检查左斜线'\'方向
#109.    CChess *pQz;
#110.    COLOR color;                                          //上一个棋子颜色
#111.    int iCount;                                           //已连续同色棋子个数
#112.    for (int i = -14; i < MAX_COLS; i++){//棋盘左侧虚拟14列,扫描所有列
#113.        iCount = 0;                                       //已连续同色棋子0
#114.        for (int j = 0; j < MAX_ROWS; j++)                //扫描所有行
#115.            if (pQz = GetQz(i+j, j)){                     //取得下一棋子
#116.                if (iCount == 0){                         //如果是第一个棋子
#117.                    color = pQz->GetColor();              //保存颜色
#118.                    iCount++;                             //记录已连续数量
#119.                }
#120.                else if (color -- pQz->GetColor()){//是同色连续棋子
#121.                    iCount++;                             //已连续数量加1
#122.                    if (iCount == WIN_NUM)                //已达到获胜数量
#123.                        return true;                      //游戏结束
#124.                }
#125.                else    {                                 //新颜色棋子
#126.                    color = pQz->GetColor();              //保存颜色
#127.                    iCount = 1;                           //记录数量
#128.                }
#129.            }
#130.            else                                          //该行、列无棋子
#131.                iCount = 0;                               //连续数量置0
#132.    }
#133.    return false;
#134. }
#135. bool CChessManager::CheckRSlash()                         //检查右斜线 "/"方向
#136. {
#137.    CChess *pQz;
#138.    COLOR color;                                          //上一个棋子颜色
#139.    int iCount;                                           //已连续同色棋子个数
#140.    for (int i = 0;i< MAX_COLS+14;i++){    //棋盘右侧虚拟14列,扫描所有列
#141.        iCount = 0;                                       //已连续同色棋子0
#142.        for (int j = 0; j < MAX_ROWS ; j++)               //扫描所有行
#143.            if (pQz = GetQz(i - j, j)){                   //取得下一棋子
#144.                if (iCount == 0){                         //如果是第一个棋子
#145.                    color = pQz->GetColor();              //保存颜色
#146.                    iCount++;                             //记录已连续数量
#147.                }
#148.                else if (color == pQz->GetColor()){//是同色连续棋子
#149.                    iCount++;                             //已连续数量加1
```

```
#150.                    if (iCount == WIN_NUM)          //已达到获胜数量
#151.                        return true;                //游戏结束
#152.                    }
#153.                else    {                           //新颜色棋子
#154.                        color = pQz->GetColor();     //保存颜色
#155.                        iCount = 1;                  //记录数量
#156.                    }
#157.                }
#158.            else                                    //该行列、无棋子
#159.                iCount = 0;                         //连续数量置0
#160.        }
#161.    return false;
#162. }
```

（5）修改对话框类 CFiveInARowDlg，添加数据成员和成员函数。

① CFiveInARowDlg 类参考代码如下：

```
#1. #pragma once
#2. #include <CChessManager.h>
#3. // CFiveInARowDlg 对话框
#4. class CFiveInARowDlg : public CDialogEx
#5. {
#6. …
#7.     CChessManager m_Manager;                        //实现五子棋各项操作
#8.     CFont m_FontTimer;                              //计时显示字体
#9.     CFont m_FontOver;                               //游戏结束显示字体
#10.    int   m_iTime;                                  //记录游戏开始时间,秒数
#11.    bool m_bState;                                  //游戏开始true;
#12. public:
#13.    afx_msg void OnLButtonUp(UINT nFlags, CPoint point);//鼠标左键消息处理函数
#14.    bool NewGame(int x, int y);                     //判断是否开始新游戏
#15.    bool About(int x, int y);                       //判断是否显示游戏说明
#16.    afx_msg void OnTimer(UINT_PTR nIDEvent);//处理计时器消息,显示游戏开始时间
#17. };
```

② CFiveInARowDlg 类部分成员函数参考代码如下（CChessManager.cpp）：

```
#1. BOOL CFiveInARowDlg::OnInitDialog(){
#2. …
#3.     // TODO: 在此添加额外的初始化代码
#4.     SetWindowPos(NULL, 0, 0, 1024, 768, SWP_NOZORDER | SWP_NOMOVE);
                                                        //设置显示窗口大小
#5.     m_FontTimer.CreatePointFont(250, "Segoe UI Semibold", NULL);
                                                        //创建计时显示字体
#6.     m_FontOver.CreatePointFont(1666,"微软雅黑",NULL);//创建游戏结束字体
#7.     m_bState = false;                               //游戏状态未开始
```

```
#8.       return TRUE;                    //除非将焦点设置到控件,否则返回 TRUE
#9. }
#10. void CFiveInARowDlg::OnPaint(){
#11. …
#12.          CPaintDC dc(this);              // 创建CPaintDC 对象
#13.          CBitmap bmp;
#14.          BITMAP bm;
#15.          bmp.LoadBitmap(IDB_BITMAP_BK);                    //载入背景图片资源
#16.          bmp.GetObject(sizeof(BITMAP), &bm);        //取得图片信息
#17.          CDC MemDC;
#18.          MemDC.CreateCompatibleDC(&dc);                    //创建内存DC
#19.          CBitmap *pOldBitmap = MemDC.SelectObject(&bmp);//载入图片资源
#20.          dc.BitBlt(0, 0, bm.bmWidth, bm.bmHeight, &MemDC, 0, 0, SRCCOPY);
                                               //显示背景
#21.          MemDC.SelectObject(pOldBitmap);        //恢复位图
#22.          m_Manager.Show(&dc);                    //显示所有棋子
#23.          CDialogEx::OnPaint();
#24. }
#25. void CFiveInARowDlg::OnLButtonUp(UINT nFlags, CPoint point){
                                               //按下后弹起鼠标左键
#26.    if (NewGame(point.x, point.y))          //判断是否开始新游戏
#27.        return;
#28.    if (About(point.x, point.y))            //判断是否显示游戏说明
#29.        return;
#30.    if (!m_bState) {                        //判断游戏是否开始
#31.        AfxMessageBox("请选择“开始”按钮开始新的游戏,按Esc键退出游戏!");
#32.        return;
#33.    }
#34.    int r = m_Manager.Add(point.x, point.y);    /添加落子
#35.    if (r == 0){                            //落子成功
#36.        CClientDC dc(this);
#37.        m_Manager.Show(&dc);                //显示所有落子
#38.        if (m_Manager.GameOver()){          //判断游戏是否结束
#39.            KillTimer(1);                    //关闭游戏计时
#40.            CString csTemp;
#41.            if (m_Manager.GetWinner() == WHITE)//取得获胜方
#42.                csTemp.Format("白方胜!");
#43.            else
#44.                csTemp.Format("黑方胜!");
#45.            m_bState = false;
#46.            CClientDC dc(this);
#47.            CFont *pOldFont=dc.SelectObject(&m_FontOver);//设置输出字体
#48.            int OldBkMode = dc.GetBkMode();     //取得文字背景模式
#49.            COLORREF OldColor,NewColor1= RGB(60, 60, 60),NewColor2 =
                 RGB(250, 50, 50);
#50.            dc.SetBkMode(TRANSPARENT);          //设置文字输出背景透明
#51.            OldColor = dc.SetTextColor(NewColor1); //设置文字阴影颜色
#52.            dc.TextOut(158, 208, csTemp);        //输出文字阴影
#53.            dc.SetTextColor(NewColor2);          //设置文字颜色
```

```
#54.              dc.TextOut(150, 200, csTemp);              //输出文字
#55.              dc.SetTextColor(OldColor);                 //恢复文字颜色
#56.              dc.SetBkMode(OldBkMode);                   //恢复文字背景模式
#57.              dc.SelectObject(pOldFont);                 //恢复文字字体
#58.          }
#59.      }
#60.      if (r == 1)                                        //返还1,说明不在交叉点附近
#61.          AfxMessageBox("请在棋盘交叉点落子!");
#62.      else if (r == 2)                                   //返还2,说明该处已有落子
#63.          AfxMessageBox("不可以重复落子!");
#64.      CDialogEx::OnLButtonUp(nFlags, point);
#65. }
#66. bool CFiveInARowDlg::NewGame(int x,int y){              //判断开始新游戏
#67.      int x0=35, y0=150, x1=200, y1=185;                 //设置接受区域
#68.      if ((x >= x0 && x <= x1)&&(y >= y0 && y <= y1)){    //在接受区域内单击
#69.          m_Manager.NewGame();                           //开始新游戏
#70.          Invalidate();                                  //让系统发送WM_PAINT消息
#71.          m_iTime = 0;                                   //计时重新从0开始
#72.          SetTimer(1, 1000, NULL);                       //创建计时器
#73.          m_bState = true;                               //设置游戏状态开始
#74.          return true;
#75.      }
#76.      return false;
#77. }
#78. bool CFiveInARowDlg::About(int x, int y){               //判断显示游戏说明
#79.      int x0 = 35, y0 = 70, x1 = 200, y1 = 95;           //设置接受区域
#80.      if ((x >= x0 && x <= x1)&&(y >= y0&& y <= y1)){     //在接受区域内单击
#81.          CAboutDlg dlg;                                 //创建游戏说明对话框
#82.          dlg.DoModal();                                 //显示游戏说明对话框
#83.          return true;
#84.      }
#85.      return false;
#86. }
#87. void CFiveInARowDlg::OnTimer(UINT_PTR nIDEvent){        //游戏计时器消息
#88.      switch (nIDEvent){
#89.      case 1:{
#90.          CClientDC dc(this);
#91.          CFont    *pOldFont;
#92.          pOldFont = dc.SelectObject(&m_FontTimer);      //选择计时字体
#93.          m_iTime++;                                     //计时
#94.          CString csTemp;
#95.          csTemp.Format("%04d ", m_iTime);
#96.          COLORREF OldColor, NewColor = RGB(150, 50, 50);//计时输出颜色
#97.          OldColor = dc.SetTextColor(NewColor);          //设置计时输出颜色
#98.          dc.TextOut(725,20, csTemp);                    //输出计时信息
#99.          dc.SetTextColor(OldColor);                     //恢复文字颜色
#100.         dc.SelectObject(pOldFont);                     //恢复文字输出字体
#101.         break;
#102.         }
#103.     }
#104.     CDialogEx::OnTimer(nIDEvent);
```

#105. }

4. 思考

（1）修改案例程序，如何实现悔棋功能？

（2）修改案例程序，如何实现游戏中存盘、恢复功能？

（3）修改案例程序，如何实现对玩家分别计时功能？

（4）如何添加智能算法实现人机对弈功能？

15.5.2 综合案例——绘图软件制作

1. 实验目的

（1）熟练运用 CDC 绘图功能。

（2）熟练运用 GDI 对象。

（3）熟练运用鼠标消息。

（4）掌握 MFC 文件对话框的用法。

（5）熟练运用 MFC 框架程序开发软件。

2. 实验内容

（1）创建 MFC 对话框框架程序 Draw。

（2）根据实验需求创建 UI 资源。

（3）创建自定义数据结构存储图形，图形的尺寸单位为毫米。

（4）创建自定义类完成图形处理功能。

（5）修改 MFC 框架程序，实现一个简单的绘图软件，该软件运行效果如图 15-13 所示。

图 15-13

（6）用 AutoCad 或 CorelDraw 等专业绘图软件制作图形，用 Draw 打开这些软件创建的图形文件，实现对这些图形的编辑、修改功能如图 15-14 和图 15-15 所示。

图　15-14

图　15-15

3. 实验步骤
（1）使用 VC++新建项目 Draw。
（2）修改项目的 UI 资源如图 15-16 所示。

基于 MFC 的 Windows 编程

图 15-16

（3）为每个按钮控件设置 ID 从上到下依次如下：IDC_NEW，IDC_OPEN，IDC_SAVE，IDC_SAVE_AS，IDC_DRAW，IDC_SEL，IDC_DEL_POINT，DC_DEL_LINE，IDC_VIEW_POINT，IDC_HIDE_POINT，IDC_ZOOMIN，IDC_ZOOMOUT，IDC_ZOOMDEF，IDC_MUP，IDC_MDOWN，IDC_ML，IDC_MR。

（4）添加 CLine 类，用该类封装一个曲线（本软件用连续线段模拟曲线）的数据和操作。

① 在 CLine 类头文件中添加结构体 SShowState，用来存储当前显示状态信息，struct SShowState 定义如下。

```
#1. struct SShowState                          //显示状态
#2. {
#3.     double   m_r;                           //放大倍率
#4.     int      m_dx;                          //水平移动
#5.     int      m_dy;                          //垂直移动
#6.     bool     m_bViewPoint;                  //是否显示节点
#7. };
```

② 在 CLine 类头文件中添加结构体 SPoint，该结构体封装曲线节点的数据和操作,struct SPoint 定义如下。

```
#1. struct SPoint{
#2.     int      m_sn;                          //序号
#3.     double   m_x;                           //x坐标
#4.     double   m_y;                           //y坐标
#5.     SPoint() {                              //构造函数创建空的节点
```

```
#6.        m_sn = 0;
#7.        m_x = 0;
#8.        m_y = 0; }
#9.        SPoint(int sn, double x, double y) {        //构造函数创建节点并赋值
#10.       m_sn = sn;
#11.       m_x = x;
#12.       m_y = y; }
#13.       static void XY2xy(SPoint &point, SPoint p0, SShowState state){
                                                         //坐标转换
#14.       point.m_x /= state.m_r;                       //计算缩放
#15.       point.m_y /= state.m_r;                       //计算缩放
#16.       p0.m_y /= state.m_r;                          //计算缩放
#17.       p0.m_x /= state.m_r;                          //计算缩放
#18.       point.m_x -= p0.m_x;                          //计算移动
#19.       point.m_y = p0.m_y - point.m_y;               //计算移动
#20.    }
#21.       static void xy2XY(SPoint &point, SPoint p0, SShowState state){
                                                         //坐标转换
#22.       point.m_x *= state.m_r;                       //计算缩放
#23.       point.m_y *= state.m_r;                       //计算缩放
#24.       point.m_x = point.m_x + p0.m_x;               //计算移动
#25.       point.m_y = p0.m_y - point. m_y;              //计算移动
#26.    }
#27. };
```

③ 完善 CLine 类头文件中 CLine 类的声明，该类封装曲线的各项操作，参考代码如下。

```
#1. #define MAX_POINT    8192                    //每条线节点最大数量
#2. class CLine{
#3.     int m_sn;                                //线序号,从1开始
#4.     SPoint *m_pPoint;                         //节点数组
#5.     int m_nPoint;                            //节点数量
#6.     SPoint *m_pCurPoint;                      //当前节点
#7. public:
#8.     CLine(int sn, SPoint &p0);               //构造函数
#9.     ~CLine();                                //析构函数
#10.    int GetNum() { return m_nPoint; }        //取得节点数量
#11.    SPoint GetPoint(int i){return m_pPoint[i];}//取得指定点
#12.    int AddPoint(SPoint &p0);                 //添加一个点,返回点序号
#13.    bool DelPoint();                          //删除一个点,成功返回true
#14.    bool SetCurrent(SPoint p0,int d=3);//根据p0选择当前线、点,d为范围
#15.    void ShowLine(CDC *pDC, SPoint p0, SShowState state);//显示线
#16.    void ShowPoint(CDC*pDC,SPoint p0,SShowState state,int d=2);//显示点
#17.    void ShowCurPoint(CDC*pDC,SPoint p0,SShowState state,int d=3);
                                                 //显示当前点
#18. };
```

基于 MFC 的 Windows 编程

④ 完善 CLine 类的定义（CLine.cpp 文件），参考代码如下。

```
#1.  #include <stdafx.h>
#2.  #include <CLine.h>
#3.  CLine::CLine(int sn, SPoint &p0){
#4.      m_pPoint = new SPoint[MAX_POINT];
#5.      m_pPoint[0] = p0;
#6.      m_pPoint[0].m_sn = 1;
#7.      m_sn = sn;
#8.      m_nPoint = 1;
#9.      m_pCurPoint = NULL;
#10. }
#11. CLine::~CLine(){
#12.     delete[]m_pPoint;
#13. }
#14. int CLine::AddPoint(SPoint &p0){
#15.     m_pPoint[m_nPoint] = p0;
#16.     m_pPoint[m_nPoint].m_sn = m_nPoint - 1;
#17.     m_pCurPoint = &m_pPoint[m_nPoint];
#18.     m_nPoint++;
#19.     return m_nPoint;
#20. }
#21. bool CLine::DelPoint(){
#22.     if (!m_pCurPoint)
#23.         return false;
#24.     for (int i = 0; i < m_nPoint; i++)
#25.         if (m_pCurPoint == &m_pPoint[i])    {
#26.             m_pCurPoint = NULL;
#27.             for (int j = i; j < m_nPoint; j++)
#28.                 m_pPoint[j] = m_pPoint[j + 1];
#29.             m_nPoint--;
#30.             return true;
#31.         }
#32.     return false;
#33. }
#34. bool CLine::SetCurrent(SPoint p0, int d){
#35.     for (int i = 0; i < m_nPoint; i++){
#36.         if (m_pPoint[i].m_x >= p0.m_x-d && m_pPoint[i].m_y > p0.m_y - d
#37.             && m_pPoint[i].m_x<=p0.m_x+d && m_pPoint[i].m_y<=p0.m_y+d){
#38.             m_pCurPoint = &m_pPoint[i];
#39.             return true;
#40.         }
#41.     }
#42.     return false;
#43. }
```

```
#44. void CLine::ShowLine(CDC *pDC, SPoint p0, SShowState state){
#45.    if (m_nPoint >= 2)  {
#46.        SPoint tPoint = m_pPoint[0];
#47.        SPoint::xy2XY(tPoint, p0, state);
#48.        pDC->MoveTo(tPoint.m_x + state.m_dx, tPoint.m_y - state.m_dy);
#49.        for (int i = 1; i < m_nPoint; i++){
#50.            tPoint = m_pPoint[i];
#51.            SPoint::xy2XY(tPoint, p0, state);
#52.            pDC->LineTo(tPoint.m_x + state.m_dx, tPoint.m_y - state.m_dy);
#53.        }
#54.    }
#55. }
#56. void CLine::ShowPoint(CDC *pDC, SPoint p0, SShowState state, int d){
#57.    SPoint tPoint;
#58.    for (int i = 0; i < m_nPoint; i++){
#59.        tPoint = m_pPoint[i];
#60.        SPoint::xy2XY(tPoint, p0, state);
#61.        pDC->Rectangle(tPoint.m_x + state.m_dx - d, tPoint.m_y - state.
                m_dy-d, tPoint.m_x + state.m_dx + d, tPoint.m_y - state.m_dy+d);
#62.    }
#63. }
#64. void CLine::ShowCurPoint(CDC*pDC,SPoint p0,SShowState state,int d){//显示点
#65.    if (m_pCurPoint){
#66.        SPoint tPoint;
#67.        tPoint = *m_pCurPoint;
#68.        SPoint::xy2XY(tPoint, p0, state);
#69.        pDC->Rectangle(tPoint.m_x + state.m_dx - d, tPoint.m_y - state.
                m_dy-d, tPoint.m_x + state.m_dx+d,tPoint.m_y - state.m_dy + d);
#70.    }
#71. }
```

（5）添加 CData 类，封装整个图形（可包含若干条曲线）的操作。

① 完善 CData 类的声明（CData.h 文件），参考代码如下。

```
#1. #pragma once
#2. #include<CLine.h>
#3. #define MAX_LINE 1024              //一个图形最多1024个曲线
#4. class CData{
#5.    CLine *m_pLine[MAX_LINE];
#6.    int  m_nLine;
#7.    CLine  *m_pCurLine;            //当前线
#8. public:
#9.    CData();
#10.   ~CData();
#11.   int GetNum() { return m_nLine; }
#12.   int AddLine(SPoint p0);        //添加一条新线返回该线序号
```

```
#13.     int AddPoint(SPoint p0,int sn=0);//为指定线添加一个点,sn=0默认当前线
#14.     bool SetCurrent(SPoint p0,int d=3);//选择当前线、点
#15.     void EndLine() { m_pCurLine = nullptr; }
#16.     bool DelLine();
#17.     bool DelPoint();
#18.     void ShowLine(CDC *pDC,SPoint p0, SShowState state);
#19.     void ShowCurLine(CDC *pDC, SPoint p0, SShowState state);
#20.     void ShowPoint(CDC *pDC, SPoint p0, SShowState state,int d=2);
#21.     void ShowCurPoint(CDC *pDC, SPoint p0, SShowState state, int d = 3);
#22.     bool ReadPlt(const char * szFname);       //从PLT文件读入图形
#23.     bool WritePlt(const char * szFname);      //将图形数据写入PLT文件
#24.     void Clear();                             //清空数据
#25. };
```

② 完善 CData 类的定义（CData. cpp 文件），参考代码如下：

```
#1. include <stdafx.h>
#2. #include <CData.h>
#3. CData::CData(){
#4.     m_nLine=0;
#5. }
#6. CData::~CData(){
#7.     Clear();
#8. }
#9. int CData::AddLine(SPoint p0){          // 添加一条新线返回该线序号
#10.    m_pLine[m_nLine] = new CLine(m_nLine,p0);
#11.    m_pCurLine = m_pLine[m_nLine];      //新线为当前线
#12.    m_nLine++;
#13.    return m_nLine-1;
#14. }
#15. int CData::AddPoint(SPoint p0, int sn){//为指定线添加一个点,返回点序号
#16.    if (sn)
#17.        return m_pLine[sn - 1]->AddPoint(p0);
#18.    else if (m_pCurLine){
#19.        return m_pCurLine->AddPoint(p0);
#20.    }
#21.    else    {
#22.        AddLine(p0);
#23.        return p0.m_sn;
#24.    }
#25. }
#26. bool CData::SetCurrent(SPoint p0, int d){ //选择当前线,点
#27.    for (int i = 0; i < m_nLine; i++){
#28.        if (m_pLine[i]->SetCurrent(p0,d)){
#29.            m_pCurLine = m_pLine[i];
#30.            return true;
```

```
#31.            }
#32.        }
#33.     return false;
#34. }
#35. void CData::ShowLine(CDC *pDC, SPoint p0, SShowState state){
#36.     for (int i = 0; i < m_nLine; i++)
#37.         m_pLine[i]->ShowLine(pDC, p0, state);
#38. }
#39. void CData::ShowCurLine(CDC *pDC, SPoint p0, SShowState state){
#40.     if(m_pCurLine)
#41.         m_pCurLine->ShowLine(pDC, p0, state);
#42. }
#43. bool  CData::DelLine(){
#44.     if (!m_pCurLine)
#45.         return false;
#46.     for (int i = 0; i < m_nLine; i++)
#47.         if (m_pCurLine == m_pLine[i]){
#48.             delete m_pCurLine;
#49.             m_pCurLine = NULL;
#50.             for (int j = i; j < m_nLine; j++){
#51.                 m_pLine[j] = m_pLine[j + 1];
#52.             }
#53.             m_pLine[m_nLine - 1] = NULL;
#54.             m_nLine--;
#55.             return true;
#56.         }
#57.     return false;
#58. }
#59. void CData::ShowPoint(CDC *pDC, SPoint p0, SShowState state, int d){
#60.     for (int i = 0; i < m_nLine; i++)
#61.         m_pLine[i]->ShowPoint(pDC, p0, state, d);
#62. }
#63. void CData::ShowCurPoint(CDC *pDC, SPoint p0, SShowState state, int d){
#64.     if (m_pCurLine)
#65.         m_pCurLine->ShowCurPoint(pDC, p0, state, d);
#66. }
#67. bool CData::DelPoint(){
#68.     if (!m_pCurLine)
#69.         return false;
#70.     return m_pCurLine->DelPoint();
#71. }
#72. bool CData::ReadPlt(const char * szFname){
#73.     FILE *plt;
#74.     if (fopen_s(&plt, szFname, "rt"))
#75.         return false;
```

```
#76.        Clear();
#77.        char  cBuf[256];                    //保存文件的一行
#78.        int x, y;                           //读入PLT点坐标
#79.        while (!feof(plt)) {
#80.            fgets(cBuf, sizeof(cBuf), plt);
#81.            if (strstr(cBuf, "PU")){     //开始新线
#82.                EndLine();
#83.                sscanf_s(cBuf, "PU%d%d", &x, &y);
#84.            }
#85.            else if (strstr(cBuf, "PD")){
#86.                sscanf_s(cBuf, "PD%d%d", &x, &y);
#87.            }
#88.            else
#89.                continue;
#90.            AddPoint(SPoint(0,x / 40.0, y / 40.0));//转为毫米
#91.        }
#92.        EndLine();
#93.        fclose(plt);
#94.        return true;
#95.  }
#96.  bool CData::WritePlt(const char * szFname){
#97.      FILE *fp;
#98.      if (fopen_s(&fp, szFname, "wt"))
#99.          return false;
#100.       fprintf(fp, "IN;\n");
#101.       for (int i = 0; i < m_nLine; i++){
#102.           fprintf(fp, "SP1;\n");
#103.           fprintf(fp, "PU%d %d;\n", (int)(m_pLine[i]->GetPoint(0).
               m_x * 40), (int)(m_pLine[i]->GetPoint(0).m_y * 40));
#104.           for (int j = 1; j < m_pLine[i]->GetNum(); j++) {
#105.               fprintf(fp,"PD%d %d;\n",  (int)(m_pLine[i]->GetPoint
                   (j).m_x * 40),(int)(m_pLine[i]->GetPoint(j).m_y*40));
#106.           }
#107.       }
#108.       fprintf(fp, "SP0;\n");
#109.       fclose(fp);
#110.       return true;
#111.  }
#112.  void CData::Clear(){                    // 清空数据
#113.      for (int i = 0; i < m_nLine; i++)
#114.          delete m_pLine[i];
#115.      m_nLine = 0;
#116.      m_pCurLine = nullptr;
#117.  }
```

（6）完善 CDrawDlg 对话框类，实现消息处理及显示功能。

① 在 CDrawDlg 类声明（在 DrawDlg．h 文件中）添加必要的数据成员和成员函数，参考代码如下。

```
#1.  #pragma once
#2.  #include<CData.h>
#3.  // CDrawDlg 对话框
#4.  class CDrawDlg : public CDialogEx{
#5.  …
#6.      int m_w;                                    //对话框窗口宽度
#7.      int m_h;                                    //对话框窗口高度
#8.      int m_x1;                                   //绘图区域左上角物理坐标x
#9.      int m_y1;                                   //绘图区域左上角物理坐标y
#10.     int m_x2;                                   //绘图区域右下角物理坐标x
#11.     int m_y2;                                   //绘图区域右下角物理坐标y
#12.     SShowState   m_StateShow;                   //当前显示状态
#13.     bool         m_bDraw;                       //true绘图,false选择
#14.     CData        m_Data;                        //数据处理对象
#15.     CString      m_csFilePath;                  //当前文件路径
#16.     CFont        m_Font;                        //当前字体
#17.     COLORREF     m_ColorLine;                   //画线颜色
#18.     COLORREF     m_ColorPoint;                  //画点颜色
#19.     COLORREF     m_ColorLineCur;                //当前线颜色
#20.     COLORREF     m_ColorPointCur;               //当前点颜色
#21. public:
#22.     afx_msg void OnLButtonUp(UINT nFlags, CPoint point);//鼠标左键弹起消息
#23.     afx_msg void OnRButtonDown(UINT nFlags,CPoint point);//鼠标右键按键消息
#24.     afx_msg void OnMouseMove(UINT nFlags, CPoint point);//鼠标移动消息
#25.     afx_msg void OnBnClickedNew();                      //新建图形
#26.     afx_msg void OnBnClickedOpen();                     //打开文件
#27.     afx_msg void OnBnClickedSave();                     //保存文件
#28.     afx_msg void OnBnClickedSaveAs();                   //文件另存
#29.     afx_msg void OnBnClickedZoomin();                   //显示放大
#30.     afx_msg void OnBnClickedZoomout();                  //显示缩小
#31.     afx_msg void OnBnClickedZoomdef();                  //显示1:1
#32.     afx_msg void OnBnClickedMup();                      //显示上移
#33.     afx_msg void OnBnClickedMdown();                    //显示下移
#34.     afx_msg void OnBnClickedMl();                       //显示左移
#35.     afx_msg void OnBnClickedMr();                       //显示右移
#36.     afx_msg void OnBnClickedViewPoint();                //显示节点
#37.     afx_msg void OnBnClickedHidePoint();                //隐藏节点
#38.     afx_msg void OnBnClickedDraw();                     //绘图状态
#39.     afx_msg void OnBnClickedSel();                      //选择状态
#40.     afx_msg void OnBnClickedDelPoint();                 //删除节点
#41.     afx_msg void OnBnClickedDelLine();                  //删除线
```

```
#42.     void ShowStatus(CDC *pDC);                    //显示状态信息
#43.     void Draw(CDC *pDC);                          //绘制图形
#44. };
```

② 完善 CDrawDlg 类的定义（在 DrawDlg．cpp 文件中），参考代码如下。

```
#1. // CDrawDlg 对话框
#2. CDrawDlg::CDrawDlg(CWnd* pParent /*=nullptr*/): CDialogEx(IDD_DRAW_
    DIALOG, pParent){
#3.     m_w = 1024;
#4.     m_h = 720;
#5.     m_x1=100;
#6.     m_y1=10;
#7.     m_x2=m_w-20;
#8.     m_y2=m_h-70;
#9.     m_StateShow.m_r = 1.0;                         //放大倍率
#10.    m_StateShow.m_dx = 0;                          //水平移动
#11.    m_StateShow.m_dy = 0;                          //垂直移动
#12.    m_StateShow.m_bViewPoint = true;              //显示节点
#13.    m_ColorLine=RGB(127, 255, 127);               //亮绿色
#14.    m_ColorPoint = RGB(255, 0, 255);              //黄色
#15.    m_ColorLineCur = RGB(255, 127, 255);          //亮黄色
#16.    m_ColorPointCur = RGB(255, 255, 255);         //黄色
#17.    m_bDraw = true;
#18.    m_hIcon = AfxGetApp()->LoadIcon(IDR_MAINFRAME);
#19. }
#20. BOOL CDrawDlg::OnInitDialog()
#21. {
#22. …
#23.    SetWindowPos(NULL, 0, 0, m_w, m_h, SWP_NOZORDER | SWP_NOMOVE);
#24.    m_Font.CreatePointFont(105, "黑体", NULL);
#25.    GetDlgItem(IDC_SAVE)->EnableWindow(false);
#26.    return TRUE;  // 除非将焦点设置到控件,否则返回 TRUE
#27. }
#28. void CDrawDlg::OnPaint(){
#29. …
#30.        CPaintDC dc(this); // 用于绘制的设备上下文
#31.        Draw(&dc);
#32.        ShowStatus(&dc);
#33.        CDialogEx::OnPaint();
#34.    }
#35. }
#36. void CDrawDlg::Draw(CDC *pDC){
#37.    CBrush *pOldBrush, BrushBk(RGB(0, 0, 0));
#38.    pOldBrush = pDC->SelectObject(&BrushBk);
#39.    pDC->Rectangle(m_x1, m_y1, m_x2, m_y2);
```

```
#40.      pDC->SelectObject(pOldBrush);
#41.      CPen *pOldPen;
#42.      CPen NewPen(PS_SOLID, 1, m_ColorLine);
#43.      pOldPen = pDC->SelectObject(&NewPen);
#44.      m_Data.ShowLine(pDC, SPoint(0, m_x1, m_y2),m_StateShow);
#45.      CPen NewPenCur(PS_SOLID, 1, m_ColorLineCur);
#46.      pDC->SelectObject(&NewPenCur);
#47.      m_Data.ShowCurLine(pDC, SPoint(0, m_x1, m_y2), m_StateShow);
#48.      if (m_StateShow.m_bViewPoint){
#49.          CPen NewPen(PS_SOLID, 1, m_ColorPoint);
#50.          pDC->SelectObject(&NewPen);
#51.          m_Data.ShowPoint(pDC, SPoint(0, m_x1, m_y2), m_StateShow);
#52.          CPen NewPenCur(PS_SOLID, 1, m_ColorPointCur);
#53.          pDC->SelectObject(&NewPenCur);
#54.          m_Data.ShowCurPoint(pDC, SPoint(0, m_x1, m_y2), m_StateShow);
#55.      }
#56.      pDC->SelectObject(pOldPen);
#57. }
#58. void CDrawDlg::OnLButtonUp(UINT nFlags, CPoint point){
#59.      if (point.x <= m_x1 || point.x >= m_x2 || point.y <= m_y1 || point.y
         >= m_y2)
#60.          return;
#61.      point.x -= m_StateShow.m_dx;
#62.      point.y += m_StateShow.m_dy;
#63.      SPoint tPoint = { 0,(double)point.x, (double)point.y };
#64.      SPoint::XY2xy(tPoint, SPoint(0, m_x1,m_y2),m_StateShow);
#65.      if (m_bDraw)
#66.          m_Data.AddPoint(tPoint);
#67.      else
#68.          m_Data.SetCurrent(tPoint);
#69.      CClientDC  dc(this);
#70.      Draw(&dc);
#71.      ShowStatus(&dc);
#72.      CDialogEx::OnLButtonUp(nFlags, point);
#73. }
#74. void CDrawDlg::OnRButtonDown(UINT nFlags, CPoint point){
#75.      // TODO: 在此添加消息处理程序代码和/或调用默认值
#76.      m_Data.EndLine();
#77.      CDialogEx::OnRButtonDown(nFlags, point);
#78. }
#79. void CDrawDlg::OnBnClickedOpen(){
#80.      char szFilter[] = "HPGL Plotter files (*.PLT)|*.plt|Text files(*.
         txt)|*.txt||";
#81.      CFileDialog dlg(TRUE, NULL, NULL, OFN_HIDEREADONLY | OFN_
         OVERWRITEPROMPT,szFilter);
```

```
#82.     if (dlg.DoModal() == IDOK){
#83.         m_csFilePath = dlg.GetPathName();
#84.         m_Data.ReadPlt(dlg.GetPathName());
#85.         GetDlgItem(IDC_SAVE)->EnableWindow(true);
#86.
#87.         Invalidate();
#88.     }
#89. }
#90. void CDrawDlg::OnBnClickedSave(){
#91.     m_Data.WritePlt(m_csFilePath);
#92.     AfxMessageBox("文件保存成功!");
#93. }
#94. void CDrawDlg::OnBnClickedSaveAs(){
#95.     char szFilter[] = "HPGL Plotter files(*.plt)|*.plt|Text files
         (*.txt)|*.txt|| ";
#96.     CFileDialog dlg(FALSE,"plt",NULL,OFN_HIDEREADONLY | OFN_OVERWRITEPROMPT,
         szFilter);
#97.     if (dlg.DoModal() == IDOK){
#98.         m_csFilePath = dlg.GetPathName();
#99.         m_Data.WritePlt(dlg.GetPathName());
#100.        AfxMessageBox("文件保存成功!");
#101.        CClientDC dc(this);
#102.        ShowStatus(&dc);
#103.     }
#104. }
#105.    void CDrawDlg::OnMouseMove(UINT nFlags,CPoint point){//输出光标坐标
#106.        CString csString;
#107.        SPoint tPoint(0,point.x, point.y);
#108.        SPoint::XY2xy(tPoint, SPoint(0, 105, m_h - 70), m_StateShow);
#109.        csString.Format("x=%04d,y=%04d",(int)tPoint.m_x-m_StateShow.
            m_dx,(int)tPoint.m_y- m_StateShow.m_dy);
#110.        CClientDC  dc(this);
#111.        dc.TextOut(m_w-140, m_h-65, csString);
#112.        CDialogEx::OnMouseMove(nFlags, point);
#113.    }
#114.    void CDrawDlg::OnBnClickedNew(){
#115.        m_csFilePath = "";
#116.        GetDlgItem(IDC_SAVE)->EnableWindow(false);
#117.        m_Data.Clear();
#118.        Invalidate();
#119.        CClientDC dc(this);
#120.        ShowStatus(&dc);
#121.    }
#122.    void CDrawDlg::ShowStatus(CDC *pDC){
#123.        CString csString;
```

```
#124.        csString.Format("图形总数:%04d;放大倍率:%0.2f;横向偏移:%04d;
                纵向偏移:%04d;文件路径:%s",m_Data.GetNum(), m_StateShow.m_r,
         m_StateShow.m_dx, m_StateShow.m_dy, m_csFilePath);
#125.        CFont  *pOldFont = pDC->SelectObject(&m_Font);
#126.        pDC->TextOut(10, m_h - 62, csString);
#127.        pDC->SelectObject(pOldFont);
#128.    }
#129.    void CDrawDlg::OnBnClickedZoomin(){
#130.        m_StateShow.m_r *= 1.2;
#131.        Invalidate();
#132.    }
#133.    void CDrawDlg::OnBnClickedZoomout(){
#134.        m_StateShow.m_r *= 0.8;
#135.        Invalidate();
#136.    }
#137.    void CDrawDlg::OnBnClickedZoomdef(){
#138.        m_StateShow.m_r = 1.0;
#139.        Invalidate();
#140.    }
#141.    void CDrawDlg::OnBnClickedMup(){
#142.        m_StateShow.m_dy += 100;
#143.        Invalidate();
#144.    }
#145.    void CDrawDlg::OnBnClickedMdown(){
#146.        m_StateShow.m_dy -= 100;
#147.        Invalidate();
#148.    }
#149.    void CDrawDlg::OnBnClickedMl(){
#150.        m_StateShow.m_dx -= 100;
#151.        Invalidate();
#152.    }
#153.    void CDrawDlg::OnBnClickedMr(){
#154.        m_StateShow.m_dx += 100;
#155.        Invalidate();
#156.    }
#157.    void CDrawDlg::OnBnClickedViewPoint(){
#158.        GetDlgItem(IDC_VIEW_POINT)->EnableWindow(false);
#159.        GetDlgItem(IDC_HIDE_POINT)->EnableWindow(true);
#160.        m_StateShow.m_bViewPoint = true;
#161.        Invalidate();
#162.    }
#163.    void CDrawDlg::OnBnClickedHidePoint(){
#164.        GetDlgItem(IDC_HIDE_POINT)->EnableWindow(false);
#165.        GetDlgItem(IDC_VIEW_POINT)->EnableWindow(true);
#166.        m_StateShow.m_bViewPoint = false;
```

基于 MFC 的 Windows 编程

```
#167.        Invalidate();
#168.    }
#169.    void CDrawDlg::OnBnClickedDraw(){
#170.        GetDlgItem(IDC_DRAW)->EnableWindow(false);
#171.        GetDlgItem(IDC_SEL)->EnableWindow(true);
#172.        m_bDraw = true;
#173.    }
#174.    void CDrawDlg::OnBnClickedSel(){
#175.        GetDlgItem(IDC_SEL)->EnableWindow(false);
#176.        GetDlgItem(IDC_DRAW)->EnableWindow(true);
#177.        m_bDraw = false;
#178.    }
#179.    void CDrawDlg::OnBnClickedDelPoint(){
#180.        m_Data.DelPoint();
#181.        Invalidate();
#182.    }
#183.    void CDrawDlg::OnBnClickedDelLine(){
#184.        m_Data.DelLine();
#185.        Invalidate();
#186.    }
```

4. 思考

（1）修改案例程序，如何实现在用户退出程序时提示保存修改后的图形？

（2）修改案例程序，如何实现移动移动节点的功能？

（3）修改案例程序，如何实现移动移动线的功能？

（4）修改案例程序，如何实现移动插入节点的功能？

（5）修改案例程序，如何实现用鼠标滚轮缩放显示的功能？

（6）修改案例程序，如何实现用鼠标拖动图形显示的功能？

（7）修改案例程序，如何防止图形显示超过绘图区域的边界？

（8）修改案例程序，如何实现用鼠标单击曲线也可以选择指定线的功能？

第 16 章　编程技术基础

16.1　知识要点

16.1.1　基本数据结构与算法

1. 算法、算法时间复杂度及算法空间复杂度的概念

（1）算法

算法是指解题方案准确而完整的描述。

算法一般应具有以下几个基本特征。

① 可行性；

② 确定性；

③ 有穷性；

④ 拥有足够的信息。

（2）算法时间复杂度

算法时间复杂度是指执行算法所需要的计算工作量。

算法的工作量用算法所执行的基本运算次数来度量，而算法所执行的基本运算次数是问题规模的函数，即：

$$算法的工作量=f(n)$$

其中 n 是问题的规模。

（3）算法空间复杂度

算法空间复杂度一般是指执行这个算法所需要的内存空间。

一个算法所占用的存储空间，包括算法程序所占的空间、输入的初始数据所占的存储空间，以及算法执行过程中所需要的额外空间。其中额外空间包括算法程序执行过程中的工作单元以及某种数据结构所需要的附加存储空间。

2. 数据结构的定义、数据逻辑结构与存储结构、线性结构与非线性结构

（1）数据结构的定义

数据结构作为计算机的一门学科，主要研究和讨论以下 3 个方面的问题：

① 数据集合中各数据元素之间所固有的逻辑关系，即数据的逻辑结构；

② 在对数据进行处理时，各数据元素在计算机中的存储关系，即数据的存储结构；

③ 对各种数据结构进行的运算。

（2）数据的逻辑结构和存储结构

数据的逻辑结构是指反映数据元素之间逻辑关系的数据结构。

数据的逻辑结构在计算机存储空间中的存放形式称为数据的存储结构（也称数据的物理结构）。

（3）线性结构与非线性结构

如果一个非空的数据结构满足下列两个条件：

① 有且只有一个根节点；

② 每一个节点最多有一个前件，也最多有一个后件；

则称该数据结构为线性结构。线性结构又称线性表。后面讨论的线性表、栈、队列都属于线性结构。

如果一个数据结构不是线性结构，则称为非线性结构。

3. 线性表及其顺序存储结构、顺序表的插入与删除运算

（1）什么是线性表

线性表是由 n（n≥0）个数据元素 a_1，a_2，…，a_n 组成的一个有限序列，表中的每一个数据元素，除了第一个外，有且只有一个前件；除了最后一个外，有且只有一个后件。线性表或是一个空表，或可以表示为

$$(a_1, a_2, \cdots, a_i, \cdots, a_n)$$

其中 a_i（i=1，2，…，n）是属于数据对象的元素，通常也称其为线性表中的一个节点。

显然，线性表是一种线性结构。数据元素在线性表中的位置只取决于它们自己的序号，即数据元素之间的相对位置是线性的。

（2）线性表的顺序存储结构

线性表的顺序存储是指用一组地址连续的存储单元依次存储线性表中的各个元素，通过数据元素物理存储的相邻关系，来反映数据元素之间逻辑上的相邻关系。采用顺序存储结构的线性表通常称为顺序表。

假设线性表中第一个元素的地址为 $ADR(a_1)$，每个元素占 k 个单元，线性表中第 i 个元素 a_i 在计算机中的存储地址为 $ADR(a_i)$：

$$ADR(a_i)=ADR(a_1)+(i-1)*k$$

（3）顺序表的基本运算

① 线性表的插入运算是指，在表的第 i（1≤i≤n+1）个位置，插入一个新元素 x，使长度为 n 的线性表（a_1，…，a_{i-1}，a_i，…，a_n）变成长度为 n+1 的线性表（a_1，…，a_{i-1}，x，a_i，…，a_n）。

② 线性表的删除运算是指，将表的第 i（1≤i≤n）个元素删去，使长度为 n 的线性表（a_1，…，a_{i-1}，a_i，a_{i+1}，…，a_n），变成长度为 n-1 的线性表（a_1，…，a_{i-1}，a_{i+1}，…，a_n）。

4. 栈和队列的定义、栈和队列的顺序存储结构及其基本运算

（1）栈的定义和基本运算

栈（stack）是一种特殊的线性表，其插入与删除运算只允许在线性表的一端进行。在栈中允许插入与删除的一端为栈顶（top），而另一端称为栈底（bottom）。位于栈顶和栈底的元素分别称为顶元和底元。当表中没有元素时，称为空栈。

栈的基本运算有 3 种：入栈、退栈与读栈顶元素。

（2）队列的定义和基本运算

队列（queue）是另一种特殊的线性表。在这种表中，删除运算限定在表的一端进行，

而插入运算则限定在表的另一端进行。约定把允许插入的一端称为队尾（rear），把允许删除的一端称为队首（front）。位于队首和队尾的元素分别称为队首元素和队尾元素。

队列主要有两种基本运算：入队运算与退队运算。

5. 线性单链表、双向链表与循环链表的结构及其基本运算

（1）线性单链表

线性表的链式存储结构称为线性链表。

在链式存储方式中，要求每个节点由两部分组成：一部分用于存放数据元素值，称为数据域；另一部分用于存放指针，称为指针域。其中指针用于指向该节点的前一个或后一个节点（即前件或后件）。

线性单链表中，每一个节点只有一个指针域，由这个指针只能找到后件节点，但不能找到前件节点。

（2）双向链表

对线性链表中的每个节点设置两个指针，一个（next）指向该节点的后件节点，另一个指针（prior）指向它的前件节点。这样的线性链表称为双向链表。

（3）循环链表

循环链表的结构与前面所讨论的线性表相比，具有以下两个特点：

① 在循环链表中增加了一个表头节点，其数据域为任意值或者根据需要来设置，指针域指向线性表的第一个元素的节点。循环链表的头指针指向表头节点。

② 循环链表中最后一个节点的指针域不为空，而是指向表头节点。即在循环链表中，所有节点的指针构成了一个环状链。

（4）线性链表的基本运算

线性链表的基本运算有查找、插入与删除。

6. 树的概念、二叉树的定义及其存储结构、二叉树的遍历

1）树的基本概念

树（tree）是一种简单的非线性结构。在树结构中，每一个节点只有一个前件，称为父节点，没有前件的节点只有一个，称为树的根节点。每一个节点可以有多个后件，它们称为该节点的子节点。没有后件的节点称为叶子节点。

在树结构中，一个节点所拥有的后件个数称为该节点的度。叶子节点的度为 0。在树中，所有节点中的最大的度称为树的度。

2）二叉树的定义及其存储结构

二叉树是一种很有用的非线性结构。它不同于前面介绍的树的结构，但与树结构很相似，并且树结构的所有术语都可以用到二叉树这种数据结构上。

二叉树（Binary Tree）具有以下两个特点。

（1）非空二叉树只有一个根节点；

（2）每个节点最多有两棵子树，且分别称为该节点的左子树与右子树。

在计算机中，二叉树通常采用链式存储结构。

与线性链表类似，用于存储二叉树中各元素的存储节点也由两部分组成：数据域与指针域。但在二叉树中，由于每一个元素可以有两个后件（即两个子节点），因此，用于存储二叉树的存储节点的指针域有两个：一个用于指向该节点的左子节点的存储地址，称为左指针域；另一个用于指向该节点的右子节点的存储地址，称为右指针域。

3）二叉树的性质

二叉树具有下列重要性质：

性质 1：二叉树的第 i（i≥1）层上至多有 2^{i-1} 个节点。

性质 2：深度为 d（d≥1）的二叉树至多有 2^d-1 个节点。

性质 3：对于任一非空二叉树 T，若其叶子数为 n_0，度为 2 的节点数为 n_2，则有 $n_0=n_2+1$。

性质 4：具有 n 个节点的二叉树，其深度至少为$[\log_2 n]+1$，其中$[\log_2 n]$表示取 $\log_2 n$ 的整数部分。

性质 5：具有 n 个节点的完全二叉树的深度为$[\log_2 n]+1$。

性质 6：如果对一棵具有 n 个节点的完全二叉树按层次给各个节点编号，则对于编号为 i（1≤i≤n）的节点有：

① 若 i=1，则 i 是根节点，无父节点；若 i>1，则 i 的父节点是 INT(i/2)。

② 若 2i≤n，则 i 的左子节点为 2i；否则 i 无左子节点。

③ 若 2i+1≤n，则 i 的右子节点为 2i+1；否则 i 无右子节点。

4）二叉树的遍历

（1）前序遍历（DLR）

若二叉树为空，则结束返回。否则：

① 访问根结点；

② 前序遍历左子树；

③ 前序遍历右子树。

（2）中序遍历（LDR）

若二叉树为空，则结束返回。否则：

① 中序遍历左子树；

② 访问根节点；

③ 中序遍历右子树。

（3）后序遍历（LRD）

若二叉树为空，则结束返回。否则：

① 后序遍历左子树；

② 后序遍历右子树；

③ 访问根节点。

7. 顺序查找与二分查找算法

（1）顺序查找

顺序查找又称顺序搜索。顺序查找一般是指在线性表中查找指定的元素，其基本方法如下：从线性表的第一个元素开始，依次将线性表中的元素和被查找元素进行比较，若相等则表示找到，即查找成功；若线性表中所有的元素都与被查找元素不相等，则表示线性表中没有要找的元素，即查找失败。

（2）二分查找

二分查找只适用于顺序存储的有序表。在此所说的有序表是指线性表中的元素按值非递减排列（即从小到大，但允许相邻元素值相等）。

设有序线性表的长度为 n，被查找元素为 x，则二分查找的方法如下。

将 x 与线性表的中间项进行比较：若中间项的值等于 x，则说明查找到，查找结束；若 x 小于中间项的值，则在线性表的前半部分（即中间项以前的部分）以相同的方法进行查找；若 x 大于中间项的值，则在线性表的后半部分（即中间项以后的部分）以相同的方法进行查找。这个过程一直进行到查找成功或子表长度为 0（说明线性表中没有这个元素）为止。

8. 交换类排序算法、插入类排序算法、选择类排序算法

（1）交换类排序

交换类排序法是指借助数据元素之间互相交换进行排序的方法。冒泡排序法与快速排序法都属于交换类排序方法。

（2）插入类排序

简单插入排序和希尔排序属于插入类排序法。

（3）选择类排序

简单选择排序和堆排序属于选择类排序法。

16.1.2 程序设计基础

1. 程序设计方法与风格

程序设计的方法和技术的发展，主要经过了结构化程序设计和面向对象的程序设计阶段。

程序设计风格是指编写程序时所表现出的特点、习惯和逻辑思路。程序是由人来编写的，为了测试和维护程序，往往需要阅读和跟踪程序，因此程序设计的风格应该强调简明和清晰，易读易懂，程序必须是可以理解的。著名的"清晰第一，效率第二"的论点已成为当今主导的程序设计风格。

2. 结构化程序设计

（1）结构化程序设计方法的主要原则

结构化程序设计方法的主要原则包括自顶向下、逐步求精、模块化、限制使用 goto 语句。

（2）结构化程序的基本结构与特点

结构化程序设计是程序设计的先进方法和工具。采用结构化程序设计方法编写程序，可使程序结构良好、易读、易理解、易维护。1966 年，Boehm 和 Jacopini 证明了程序设计语言仅使用顺序、选择和循环 3 种基本控制结构，就足以表达出各种其他复杂形式的程序结构。

3. 面向对象的程序设计方法

面向对象方法涵盖对象及对象属性与方法、类、继承、多态性几个基本要素。

（1）对象

通常把对对象的操作也称为方法或服务。

属性即对象所包含的信息，它在设计对象时确定，一般只能通过执行对象的操作来改变。属性值应该指的是纯粹的数据值，而不能指对象。

操作描述了对象执行的功能，若通过消息传递，还可以为其他对象使用。

对象具有如下特征：标识唯一性、分类性、多态性、封装性、模块独立性。

（2）类和实例

类是具有共同属性、共同方法的对象的集合。它描述了属于该对象类型的所有对象的性质，而一个对象则是其对应类的一个实例。

类是关于对象性质的描述，它同对象一样，包括一组数据属性和在数据上的一组合法操作。

（3）消息

消息是实例之间传递的信息，它请求对象执行某一处理或回答某一要求的信息，它统一了数据流和控制流。

一个消息由 3 部分组成：接收消息的对象的名称、消息标识符（消息名）和零个或多个参数。

（4）继承

广义地说，继承是指能够直接获得已有的性质和特征，而不必重复定义它们。

继承分为单继承与多重继承。单继承是指，一个类只允许有一个父类，即类等级为树形结构。多重继承是指，一个类允许有多个父类。

（5）多态性

对象根据所接收的消息而做出动作，同样的消息被不同的对象接收时可导致完全不同的行动，该现象称为多态性。

16.1.3 软件工程基础

1. 软件工程的基本概念、软件生命周期、软件工具与软件开发环境

（1）软件工程的基本概念

在 GB/T11457—2006《信息技术 软件工程术语》中软件工程的定义为：应用计算机科学理论和技术以及工程管理原则和方法，按预算和进度，实现满足用户要求的软件产品的定义、开发、发布和维护的工程或进行研究的学科。

软件工程包括 3 个要素，即方法、工具和过程。

（2）软件生命周期

将软件产品从提出、实现、使用维护到停止使用退役的过程称为软件生命周期。从考虑软件产品的概念开始，到该软件产品不能使用为止的整个时期都属于软件生命周期，一般包括可行性研究与需求分析、设计、编码、测试、交付使用以及维护等活动。

（3）软件开发工具与软件开发环境

软件开发工具的完善和发展将促进软件开发方法的进步和完善，促进软件开发的高速度和高质量。软件开发工具的发展是从单项工具的开发逐步向集成工具发展的，软件开发工具为软件工程方法提供了自动的或半自动的软件支撑环境。

软件开发环境（或称软件工程环境）是全面支持开发全过程的软件工具集合。这些软件工具按照一定的方法或模式组合起来，支持软件生命周期内的各个阶段和各项任务的完成。

2. 结构化分析方法、数据流图、数据字典、软件需求规格说明书

（1）结构化分析方法

结构化方法经过三十多年的发展，已经成为系统、成熟的软件开发方法之一。结构化方法包括已经形成了配套的结构化分析方法、结构化设计方法和结构化编程方法，其核心和基础是结构化程序设计理论。

（2）数据流图

数据流图是描述数据处理过程的工具，是需求理解的逻辑模型的图形表示，它直接支持系统的功能建模。

数据流图从数据传递和加工的角度来刻画数据流从输入到输出的移动变换过程。

（3）数据字典

数据字典是结构化分析方法的核心。数据字典是对所有与系统相关的数据元素的一个有组织的列表，以及精确、严格的定义，使得用户和系统分析员对于输入、输出、存储成分和中间计算结果有共同的理解。

（4）软件需求规格说明书

软件需求规格说明书应重点描述软件的目标，软件的功能需求、性能需求、外部接口、属性及约束条件等。

16.1.4 数据库设计基础

1. 数据库的基本概念

（1）数据库

数据库（Database，DB）是数据的集合，它具有统一的结构形式并存放于统一的存储介质内，是多种应用数据的集成，并可被多个应用程序所共享。

（2）数据库管理系统

数据库管理系统（Database Management System，DBMS）是数据库的机构，它是一种系统软件，负责数据库中的数据组织、数据操纵、数据维护、控制及保护和数据服务等。数据库中的数据是具有海量级的数据，并且其结构复杂，因此需要提供管理工具。数据库管理系统是数据库系统的核心。

（3）数据库系统

数据库系统（Database System，DBS）由如下几部分组成：数据库（数据）、数据库管理系统（软件）、数据库管理人员（人员）、系统平台之一——硬件平台（硬件）、系统平台之二——软件平台（软件）。这五个部分构成了一个以数据库为核心的完整的运行实体。

2. 数据模型、E-R 模型

（1）数据模型

数据模型按不同的应用层次分成 3 种类型，它们是概念数据模型（Conceptual Data Model）、逻辑数据模型（Logic Data Model）、物理数据模型（Physical Data Model）。较为有名的概念模型有 E-R 模型、扩充的 E-R 模型、面向对象模型及谓词模型等。

逻辑数据模型又称数据模型，它是一种面向数据库系统的模型，该模型着重于在数据库系统一级的实现。较为成熟并先后被人们大量使用过的逻辑数据模型有：层次模型、网状模型、关系模型、面向对象模型等。

（2）E-R 模型

长期以来被广泛使用的概念模型是 E-R 模型（Entity-Relationship model），也称为实体-联系模型。

E-R 模型可以用一种非常直观的图的形式表示,这种图称为 E-R 图(Entity-Relationship Diagram)。在 E-R 图中可以用不同的几何图形表示 E-R 模型中的 3 个概念与两个连接关系。

在 E-R 图中用矩形表示实体集,在矩形内写上该实体集的名字;用椭圆形表示属性,在椭圆形内写上该属性的名称;在 E-R 图中用菱形(里面写上联系名)表示联系。

3. 关系代数运算

(1)插入(集合并);

(2)删除(集合差);

(3)修改;

(4)投影(Projection)运算;

(5)选择(Selection)运算;

(6)连接运算。

4. 数据库设计方法和步骤

(1)数据库设计的需求分析

需求分析阶段的任务是通过详细调查现实世界要处理的对象(组织、部门、企业等),充分了解原系统的工作概况,明确用户的各种需求,然后在此基础上确定新系统的功能。

分析和表达用户的需求,经常采用的方法有结构化分析方法和面向对象的方法。结构化分析(Structured Analysis,SA)方法采用自顶向下、逐层分解的方式分析系统,用数据流图表达了数据和处理过程的关系,数据字典对系统中数据的详尽描述,是各类数据属性的清单。

(2)数据库概念设计

使用 E-R 模型与视图集成法进行设计时,需要按以下步骤进行:首先选择局部应用,然后再进行局部视图设计,最后对局部视图进行集成得到概念模式。

(3)数据库逻辑设计

数据库逻辑设计的主要工作是将 E-R 图转换成指定 RDBMS 中的关系模式。首先,从 E-R 图到关系模式的转换是比较直接的,实体与联系都可以表示成关系,E-R 图中属性也可以转换成关系的属性。

(4)数据库物理设计

数据库物理设计的主要目标是对数据库内部物理结构作调整并选择合理的存取路径,以提高数据库访问速度及有效地利用存储空间。

16.2　例题分析与解答

一、选择题

1. 下面叙述正确的是_____。

    A. 算法的执行效率与数据的存储结构无关

    B. 算法的空间复杂度是指算法程序中指令(或语句)的条数

    C. 算法的有穷性是指算法必须能在执行有限个步骤之后终止

    D. 以上三种描述都不对

分析:算法的设计可以避开具体的计算机程序设计语言,但算法的实现必须借助程序设计语言中提供的数据类型及其算法。数据结构和算法是计算机科学的两个重要支柱。它们是一个不可分割的整体。算法在运行过程中需辅助存储空间的大小称为算法的空间复杂度。算法的有穷性是指一个算法必须在执行有限的步骤以后结束。

答案： C

2. 下列叙述中正确的是_____。

    A. 一个逻辑数据结构只能有一种存储结构

    B. 数据的逻辑结构属于线性结构，存储结构属于非线性结构

    C. 一个逻辑数据结构可以有多种存储结构，且各种存储结构不影响数据处理的效率

    D. 一个逻辑数据结构可以有多种存储结构，且各种存储结构影响数据处理的效率

分析： 一般来说，一种数据的逻辑结构根据需要可以表示成多种存储结构，常用的存储结构有顺序、链接、索引等存储结构。而采用不同的存储结构，其数据处理的效率是不同的。

答案： D

3. 栈底至栈顶依次存放元素 A、B、C、D，在第五个元素 E 入栈前，栈中元素可以出栈，则出栈序列可能是_____。

    A. ABCED   B. DBCEA   C. CDABE   D. DCBEA

分析： 栈操作原则是"后进先出"，栈底至栈顶依次存放元素 A、B、C、D，则表明这 4 个元素中 D 是最后进栈，B、C 处于中间，A 最早进栈。所以出栈时一定是先出 D，再出 C，最后出 A。

答案： D

4. 用链表表示线性表的优点是_____。

    A. 便于插入和删除操作   B. 数据元素的物理顺序与逻辑顺序相同

    C. 花费的存储空间较顺序存储少   D. 便于随机存取

分析： 链式存储结构克服了顺序存储结构的缺点：它的节点空间可以动态申请和释放；它的数据元素的逻辑次序靠节点的指针来指示，不需要移动数据元素，故链式存储结构下的线性表便于插入和删除操作。

答案： A

5. 某二叉树的前序序列为 ABCDEFG，中序序列为 DCBAEFG，则该二叉树的后序序列为_____。

    A. EFGDCBA   B. DCBEFGA

    C. BCDGFEA   D. DCBGFEA

分析： 二叉树前序遍历顺序是 DLR，即先访问根节点，然后遍历左子树，最后遍历右子树，并且遍历子树的时候也按照 DLR 的顺序递归遍历。中序遍历顺序是 LDR。后序遍历顺序是 LRD。A 是根节点，DCB 是左子树的节点，EFG 是右子树的节点。在 DCB 中，D 是 C 的左子树，C 是 B 的左子树；在 EFG 中，G 是 F 的右子树，F 是 E 的右子树。所以答案为 D。

答案： D

6. 下列数据结构中，能用二分法进行查找的是_____。

    A. 顺序存储的有序线性表   B. 线性链表

    C．二叉链表　　　　　　　　　　　　D．有序线性链表

分析：二分法查找只适用于顺序存储的有序表。在此所说的有序表是指线性表中的元素按值非递减排列（即从小到大，但允许相邻元素值相等）。

答案：A

7．在快速排序法中，每经过一次数据交换（或移动）后_____。

    A．能消除多个逆序

    B．只能消除一个逆序

    C．不会产生新的逆序

    D．消除的逆序个数一定比新产生的逆序个数多

分析：冒泡排序中，在互换两个相邻元素时只能消除一个逆序。快速排序中，一次交换可以消除多个逆序。故本题答案为 A。

答案：A

8．下列选项中不属于结构化程序设计原则的是_____。

    A．可封装　　　　　B．自顶向下　　　　C．模块化　　　　D．逐步求精

分析：结构化程序设计方法的主要原则可以概括为自顶向下，逐步求精，模块化，限制使用 GOTO 语句。故本题答案为 A。

答案：A

9．面向对象的开发方法中，类与对象的关系是_____。

    A．抽象与具体　　　　　　　　　　　B．具体与抽象

    C．部分与整体　　　　　　　　　　　D．整体与部分

分析：现实世界中的很多事物都具有相似的性质，把具有相似的属性和操作的对象归为类，也就是说类是具有共同属性、共同方法的对象的集合，是对对象的抽象。它描述了该对象类型的所有对象的性质，而一个对象则是对应类的一个具体实例。所以本题正确答案为 A。

答案：A

10．对软件的特点，下面描述正确的是_____。

    A．软件是一种物理实体

    B．软件在运行使用期间不存在老化问题

    C．软件开发、运行对计算机没有依赖性，不受计算机系统的限制

    D．软件的生产有一个明显的制作过程

分析：软件在运行期间不会因为介质的磨损而老化，只可能因为适应硬件环境以及需求变化进行修改而引入错误，导致失效率升高从而软件退化，所以本题正确答案为 B。

答案：B

11．以下_____是软件生命周期的主要活动阶段。

    A．需求分析　　　B．软件开发　　　　C．软件确认　　　D．软件演进

分析：选项 B、C、D 都是软件工程过程的基本活动，还有一个是软件规格说明。

答案：A

12．从技术观点看，软件设计包括_____。

    A．结构设计、数据设计、接口设计、程序设计

B．结构设计、数据设计、接口设计、过程设计

C．结构设计、数据设计、文档设计、过程设计

D．结构设计、数据设计、文档设计、程序设计

分析：从技术观点来看，软件设计包括软件结构设计、数据设计、接口设计、过程设计。

答案：B

13．以下_____是软件测试的目的。

    A．证明程序没有错误   B．演示程序的正确性

    C．发现程序中的错误   D．改正程序中的错误

分析：Greford J.Myers 给出了软件测试的目的：

① 测试是为了发现程序中的错误而执行程序的过程；

② 一个好的测试用例（test case）在于它能发现至今未发现的错误；

③ 一个成功的测试是发现了至今未发现的测试。所以正确答案是 C。

答案：C

14．以下_____要对接口测试。

    A．单元测试   B．集成测试   C．验收测试   D．系统测试

分析：集成测试也称为组装测试，是对各模块按照设计要求组装成的程序进行测试，其主要目的是发现与接口有关的错误。所以正确答案是 B。

答案：B

15．程序调试的主要任务是_____。

    A．检查错误   B．改正错误   C．发现错误   D．以上都不是

分析：程序的调试任务是诊断和改正程序中的错误。调试主要在开发阶段进行。

答案：B

16．以下_____不是程序调试的基本步骤。

    A．分析错误原因   B．错误定位

    C．修改设计代码以排除错误   D．回归测试，防止引入新错误

分析：程序调试的基本步骤：

（1）错误定位。从错误的外部表现形式入手，研究有关部分的程序，确定程序中出错位置，找出错误的内在原因。

（2）修改设计和代码，以排除错误。

（3）进行回归测试，防止引进新的错误。

答案：A

17．对于数据库系统，负责定义数据库内容，决定存储结构和存取策略及安全授权等工作的是_____。

    A．应用程序员   B．用户

    C．数据库管理员   D．数据库管理系统的软件设计员

分析：由于数据库的共享性，因此对数据库的规划、设计、维护、监视等需要有专人管理，称他们为数据库管理员（Database Administrator，DBA）。

答案：C

18. 设关系 R 和关系 S 的属性元数分别是 3 和 4，关系 T 是 R 与 S 的笛卡儿积，即 T=R×S，则关系 T 的属性元数是_____。

    A．7   B．9   C．12   D．16

分析：笛卡儿积的定义是：设关系 R 和 S 的元数分别是 r 和 s，R 和 S 的笛卡儿积是一个（r+s）元属性的集合，每一个元组的前 r 个分量来自 R 的一个元组，后 s 个分量来自 s 的一个元组。所以关系 T 的属性元数是 3+4＝7。

答案：A

19．将 E-R 图转换到关系模式时，实体与联系都可以表示成_____。

    A．属性   B．关系   C．键   D．域

分析：E-R 图由实体、实体的属性和实体之间的联系 3 个要素组成，关系模型的逻辑结构是一组关系模式的集合，将 E-R 图转换为关系模型：将实体、实体的属性和实体之间的联系转化为关系模式。

答案：B

20．下述_____不属于数据库设计的内容。

    A．数据库管理系统   B．数据库概念结构

    C．数据库逻辑结构   D．数据库物理结构

分析：数据库设计是确定系统所需要的数据库结构。数据库设计包括概念设计、逻辑设计和建立数据库（又称物理设计）。

答案：A

二、填空题

1．对解题方案的准确而完整的描述称为_____。

分析：算法是指解题方案的准确而完整的描述。

答案：算法

2．一个空的数据结构是按线性结构处理的，则属于_____。

分析：一个空的数据结构是线性结构或是非线性结构，要根据具体情况而定。如果对数据结构的运算是按线性结构来处理的，则属于线性结构，否则属于非线性结构。

答案：线性结构

3．循环单链表与非循环单链表的主要不同是循环单链表的尾节点指针_____，而非循环单链表的尾节点指针_____。

分析：循环单链表的结构与非循环单链表相比，具有以下两个特点：

（1）在循环链表中增加了一个表头节点，其数据域为任意值或者根据需要来设置，指针域指向线性表的第一个元素的节点。循环链表的头指针指向表头节点；

（2）循环链表中最后一个节点的指针域不为空，而是指向表头节点。即在循环链表中，所有节点的指针构成了一个环状链。

答案：指向链表头节点，指向空

4．假设以 S 和 X 分别表示进栈和退栈操作，则对输入序列 a、b、c、d、e 进行一系列栈操作 SSXSXSSSXXX 之后，得到的输出序列为_____。

分析：执行一系列栈操作的过程为，SS 表示 a、b 依次入栈，此时栈中两个元素，执行 X，表示 b 出栈，接下来执行 SX，表示 c 入栈后又出栈，接下来依次执行 SSXX 操作，

表示d、e依次入栈,然后e、d依次从栈顶出栈,最后执行X操作,栈中元素a出栈。得到的输出序列为b、c、e、d、a

答案: b、c、e、d、a

5.假定一组记录为(46,79,56,38,40,80),对其进行快速排序的第一次划分后的结果为_____。

分析: 快速排序法的基本思想如下:

从线性表中选定一个元素,设为T,将线性表后面小于T的元素移到前面,而前面大于T的元素移到后面,结果就将线性表分成了两部分(称为两个子表),T插入到其分界线的位置处,这个过程称为线性表的分割。通过线性表的一次分割,就以T为分界线,将线性表分成了前后两个子表,且前面子表中的所有元素均不大于T,而后面子表中的所有元素均不小于T。根据快速排序的思想这组记录其进行快速排序的第一次划分后的结果为[40,38],46,[56,79,80]。

答案: [40,38],46,[56,79,80]

6.二分法查找的存储结构仅限于_____且是有序的。

分析: 二分查找,也称折半查找,它是一种高效率的查找方法。但二分查找有条件限制,要求表必须用顺序存储结构,且表中元素必须按关键字有序(升序或降序均可)。

答案: 顺序存储结构

7.在面向对象方法中,使用已经存在的类定义作为基础建立新的类定义,这样的技术叫做_____。

分析: 继承是面向对象方法的一个主要特征。继承是使用已有的类定义作为基础建立新类的定义技术。已有的类可当作基类来引用,则新类相应地可当作派生类来引用。

答案: 继承

8.对象的基本特点包括_____、分类性、多态性、封装性和模块独立性好等5个特点。

分析: 对象具有如下的基本特点:

(1)标识唯一性。对象是可区分的,并且由对象的内在本质来区分;

(2)分类性。可以将具有相同属性和操作的对象抽象成类;

(3)多态性。同一个操作可以是不同对象的行为;

(4)封装性。从外面看只能看到对象的外部特征,无须知道数据的具体结构以及实现操作的算法;

(5)模块独立性。面向对象是由数据及可以对这些数据施加的操作所组成的统一体。

答案: 标识唯一性

9.对象根据所接收的消息而做出动作,同样的消息被不同的对象所接收时可能导致完全不同的行为,这种现象称为_____。

分析: 对象根据所接收的消息而做出动作,同样的消息被不同的对象接收时可导致完全不同的行为,该现象称为多态性。

答案: 多态性

10.软件设计是软件工程的重要阶段,是一个把软件需求转换为_____的过程。

分析: 软件设计是软件工程的重要阶段,是一个把软件需求转换为软件表示的过程。

其基本目标是用比较抽象概括的方式确定目标系统如何完成预定的任务，即软件设计是确定系统的物理模型。

答案： 软件表示

11. _____是指把一个待开发的软件分解成若干小的简单的部分。

分析： 模块化是指把一个待开发的软件分解成若干小的简单的部分，如高级语言中的过程、函数、子程序等。每个模块可以完成一个特定的子功能，各个模块可以按一定的方法组装起来成为一个整体，从而实现整个系统的功能。

答案： 模块化

12. 数据流图采用4种符号表示_____、数据流、存储文件、数据源点和终点。

分析： 数据流图中的主要图形元素与说明如下：

〇加工（转换）。输入数据经过加工变换产生输出。

→数据流。沿箭头方向传送数据的通道，一般在旁边标注数据流名。

二存储文件（数据源）。表示处理过程中存放各种数据的文件。

□数据的源点和终点。表示系统和环境的接口，属于系统之外的实体。

答案： 加工（转换）

13. 一个数据库的数据模型至少应该包括以下3个组成部分，_____、数据操作和数据的完整性约束条件。

分析： 数据模型通常由数据结构、数据操作和数据的完整性约束3部分组成。其中，数据结构是对系统静态特性的描述；数据操作是对系统动态特性的描述；数据的完整性约束用以限定符合数据模型的数据库状态以及状态的变化，以保证数据的正确性、有效性和相容性。

答案： 数据结构

14. 在关系数据模型中，二维表的列称为属性，二维表的行称为_____。

分析： 一个关系是一张二维表。表中的行称为元组，一行对应一个元组，一个元组对应存储在文件中的一个记录值。

答案： 元组

15. 数据库设计分为以下6个设计阶段：需求分析阶段、_____、逻辑设计阶段、物理设计阶段、实施阶段、运行和维护阶段。

分析： 数据库设计分为以下6个设计阶段：需求分析阶段、概念设计阶段、逻辑设计阶段、物理设计阶段、实施阶段、运行和维护阶段。

答案： 概念设计阶段

16.3 本 章 测 试

16.3.1 测试题 1

一、选择题

1. 在计算机中，算法是指_____。

    A. 加工方法   B. 解题方案的准确而完整的描述

C. 排序方法   D. 查询方法

2. 在下列选项中，_____不是一个算法一般应该具有的基本特征。

    A. 确定性   B. 拥有足够的情报

    C. 无穷性   D. 可行性

3. 下列叙述中正确的是_____。

    A. 线性表是线性结构   B. 栈与队列是非线性结构

    C. 线性链表是非线性结构   D. 二叉树是线性结构

4. 对线性表，在下列情况下应当采用链表表示的是_____。

    A. 经常需要随机地存取元素

    B. 经常需要进行插入和删除操作

    C. 表中元素需要占据一片连续的存储空间

    D. 表中元素的个数不变

5. 堆栈存储器存取数据的方式是_____。

    A. 先进先出   B. 随机存取

    C. 先进后出   D. 不同于前三种方式

6. 在单链表中，增加头节点的目的是_____。

    A. 方便运算的实现

    B. 使单链表至少有一个节点

    C. 标识表中首节点的位置

    D. 说明单链表是线性表的链式存储实现

7. 若某二叉树的前序遍历访问顺序是124gcefh，中序遍历访问顺序是4g21echf，则其后序遍历的节点访问顺序是_____。

    A. 24gcefh1   B. g42ecfh1   C. 24g1echf   D. g42ehfc1

8. 假定对元素序列(7,3,5,9,1,12)进行堆排序，并且采用小顶堆，则由初始数据构成的初始堆为_____。

    A. 1,3,5,7,9,12   B. 1,3,5,9,7,12   C. 1,5,3,7,9,12   D. 1,5,3,9,12,7

9. 设有 1000 个无序的元素，希望用最快的速度挑选出其中前 10 个最大的元素，最好选用_____法。

    A. 冒泡排序   B. 快速排序   C. 堆排序   D. 选择排序

10. 对于长度为 n 的线性表，在最坏情况下，下列各排序法所对应的比较次数中正确的是_____。

    A. 冒泡排序为 n/2   B. 冒泡排序为 n

    C. 快速排序为 n   D. 快速排序为 n(n−1)/2

11. 对建立良好的程序设计风格，下面描述正确的是_____。

    A. 程序应力求简单、清晰、可读性好

    B. 符号的命名只要符合语法

    C. 充分考虑程序的执行效率

    D. 程序的注释可有可无

12. 正确的程序注释一般包括序言性注释和_____。

编程技术基础

A．说明性注释　　B．解析性注释　　C．功能性注释　　D．概要性注释

13．就程序设计方法和技术的发展而言，程序设计主要经历了结构化程序设计和_____程序设计两个阶段。

　　A．面向过程　　　B．面向对象　　　C．集体化　　　D．面向用户

14．结构化程序设计的 3 种基本结构是_____。

　　A．顺序、选择、重复　　　　　　B．递归、嵌套、调用

　　C．过程、子过程、主程序　　　　D．顺序、转移、调用

15．下列概念中，不属于面向对象方法的是_____。

　　A．对象、消息　　B．继承、多态　　C．类、封装　　　D．过程调用

16．软件工程的出现主要是由于_____。

　　A．程序设计方法学的影响　　　　B．其他工程科学的影响

　　C．软件危机的出现　　　　　　　D．计算机的发展

17．需求分析阶段的任务是确定_____。

　　A．软件开发方法　　　　　　　　B．软件开发工具

　　C．软件开发费用　　　　　　　　D．软件系统功能

18．下列不属于需求分析阶段工作的是_____。

　　A．分析用户活动　　　　　　　　B．建立 E-R 图

　　C．建立数据字典　　　　　　　　D．建立数据流图

19．下列不属于结构化分析常用工具的是_____。

　　A．数据流图　　　B．数据字典　　　C．判定树　　　D．PAD 图

20．数据字典（DD）是定义_____描述工具中的数据的工具。

　　A．数据流图　　B．系统流程图　　C．程序流程图　　D．软件结构图

21．软件测试是保证软件质量的重要措施，它的实施应该是在_____。

　　A．程序编码阶段　　　　　　　　B．软件开发全过程

　　C．软件运行阶段　　　　　　　　D．软件设计阶段

22．数据库、数据库系统和数据库管理系统之间的关系是_____。

　　A．数据库包括数据库系统和数据库管理系统

　　B．数据库系统包括数据库和数据库管理系统

　　C．数据库管理系统包括数据库和数据库系统

　　D．三者没有明显的包含关系

23．数据库的数据模型分为_____。

　　A．层次、关系和网状　　　　　　B．网状、环状和链状

　　C．大型、中型和小型　　　　　　D．线性和非线性

24．如果对一个关系实施了一种关系运算后得到了一个新的关系，但新的关系中属性个数少于原来关系中属性个数，这说明所实施的关系运算是_____。

　　A．选择　　　　　B．投影　　　　C．连接　　　　D．并

25．关系模型中，一个码_____。

　　A．可由多个任意属性组成

　　B．至多由一个属性组成

C．可由一个或多个其值能唯一标识该关系模式中任何元组中的属性组成

D．以上都不是

26．在数据库设计中，将 E-R 图转换成关系数据模型的过程属于_____。

  A．需求分析阶段   B．逻辑设计阶段

  C．概念设计阶段   D．物理设计阶段

27．在关系模型中，每一个二维表称为一个_____。

  A．关系   B．属性

  C．元组   D．主码（键）

28．若实体 A 和 B 是一对多的联系，实体 B 和 C 是一对一的联系，则实体 A 和 C 的联系是_____。

  A．一对一   B．一对多   C．多对一   D．多对多

29．有三个关系 R、S 和 T 如下：

	R				S				T		
A	B	C		A	B	C		A	B	C
a	1	2		d	3	2		a	1	2
b	2	1		c	3	1		b	2	1
c	3	1								

则由关系 R 和 S 得到关系 T 的操作是_____。

  A．选择   B．差   C．交   D．并

30．下面属于白盒测试方法的是_____。

  A．等价类划分法   B．逻辑覆盖

  C．边界值分析法   D．错误推测法

二、填空题

1．算法的复杂度分为_____、_____两种。

2．数据的逻辑结构有线性结构和_____两大类。

3．对线性链表中的每个节点设置两个指针，一个（next）指向该节点的后件节点，另一个指针（prior）指向它的前件节点。这样的线性链表称为_____。

4．队列中元素的进出原则是_____。

5．假定一组记录为（46,79,56,38,40,84），在冒泡排序的过程中进行第一趟排序后的结果为_____。

6．程序设计的风格总体而言，应该强调简单和_____，程序必须是可理解的。

7．采用结构化程序设计方法能够使程序易读、易理解、_____和结构良好。

8．在面向对象的程序设计中，类描述的是有相似性质的一组_____。

9．_____是与程序的开发、维护和使用有关的图文资料。

10．在面向数据流的设计方法中，一般定义了一些不同的映射方法，利用这些映射方法可以把_____变换成结构图表示的软件结构。

11．集成测试指在单元测试基础上，将所有模块按照设计要求组装成一个完整的系统进行的测试。也称为_____测试。

12. 确认测试又称验收测试，指检查软件的_____与_____是否与需求规格说明书中确定的指标相符合。

13. 数据模型按不同应用层次分成 3 种类型，它们是概念数据模型、_____和物理数据模型。

14. 一个实体可以有若干个_____，实体以及它的所有属性构成了实体的一个完整描述，因此实体与属性间有一定的连接关系。

15. 关系模型的数据操纵就是建立在关系上的数据操纵，一般有查询、_____、删除及修改四种操作。

16.3.2 测试题 2

一、选择题

1. 算法的空间复杂度是指_____。

    A. 算法程序的长度   B. 算法程序中的指令条数

    C. 算法程序所占的存储空间   D. 算法执行过程中所需要的存储空间

2. 下列叙述中正确的是_____。

    A. 一个算法的空间复杂度大，则其时间复杂度也必定大

    B. 一个算法的空间复杂度大，则其时间复杂度必定小

    C. 一个算法的时间复杂度大，则其空间复杂度必定小

    D. 算法的时间复杂度与空间复杂度没有直接关系

3. 数据的存储结构是指_____。

    A. 数据所占的存储空间量   B. 数据的逻辑结构在计算机中的表示

    C. 数据在计算机中的顺序存储方式   D. 存储在外存中的数据

4. 下列链表中，其逻辑结构属于非线性结构的是_____。

    A. 二叉链表   B. 循环链表   C. 双向链表   D. 带链的栈

5. 下列关于栈的叙述中正确的是_____。

    A. 在栈中只能插入数据   B. 在栈中只能删除数据

    C. 栈是先进先出的线性表   D. 栈是先进后出的线性表

6. 下列叙述中正确的是_____。

    A. 线性表链式存储结构的存储空间一般要少于顺序存储结构

    B. 线性表链式存储结构与顺序存储结构的存储空间都是连续的

    C. 线性表链式存储结构的存储空间可以是连续的，也可以是不连续的

    D. 以上说法均错误

7. 下列关于队列的叙述中正确的是_____。

    A. 在队列中只能插入数据   B. 在队列中只能删除数据

    C. 队列是先进先出的线性表   D. 队列是先进后出的线性表

8. 设栈的顺序存储空间为 S(1:50)，初始状态为 top=0。经过一系列入栈与退栈运算后，top=20，则当前栈中的元素个数为_____。

    A. 30   B. 29   C. 20   D. 19

9. 下列叙述中正确的是_____。

A. 循环队列中的元素个数随队头指针与队尾指针的变化而动态变化

B. 循环队列中的元素个数随队头指针的变化而动态变化

C. 循环队列中的元素个数随队尾指针的变化而动态变化

D. 以上说法都不对

10. 在深度为 5 的满二叉树中，叶子节点的个数为_____。

    A. 32   B. 31   C. 16   D. 15

11. 对长度为 10 的线性表进行冒泡排序，最坏情况下需要比较的次数为_____。

    A. 9   B. 10   C. 45   D. 90

12. 对长度为 n 的线性表作快速排序，在最坏情况下，比较次数为_____。

    A. n   B. $n-1$ C. $n(n-1)$ D. $n(n-1)/2$

13. 对长度为 N 的线性表进行顺序查找，在最坏情况下所需要的比较次数为_____。

    A. $N+1$ B. N   C. $(N+1)/2$ D. $N/2$

14. 下列选项中不符合良好程序设计风格的是_____。

    A. 源程序要文档化   B. 数据说明的次序要规范化

    C. 避免滥用 GOTO 语句   D. 模块设计要保证高耦合、高内聚

15. 下面对对象概念描述正确的是_____。

    A. 对象间的通信靠消息传递   B. 对象是名字和方法的封装体

    C. 任何对象必须有继承性   D. 对象的多态性是指一个对象有多个操作

16. 在面向对象方法中，一个对象请求另一对象为其服务的方式是通过发送_____。

    A. 调用语句   B. 命令   C. 口令   D. 消息

17. 构成计算机软件的是_____。

    A. 源代码   B. 程序和数据

    C. 程序和文档   D. 程序、数据及相关文档

18. 下列选项中不属于软件生命周期开发阶段任务的是_____。

    A. 软件测试   B. 概要设计   C. 软件维护   D. 详细设计

19. 软件需求分析阶段的工作，可以分为四个方面：需求获取、需求分析、编写需求规格说明书以及_____。

    A. 阶段性报告   B. 需求评审   C. 总结   D. 都不正确

20. 下列工具中属于需求分析常用工具的是_____。

    A. PAD   B. PFD   C. N-S   D. DFD

21. 从工程管理角度，软件设计一般分为两步完成，它们是_____。

    A. 概要设计与详细设计   B. 数据设计与接口设计

    C. 软件结构设计与数据设计   D. 过程设计与数据设计

22. 程序流程图（PFD）中的箭头代表的是_____。

    A. 数据流   B. 控制流   C. 调用关系   D. 组成关系

23. 为了避免流程图在描述程序逻辑时的灵活性，提出了用方框图来代替传统的程序流程图，通常也把这种图称为_____。

    A. PAD 图   B. N-S 图   C. 结构图   D. 数据流图

24. 代码编写阶段可进行的软件测试是_____。

  A．单元测试 B．集成测试 C．系统测试 D．验收测试

25．下面属于黑盒测试方法的是_____。

  A．语句覆盖 B．逻辑覆盖 C．边界值分析法 D．路径覆盖

26．在数据管理技术的发展过程中，经历了人工管理阶段、文件系统阶段和数据库系统阶段。其中数据独立性最高的阶段是_____。

  A．数据库系统 B．文件系统 C．人工管理 D．数据项管理

27．公司中有多个部门和多名职员，每个职员只能属于一个部门，一个部门可以有多名职员，则实体部门和职员间的联系是_____。

  A．1∶1联系 B．m∶1联系 C．1∶m联系 D．m∶n联系

28．关系表中的每一横行称为一个_____。

  A．元组 B．字段 C．属性 D．码

29．有两个关系R和S如下：

R		
A	B	C
a	1	2
b	2	1
c	3	1

S		
A	B	C
c	3	1

则由关系R得到关系S的操作是_____。

  A．选择 B．投影 C．自然连接 D．并

30．一般情况下，当对关系R和S进行自然连接时，要求R和S含有一个或者多个共有的_____。

  A．记录 B．行 C．属性 D．元组

二、填空题

1．算法的基本特征是可行性、确定性、_____和拥有足够的信息。

2．顺序存储方法是把逻辑上相邻的节点存储在物理位置_____的存储单元中。

3．栈的基本运算有3种：入栈、退栈和_____。

4．在最坏情况下，堆排序需要比较的次数为_____。

5．数据的逻辑结构有线性结构和_____两大类。

6．数据结构分为逻辑结构与存储结构，线性链表属于_____。

7．长度为 n 的顺序存储线性表中，当在任何位置上插入一个元素概率都相等时，插入一个元素所需移动元素的平均个数为_____。

8．当循环队列非空且队尾指针等于队头指针时，说明循环队列已满，不能进行入队运算。这种情况称为_____。

9．在先左后右的原则下，根据访问根节点的次序，二叉树的遍历可以分为3种：前序遍历、_____遍历和后序遍历。

10．设一棵二叉树的中序遍历结果为DBEAFC，前序遍历结果为ABDECF，则后序遍历结果为_____。

11．结构化程序设计的3种基本逻辑结构为顺序、选择和_____。

12. 类是一个支持集成的抽象数据类型，而对象是类的_____。

13. 测试的目的是暴露错误，评价程序的可靠性；而_____的目的是发现错误的位置并改正错误。

14. 一个项目具有一个项目主管，一个项目主管可管理多个项目，则实体"项目主管"与实体"项目"的联系属于_____的联系。

15. 数据库管理系统常见的数据模型有层次模型、网状模型和_____三种。

16.4　综合案例

16.4.1　综合案例 1——顺序表的实现和测试

1. 实验目的

（1）掌握线性表顺序存储方法。

（2）掌握线性表基本操作。

（3）掌握线性表实现方法。

2. 实验内容

阅读下面实现顺序线性表的程序，程序完成建表、求表长、清空表、获取 i 号位置的元素、在 i 号位置插入元素 x、删除 i 号位置的元素、合并两个有序表、表元素输出等功能。输入下面程序并运行程序，进行程序各功能模块的测试。

```
#1.  #include <iostream>
#2.  using namespace std;
#3.  #define MAXSIZE 50
#4.  typedef int ElemType;
#5.  typedef struct SqList{
#6.  ElemType elem[MAXSIZE];
#7.  int length;
#8.  }SqList;
#9.  bool Empty(SqList L){
#10.     return L.length==0;}
#11. int ListLength(SqList L){
#12.     return L.length;
#13. }
#14. bool GetElem(SqList L,int i,ElemType &x){
#15.     if (i<1 || i>L.length) return false;
#16.     x=L.elem[i-1];
#17.     return true;
#18. }
#19. void InitList(SqList &L){
#20.     L.length=0;
#21. }
#22. void Clear(SqList &L){
```

```
#23.    L.length=0;
#24. }
#25. bool ListInsert(SqList &L, int i, ElemType e){
#26.    if (i<1 || i>L.length+1)
#27.        return false;
#28.    if (L.length==MAXSIZE)
#29.        return false;
#30.    for (int j=L.length-1;j>=i-1;j--)
#31.        L.elem[j+1]=L.elem[j];
#32.    L.elem[i-1]=e;
#33.    L.length++;
#34.    return true;
#35. }
#36. bool ListDelete(SqList &L, int i, ElemType &e){
#37.    if (i<1 || i>L.length) return false;
#38.    if (L.length==0)
#39.        return false;
#40.    e=L.elem[i-1];
#41.    for (int j=i;j<L.length;j++)
#42.        L.elem[j-1]=L.elem[j];
#43.    L.length--;
#44.    return true;
#45. }
#46. void ListTraverse(SqList L){
#47.    //
#48.    if (Empty(L)){
#49.        cout<<"当前表为空表";return;
#50.    }
#51.    cout<<"表中的元素依次为：";
#52.    for (int i=0;i<L.length;i++)
#53.        cout<<L.elem[i]<<" ";
#54.    cout<<"\n";
#55. }
#56. void merge(SqList LA,SqList LB,SqList &LC){
#57.    int i=1,j=1,k=1;
#58.    ElemType x=0,y=0;
#59.    InitList(LC);
#60.    while (i<=ListLength(LA)&& j<=ListLength(LB)){
#61.        GetElem(LA,i,x);
#62.        GetElem(LB,j,y);
#63.        if(x<=y)
#64.            {ListInsert(LC,k++,x);i++;}
#65.        else
#66.            {ListInsert(LC,k++,y);j++;}
#67.    }
```

```
#68.     while (i<=ListLength(LA)){
#69.         GetElem(LA,i,x);
#70.         ListInsert(LC,k++,x);
#71.         i++;
#72.     }
#73.     while (j<=ListLength(LB)){
#74.         GetElem(LB,j,x);
#75.         ListInsert(LC,k++,x);
#76.         j++;
#77.     }
#78. }
#79. void print_help()
#80. {
#81.     cout << endl << "命令列表:" << endl;
#82.     cout << "  H  :  显示本帮助信息" << endl;
#83.     cout << "  I  :  插入元素" << endl;
#84.     cout << "  R  :  读取元素" << endl;
#85.     cout << "  D  :  删除元素" << endl;
#86.     cout << "  P  :  输出表中的所有元素"<<endl;
#87.     cout << "  L  :  获取表长" << endl;
#88.     cout << "  C  :  清空当前表" << endl;
#89.     cout << "  M  :  合并两个有序表"<<endl;
#90.     cout << "  Q  :  退出程序" << endl;
#91.     cout << endl;
#92. }
#93. void doClear(SqList &A){
#94.    Clear(A);
#95.     cout << "表中元素被清空"<< endl;
#96. }
#97.  void doRetrieve(SqList A){
#98.     int i,x;
#99.     if ( Empty(A))
#100.            cout << "该表为空表" << endl;
#101.        else{
#102.            cout<<"请输入待读取元素的位置"<<endl;
#103.            cin>>i;
#104.            GetElem(A,i,x);
#105.            cout << "位置"<<i <<"的元素是:"<<x<<endl;
#106.        }
#107.    }
#108.   void doInsert(SqList &A){
#109.       int i,x;
#110.       cout<<"请输入待插入的位置和插入的元素:"<<endl;
#111.       if(Empty(A))
#112.           cout<<"请注意目前为一个空表，插入位置只能为1! "<<endl;
```

```
#113.        cin>>i>>x;
#114.        if (ListInsert(A,i,x)==false)
#115.            cout<<"插入错误，请检查插入位置或检查表是否已满"<<endl;
#116.        else
#117.            cout << "在第" << i << "号位置插入元素 "<<x<<endl;
#118.        cout<<"插入后";
#119.        ListTraverse(A);
#120.    }
#121.    void doDelete(SqList &A){
#122.        int i,x;
#123.        cout<<"请输入待删除元素的位置"<<endl;
#124.        cin>>i;
#125.        if (Empty(A))
#126.            cout<<"表空，无法删除"<<endl;
#127.        else
#128.            if (ListDelete(A,i,x)==false)
#129.                cout<<"删除错误，请检查删除位置"<<endl;
#130.            else
#131.                cout << "在第" << i << "号位置删除了元素 "<<x<<endl;
#132.        cout<<"删除后";
#133.        ListTraverse(A);
#134.    }
#135.    void doMerge(){
#136.        SqList A,B,C;
#137.        int la,lb,x;
#138.        InitList(A);
#139.        InitList(B);
#140.        InitList(C);
#141.        cout<<"请输入有序表A表的长度"<<endl;
#142.        cin>>la;
#143.        cout<<"请以递增的次序输入有序表A表的元素"<<endl;
#144.        for (int i=1;i<=la;i++){
#145.            cin>>x;
#146.            ListInsert(A,i,x);
#147.        }
#148.        cout<<"请输入有序表B表的长度"<<endl;
#149.        cin>>lb;
#150.        cout<<"请以递增的次序输入有序表B表的元素"<<endl;
#151.        for (int i=1;i<=lb;i++){
#152.            cin>>x;
#153.            ListInsert(B,i,x);
#154.        }
#155.        merge(A,B,C);
#156.        cout<<"合并后"<<endl;
#157.        ListTraverse(C);
```

```
#158.      }
#159.   void CreatList(SqList &A,int n){
#160.       for (int i=0;i<n;i++)
#161.           A.elem[i]=2*i+1;
#162.       A.length=n;
#163.   }
#164.   int main(){
#165.       SqList testListA;
#166.       char cmd;
#167.       InitList(testListA);
#168.       CreatList(testListA,5);
#169.       cout  <<  "当前已创建了一个线性表: "<< endl;
#170.       cout<<"其内容依次为: ";
#171.       ListTraverse(testListA);
#172.       cout<<"请测试对该表的操作,操作命令如下";
#173.       print_help();
#174.       do  {
#175.         cout << endl << "请输入命令: ";
#176.         cin >> cmd;
#177.         switch ( cmd )
#178.         {
#179.           case 'H' : case 'h':
#180.               print_help();
#181.               break;
#182.            case 'I':case 'i' :
#183.                doInsert(testListA);
#184.               break;
#185.            case 'D' :case 'd':
#186.               doDelete(testListA);
#187.               break;
#188.            case 'C' : case 'c' :
#189.               doClear(testListA);
#190.               break;
#191.            case 'R' : case 'r' :
#192.               doRetrieve(testListA);
#193.               break;
#194.            case 'L' : case 'l' :
#195.               cout <<"表的长度是" <<ListLength(testListA)<< endl;
#196.               break;
#197.            case 'M':case 'm':
#198.              doMerge();
#199.               break;
#200.            case 'P':case 'p':
#201.               ListTraverse(testListA);
#202.               break;
```

```
#203.          case 'Q' : case 'q' :
#204.             break;
#205.          default :
#206.             cout << "非法命令，请重新输入" << endl;
#207.          }
#208.       }
#209.    while ( cmd != 'Q'  &&  cmd != 'q' );
#210.    return 0;
#211.    }
```

3. 实验步骤

（1）使用 VS 2010 新建项目。

（2）在源程序文件中添加实验内容列出的代码。

（3）运行程序，根据程序运行后的功能菜单提示，测试各功能的模块。线性表中元素的值和元素序号为整型数据，输入数据之间可以使用空格分隔。

4. 思考

在程序中自己定义一个线性表的逆置函数 doInverse(SqList &A)，并在 main 函数中调用该函数，并在 main 函数的提示菜单中增加调用线性表的逆置操作的提示项。

16.4.2　综合案例 2——单链表的实现和测试

1. 实验目的

（1）掌握单链表建立、求表长、清空、获取表中元素。

（2）掌握单链表的元素的插入、删除。

（3）掌握线性表的两个有序表的合并。

（4）掌握单链表的元素的输出。

2. 实验内容

阅读下面实现带头节点的单链表的程序。程序完成建表、求表长、清空表、获取 i 号位置的元素、在 i 号位置插入元素 x、删除 i 号位置的元素、合并两个有序表、表元素输出等功能，输入并运行程序进行各功能模块的测试。

```
#1. #include <malloc.h>
#2. #include <iostream>
#3. using namespace std;
#4. typedef int ElemType;
#5. typedef struct LNode{
#6. ElemType data;
#7. struct LNode *next;
#8. }LNode,*LinkList;
#9. void InitList(LinkList &L){
#10.    L=(LNode *)malloc(sizeof(LNode));
#11.    L->next=NULL;
#12. }
#13. int Empty(LinkList L){
```

```
#14.      return L==NULL;
#15. }
#16. int ListLength(LinkList L){
#17.      LNode *p=L->next;
#18.      int count=0;
#19.      while (p!=NULL){
#20.          count++;
#21.          p=p->next;
#22.      }
#23.      return count;
#24. }
#25. bool GetElem(LinkList L,int i,ElemType &x){
#26.      if (i<=0) return false;
#27.      LNode *p=L->next;
#28.      int j=1;
#29.      while (j<i){
#30.          j++;
#31.          if (p!=NULL)
#32.              p=p->next;
#33.          else
#34.              break;
#35.      }
#36.      if (!p) return false;
#37.      x=p->data;
#38.      return true;
#39. }
#40. bool ListInsert(LinkList &L, int i, ElemType x){
#41.      if (i<=0) return false;
#42.      LNode *p=L;
#43.      int j=0;
#44.      while (j<i-1){
#45.          j++;
#46.          if (p!=NULL)
#47.              p=p->next;
#48.          else
#49.              break;
#50.      }//定位i-1号
#51.      if (p!=NULL){
#52.          LNode *newNode=(LNode *)malloc(sizeof(LNode));
#53.          newNode->data=x;
#54.          newNode->next=p->next;
#55.          p->next=newNode;
#56.          return true;
#57.      }
#58.      else
```

```
#59.          return false;
#60. }
#61. bool ListDelete(LinkList &L, int i, ElemType &x){
#62.     LNode *p=L,*q;
#63.     if (i<1)return false;
#64.     int j=0;
#65.     while (p!=NULL &&j<i-1){
#66.         p=p->next;j++;
#67.     }
#68.     if (p!=NULL && p->next!=NULL){
#69.         q=p->next;
#70.         x=q->data;
#71.         p->next=q->next;
#72.         free(q);
#73.         return true;
#74.     }
#75.     else
#76.         return false;
#77. }
#78. void Merge(LinkList &A,LinkList &B,LinkList &C){
                          //有序表的合并，合并成递增序
#79.     LNode *pa,*pb,*pc;
#80.     pa=A->next;pb=B->next;
#81.     C=pc=A;
#82.     while (pa!=NULL && pb!=NULL)
#83.         if (pa->data<=pb->data){
#84.             pc->next=pa;
#85.             pc=pa;
#86.             pa=pa->next;
#87.         }
#88.         else{
#89.             pc->next=pb;
#90.             pc=pb;
#91.         pb=pb->next;
#92.         }
#93.     pc->next=pa?pa:pb;
#94.     free(B);
#95. }
#96. void ListTraverse(LinkList L){
#97.     LNode *p=L->next;
#98.     if (p==NULL){
#99.         cout<<"表为空"<<endl;return;}
#100.        cout<<"表中元素依次为:";
#101.        while (p!=NULL){
#102.            printf("%d ",p->data);
```

```
#103.            p=p->next;
#104.        }
#105.        printf("\n");
#106.    }
#107.    void Clear(LinkList &L){
#108.        LNode *p=L->next;
#109.        while (p){
#110.            L->next=p->next;
#111.            delete p;
#112.            p=L->next;
#113.        }
#114.    }
#115.    void CreatList(LinkList &L,int n){
#116.        LNode *newNode,*last=L;
#117.        for( int i=1;i<=n;i++){
#118.            newNode=(LNode *)malloc(sizeof(LNode));
#119.            newNode->data=2*i-1;
#120.            newNode->next=NULL;
#121.            last->next=newNode;
#122.            last=newNode;
#123.        }
#124.    }
#125.    void print_help(){
#126.        cout << endl << "命令列表:" << endl;
#127.        cout << "  H  : 显示本帮助信息" << endl;
#128.        cout << "  I  : 插入元素" << endl;
#129.        cout << "  R  : 读取元素" << endl;
#130.        cout << "  D  : 删除元素" << endl;
#131.       cout << "  P  : 输出表中的所有元素"<<endl;
#132.        cout << "  L  : 获取表长" << endl;
#133.        cout << "  C  : 清空当前表" << endl;
#134.        cout << "  M  : 合并两个有序表"<<endl;
#135.        cout << "  Q  : 退出程序" << endl;
#136.        cout << endl;
#137.    }
#138.    void doClear(LinkList &A){
#139.        Clear(A);
#140.        cout << "表中元素被清空"<< endl;
#141.    }
#142.    void doRetrieve(LinkList A){
#143.        int i,x;
#144.        if ( Empty(A)){
#145.            cout << "该表为空表" << endl;return;}
#146.        else{
#147.            cout<<"请输入待读取元素的位置"<<endl;
```

```
#148.                    cin>>i;
#149.                    GetElem(A,i,x);
#150.                    cout << "位置"<<i <<"的元素是:"<<x<<endl;
#151.        }
#152.    }
#153.    void doInsert(LinkList &A){
#154.        int i,x;
#155.        cout<<"请输入待插入的位置和插入的元素:"<<endl;
#156.        if(Empty(A))
#157.            cout<<"请注意目前为一个空表，插入位置只能为1! "<<endl;
#158.        cin>>i>>x;
#159.        if (ListInsert(A,i,x)==false){
#160.            cout<<"插入错误，请检查插入位置或检查表是否已满"<<endl;
#161.            return;
#162.        }
#163.        else
#164.            cout << "在第" << i << "号位置插入元素 "<<x<<endl;
#165.        cout<<"插入后";
#166.        ListTraverse(A);
#167.    }
#168.    void doDelete(LinkList &A){
#169.        int i,x;
#170.        cout<<"请输入待删除元素的位置"<<endl;
#171.        cin>>i;
#172.        if (Empty(A)){
#173.            cout<<"表空，无法删除"<<endl;return;}
#174.        else
#175.            if (ListDelete(A,i,x)==false){
#176.                cout<<"删除错误，请检查删除位置"<<endl;return;}
#177.            else
#178.             cout << "在第" << i << "号位置删除了元素 "<<x<<endl;
#179.        cout<<"删除后";
#180.        ListTraverse(A);
#181.    }
#182.    void doMerge(){
#183.        LinkList A,B,C;
#184.        int la,lb,x;
#185.        InitList(A);
#186.        InitList(B);
#187.        InitList(C);
#188.        cout<<"请输入有序表A表的长度"<<endl;
#189.        cin>>la;
#190.        cout<<"请以递增的次序输入有序表A表的元素"<<endl;
#191.        for (int i=1;i<=la;i++){
#192.            cin>>x;
```

```
#193.                ListInsert(A,i,x);
#194.           }
#195.      cout<<"请输入有序表B表的长度"<<endl;
#196.      cin>>lb;
#197.      cout<<"请以递增的次序输入有序表B表的元素"<<endl;
#198.      for (int i=1;i<=lb;i++){
#199.          cin>>x;
#200.          ListInsert(B,i,x);
#201.      }
#202.      Merge(A,B,C);                //测试两个有序表合并
#203.      cout<<"合并结果";
#204.      ListTraverse(C);
#205.   }
#206.   int main(){
#207.       LinkList testListA;
#208.       char cmd;
#209.       InitList(testListA);      //表的初始化
#210.       CreatList(testListA,5);
#211.       cout  << "当前已创建了一个线性表: "<< endl;
#212.       cout<<"其内容依次为: ";
#213.       ListTraverse(testListA);
#214.       cout<<"请测试对该表的操作，操作命令如下";
#215.       print_help();
#216.       do {
#217.          cout << endl << "请输入命令: ";
#218.          cin >> cmd;
#219.          switch ( cmd ){
#220.            case 'H' : case 'h':
#221.                print_help();
#222.                break;
#223.            case 'I':case 'i' :
#224.                 doInsert(testListA);
#225.                break;
#226.            case 'D' :case 'd':
#227.                doDelete(testListA);
#228.                break;
#229.            case 'C' : case 'c' :
#230.                doClear(testListA);
#231.                break;
#232.            case 'R' : case 'r' :
#233.                doRetrieve(testListA);
#234.                break;
#235.            case 'L' : case 'l' :
#236.                cout << "表的长度是" <<ListLength(testListA)<< endl;
#237.                break;
```

```
#238.            case 'M':case 'm':
#239.              doMerge();
#240.              break;
#241.            case 'P':case 'p':
#242.              ListTraverse(testListA);
#243.              break;
#244.            case 'Q' : case 'q' :
#245.              break;
#246.            default :
#247.              cout << "非法命令，请重新输入" << endl;
#248.          }
#249.       }
#250.       while ( cmd != 'Q'  &&  cmd != 'q' );
#251.       return 0;
#252.   }
```

3. 实验步骤

（1）使用 VS 2010 新建项目。

（2）在源程序文件中添加实验内容列出的代码。

（3）运行程序，根据程序运行后的功能菜单提示，测试各功能的模块。线性表中元素的值和元素序号为整型数据，输入数据之间可以使用空格分隔。

4. 思考

如果单链表中的元素的值为单精度浮点数，程序需要如何修改？

16.4.3 综合案例 3——栈的顺序实现和应用

1. 实验目的

（1）掌握栈的顺序实现。

（2）掌握栈的简单应用实现。

（3）掌握栈的操作特点和应用场合。

2. 实验内容

阅读下面栈的顺序实现和应用的程序。程序完成初始化空栈、入栈、出栈、读取栈顶、判别栈是否空等基本操作。利用栈完成回文字符串的判断。所谓回文字符串，就是正读和反读内容相同的字符串。利用栈完成字符串中括号是否配对的判断。假设字符串中允许出现的括号有(、)、[、]等功能，输入并运行程序进行各功能模块的测试。

```
#1. #include <iostream>
#2. #include <string>
#3. using namespace std;
#4. #define MAXSIZE 50
#5. typedef char SElemType;
#6. typedef struct SqStack{
#7.     SElemType data[MAXSIZE];
#8.     int top;
```

```
#9.  }SqStack;
#10. void InitStack(SqStack &s){
#11.     s.top=-1;
#12. }
#13. void push(SqStack &s, SElemType e){
#14.     if (s.top==MAXSIZE)
#15.         cout<<"栈满"<<endl;
#16.     s.top++;
#17.     s.data[s.top]=e;
#18. }
#19. bool GetTop(SqStack &s, SElemType &e){
#20.     if (s.top==-1)
#21.         return false;
#22.     e=s.data[s.top];
#23.     return true;
#24. }
#25. bool pop(SqStack &s, SElemType &e){
#26.     if (s.top==-1)
#27.         return false;
#28.     e=s.data[s.top];
#29.     s.top--;
#30.     return true;
#31. }
#32. bool StackEmpty(SqStack s){
#33.     return s.top==-1;
#34. }
#35. bool is_match(string a){
#36.     SqStack s;
#37.     char x;
#38.     bool match;
#39.     InitStack(s);
#40.     int n=a.length();
#41.     for (int i=0;i<n;i++)
#42.         if (a[i]=='(' ||a[i]=='[')
#43.             push(s,a[i]);
#44.         else{
#45.             if (a[i]==')' ||a[i]==']'){
#46.                 if (StackEmpty(s)) return false;
#47.                 pop(s,x);
#48.                 match=((x=='(' && a[i]==')') ||(x=='[' && a[i]==']'));;
#49.                 if (!match) return false;
#50.             }
#51.         }
#52.     if (StackEmpty(s))
#53.         return true;
```

```
#54.      else
#55.      return false;
#56. }
#57. void do_is_match(){
#58.      string s;
#59.      cout<<"请输入一个字符串，程序将判别其中的括号"<<endl;
#60.      cout<<"即“（、）、[、]”是否左右配对"<<endl;
#61.      cin>>s;
#62.      if (is_match(s))
#63.          cout<<"括号配对";
#64.      else
#65.          cout<<"括号不配对";
#66. }
#67. bool is_huiwen(string s){
#68.      SqStack cs;
#69.      InitStack(cs);
#70.      char x;
#71.      for (int i=0;i<s.length();i++)
#72.          push(cs,s[i]);
#73.      for (int i=0;i<s.length();i++){
#74.          pop(cs,x);
#75.          if (x!=s[i])return false;
#76.          }
#77.      return true;
#78. }
#79. void do_is_huiwen(){
#80.      string s;
#81.      cout<<"请输入一个字符串，程序将判别其是否为回文字符串"<<endl;
#82.      cin>>s;
#83.      if (is_huiwen(s))
#84.          cout<<"是回文";
#85.      else
#86.          cout<<"不是回文";
#87. }
#88. void print_help(){
#89.      cout << endl << "命令列表:" << endl;
#90.      cout << "  H: 显示本帮助信息" << endl;
#91.      cout << "  P: 回文判断" << endl;
#92.      cout << "  M: 括号是否配对判别" << endl;
#93.      cout << "  Q: 退出程序" << endl;
#94.      cout << endl;
#95. }
#96. int main(){
#97.      char cmd;
#98.      print_help();
```

```
#99.    do{
#100.           cout << endl << "请输入命令: ";
#101.           cin >> cmd;
#102.           switch ( cmd ){
#103.             case 'H' : case 'h':
#104.                  print_help();
#105.                  break;
#106.               case 'P':case 'p' :
#107.                   do_is_huiwen();
#108.                  break;
#109.               case 'M' :case 'm':
#110.                   do_is_match();
#111.                  break;
#112.               case 'Q' : case 'q' :
#113.                   break;
#114.               default :
#115.                   cout << "非法命令, 请重新输入" << endl;
#116.           }
#117.       } while ( cmd != 'Q' &&  cmd != 'q' );
#118.       return 0;
#119.   }
```

3. 实验步骤

（1）使用 VS 2010 新建项目。

（2）在源程序文件中添加实验内容列出的代码。

（3）调试运行程序，根据程序运行后的功能菜单提示，测试各功能模块。

4. 思考

如果字符串中允许出现的括号还有<和>，程序需要如何修改？

16.4.4 综合案例 4——循环队列的实现和测试

1. 实验目的

（1）掌握循环队列顺序实现。

（2）掌握掌握队列判空、判满实现方法。

（3）掌握入列操作的方法。

（4）掌握出列操作的方法。

2. 实验内容

阅读下面实现循环队列的程序。程序完成初始化空队、入队、出队、读取队头、输出队列中所有元素等基本操作，输入并运行程序进行各功能模块的测试。

```
#1. #include <malloc.h>
#2. #include <iostream>
#3. using namespace std;
#4. #define MAXQSIZE  50  //队列最大长度
```

```
#5.  typedef int QElemType ;
#6.  typedef struct {
#7.     QElemType data[MAXQSIZE];
#8.     int  front;                         // 指向队头位置
#9.     int  rear;                          // 指向队尾元素下一个位置
#10.  } SqQueue;
#11. void InitQueue(SqQueue &Q){
#12.    Q.front=0;
#13.    Q.rear=0;
#14. }
#15. bool EnQueue(SqQueue &Q, QElemType e){
#16.    if (Q.front==(Q.rear+1)%MAXQSIZE )
#17.       return false;
#18.    Q.data[Q.rear]=e;
#19.    Q.rear=(Q.rear+1)%MAXQSIZE;
#20.    return true;
#21. }
#22. bool DeQueue(SqQueue &Q, QElemType &e){
#23.    if (Q.front==Q.rear)
#24.       return false;
#25.    e=Q.data[Q.front];
#26.    Q.front=(Q.front+1)%MAXQSIZE;
#27.    return true;
#28. }
#29. bool GetHead(SqQueue Q, QElemType &e){
#30.    if (Q.front==Q.rear)
#31.       return false;
#32.    e=Q.data[Q.front];
#33.    return true;
#34. }
#35. void outQueue(SqQueue Q){
#36.    cout<<"当前队列从队头到队尾元素依次为：";
#37.    for (int i=Q.front;i!=Q.rear;i=(i+1)%MAXQSIZE)
#38.       cout<<Q.data[i]<<" ";
#39.    cout<<endl;
#40. }
#41. void print_help(){
#42.    cout << endl << "命令列表:" << endl;
#43.    cout << "  H: 显示本帮助信息" << endl;
#44.    cout << "  E: 入队" << endl;
#45.    cout << "  D: 出队" << endl;
#46.    cout << "  G: 获取队头元素值" << endl;
#47.    cout << "  P:输出从队首到队尾的所有元素值" << endl;
#48.    cout << "  Q: 退出程序" << endl;
#49.    cout << endl;
```

```
#50.  }
#51.  int main()
#52.  {
#53.      char cmd;
#54.      int x;
#55.      SqQueue Q;
#56.      InitQueue(Q);
#57.      for( int i=1;i<=5;i++){
#58.          EnQueue(Q,2*i-1);
#59.      }
#60.      cout << "当前已创建了一个队列: "<< endl;
#61.      outQueue(Q);
#62.      cout<<"请测试对该队列的操作，操作命令如下";
#63.      print_help();
#64.      do{
#65.          cout << endl << "请输入命令: ";
#66.          cin >> cmd;
#67.          switch ( cmd ){
#68.            case 'H' : case 'h':
#69.                  print_help();
#70.                  break;
#71.            case 'E':case 'e' :
#72.                  cout<<"请输入入队元素的值:" ;
#73.                  cin>>x;
#74.                  EnQueue(Q,x);
#75.                  outQueue(Q);
#76.                  break;
#77.            case 'D' :case 'd':
#78.                  DeQueue(Q,x);
#79.                  cout<<"出队的元素为"<<x<<endl;
#80.                  outQueue(Q);
#81.                  break;
#82.            case 'G':case 'g':
#83.                  GetHead(Q,x);
#84.                  cout<<"队头的元素为"<<x<<endl;
#85.                  cout<<"队列内容不变"<<endl;
#86.                  outQueue(Q);
#87.                break;
#88.            case 'P':case 'p':
#89.                  outQueue(Q);
#90.                break;
#91.            case 'Q' : case 'q' :
#92.                break;
#93.            default :
#94.                  cout << "非法命令，请重新输入" << endl;
```

307

第
16
章

```
#95.            }
#96.     } while ( cmd != 'Q'  &&  cmd != 'q' );
#97.     return 0;
#98. }
```

3. 实验步骤

（1）使用 VS 2010 新建项目。

（2）在源程序文件中添加实验内容列出的代码。

（3）运行程序，根据程序运行后的功能菜单提示，测试各功能模块。队中元素的值为整型数据。

4. 思考

如果队列中的元素的数据类型为单个字符，程序需要如何修改？

第17章 | 全国二级考试模拟

17.1　C 语言程序设计考试大纲（2018 年版）

17.1.1　基本要求

1. 熟悉 Visual C++ 集成开发环境。
2. 掌握结构化程序设计的方法，具有良好的程序设计风格。
3. 掌握程序设计中简单的数据结构和算法，并能阅读简单的程序。
4. 在 Visual C++ 集成环境下，能够编写简单的 C 程序，并具有基本的纠错和调试程序的能力。

17.1.2　考试内容

一、C 语言程序的结构

1. 程序的构成，main 函数和其他函数。
2. 头文件，数据说明，函数的开始和结束标志以及程序中的注释。
3. 源程序的书写格式。
4. C 语言的风格。

二、数据类型及其运算

1. C 语言的数据类型（基本类型，构造类型，指针类型，无值类型）及其定义方法。
2. C 语言运算符的种类、运算优先级和结合性。
3. 不同类型数据间的转换与运算。
4. C 语言表达式类型（赋值表达式，算术表达式，关系表达式，逻辑表达式，条件表达式，逗号表达式）和求值规则。

三、基本语句

1. 表达式语句，空语句，复合语句。
2. 输入输出函数的调用，正确输入数据并正确设计输出格式。

四、选择结构程序设计

1. 用 if 语句实现选择结构。
2. 用 switch 语句实现多分支选择结构。
3. 选择结构的嵌套。

五、循环结构程序设计

1. for 循环结构。

2．while 和 do…while 循环结构。

3．continue 语句和 break 语句。

4．循环的嵌套。

六、数组的定义和引用

1．一维数组和二维数组的定义、初始化和数组元素的引用。

2．字符串与字符数组。

七、函数

1．库函数的正确调用。

2．函数的定义方法。

3．函数的类型和返回值。

4．形式参数与实在参数，参数值的传递。

5．函数的正确调用，嵌套调用，递归调用。

6．局部变量和全局变量。

7．变量的存储类别（自动，静态，寄存器，外部），变量的作用域和生存期。

八、编译预处理

1．宏定义和调用（不带参数的宏，带参数的宏）。

2．"文件包含"处理。

九、指针

1．地址与指针变量的概念，地址运算符与间址运算符。

2．一维数组、二维数组和字符串的地址以及指向变量、数组、字符串、函数、结构体的指针变量的定义。通过指针引用以上各类型数据。

3．用指针作函数参数。

4．返回地址值的函数。

5．指针数组，指向指针的指针。

十、结构体（即"结构"）与共同体（即"联合"）

1．用 typedef 说明一个新类型。

2．结构体和共用体类型数据的定义和成员的引用。

3．通过结构体构成链表，单向链表的建立，节点数据的输出、删除与插入。

十一、位运算

1．位运算符的含义和使用。

2．简单的位运算。

十二、文件操作

只要求缓冲文件系统（即高级磁盘 I/O 系统），对非标准缓冲文件系统（即低级磁盘 I/O 系统）不要求。

1．文件类型指针（FILE 类型指针）。

2．文件的打开与关闭（fopen，fclose）。

3．文件的读写（fputc，fgetc，fputs，fgets，fread，fwrite，fprintf，fscanf 函数的应用），文件的定位（rewind，fseek 函数的应用）。

17.1.3 考试方式

上机考试，考试时长 120 分钟，满分 100 分。

1. 题型及分值

单项选择题 40 分（含公共基础知识部分 10 分）、操作题 60 分（包括程序填空题、程序修改题及程序设计题）。

2. 考试环境

操作系统：中文版 Windows 7。

开发环境：Microsoft Visual C++ 2010 学习版。

17.2 第一套试题

一、选择题

1. 对有序表进行二分查找时，要求有序表（　　）。

    A. 只能顺序存储　　　　　　　　　B. 只能链式存储

    C. 可以顺序存储也可以链式存储　　D. 任何存储方式

2. 设某二叉树的后序序列为 CBA，中序序列为 ABC，则该二叉树的前序序列为（　　）。

    A. BCA　　　　　B. CBA　　　　　C. ABC　　　　　D. CAB

3. 设有一个商店的数据库，记录客户及其购物情况，由 3 个关系组成：商品（商品号，商品名，单价，商品类别，供应商），客户（客户号，姓名，地址，电邮，性别，身份证号），购买（客户号，商品号，购买数量），则关系购买的键为（　　）。

    A. 客户号　　　　　　　　　　　　B. 商品号

    C. 客户号，商品号　　　　　　　　D. 客户号，商品号，购买数量

4. 某带链栈的初始状态为 top=bottom=NULL，经过一系列正常的入栈与退栈操作后，top=10，bottom=20。该栈中的元素个数为（　　）。

    A. 不确定　　　　　B. 10　　　　　C. 1　　　　　D. 0

5. 设顺序表的长度为 n。下列排序方法中，最坏情况下比较次数小于 $n(n-1)/2$ 的是（　　）。

    A. 简单插入排序　　B. 快速排序　　C. 堆排序　　　D. 冒泡

6. 设数据结构 B=（D，R），其中，D={a,b,c,d,e,f}，R={(f,a),(d,b),(e,d),(c,e),(a,c)}，该数据结构为（　　）。

    A. 线性结构　　　　B. 循环队列　　C. 循环链表　　D. 非线性结构

7. 设一棵树的度为 3，共有 27 个节点，其中度为 3、2、0 的节点数分别为 4、1、10。该树中度为 1 的节点数为（　　）。

    A. 不可能有这样的树　　　　　　　B. 13

    C. 11　　　　　　　　　　　　　　D. 12

8. SQL 语言又称为（　　）。

    A. 结构化定义语言　　　　　　　　B. 结构化控制语言

    C. 结构化查询语言　　　　　　　　D. 结构化操纵语言

9. 视图设计一般有 3 种设计次序，下列不属于视图设计的是（　　　）。

    A. 自顶向下　　　　B. 由外向内　　　　C. 由内向外　　　　D. 自底向下

10. 下列不属于软件调试技术的是（　　　）。

    A. 强行排错法　　B. 集成测试法　　C. 回溯法　　　　D. 原因排除法

11. 以下叙述中错误的是（　　　）。

    A. 改变函数形参的值，不会改变对应实参的值

    B. 函数可以返回地址值

    C. 可以给指针变量赋一个整数作为地址值

    D. 当在程序的开头包含头文件 stdio.h 时，可以给指针变量赋 NULL

12. 有以下函数：

```
int aaa(char *s)
{ char *t=s;
  while(*t++);
  t--;
  return(t-s);
}
```

以下关于 aaa 函数的功能叙述正确的是（　　　）。

    A. 求字符串 s 的长度　　　　　　B. 比较两个串的大小

    C. 将串 s 复制到串 t　　　　　　 D. 求字符串 s 所占字节数

13. C 语言源程序名的扩展名是（　　　）。

    A. .exe　　　　　　B. .c　　　　　　C. .obj　　　　　　D. .cp

14. 有以下程序：

```
#include <stdio.h>
int a=1;
int f(int c)
{ static int a=2;
  c=c+1;
  return (a++)+c;
}
main()
{ int i,k=0;
  for(i=0;i<2;i++) {int a=3;k+=f(a);}
  k+=a;
  printf("%d\n",k);
}
```

程序的运行结果是（　　　）。

    A. 14　　　　　　B. 15　　　　　　C. 16　　　　　　D. 17

15. 有以下程序：

```
#include <stdio.h>
```

```
struct  tt
{  int  x;struct  tt  *y;}*p;
   struct  tt  a[4]={20,a+1,15,a+2,30,a+3,17,a};
main()
{  int  i;
   p=a;
   for(i=1;i<=2;i++){ printf("%d, ",p->x);p=p->y;}
}
```

程序的运行结果是（　　　）。

  A．20,30,   B．30,17,   C．15,30   D．20,15,

16．以下正确的字符串常量是（　　　）。

  A．"\\\"   B．'abc'   C．Olympic   D．""

17．以下关于 long、int 和 short 类型数据占用内存大小的叙述中正确的是（　　　）。

  A．均占 4 字节

  B．根据数据的大小来决定所占内存的字节数

  C．由用户自己定义

  D．由 C 语言编译系统决定

18．以下关于字符串的叙述中正确的是（　　　）。

  A．C 语言中有字符串类型的常量和变量

  B．两个字符串中的字符个数相同时才能进行字符串大小的比较

  C．可以用关系运算符对字符串的大小进行比较

  D．空串一定比空格打头的字符串小

19．设有以下定义：

```
union data
{  int  d1;float  d2;}demo;
```

则下面叙述中错误的是（　　　）。

  A．变量 demo 与成员 d2 所占的内存字节数相同

  B．变量 demo 中各成员的地址相同

  C．变量 demo 和各成员的地址相同

  D．若给 demo.d1 赋 99 后，demo.d2 中的值是 99.0

20．设有条件表达式：(EXP)?i++:j--，则以下表达式中与（EXP）完全等价的是（　　　）。

  A．(EXP==0) B．(EXP!=0) C．(EXP==1) D．(EXP!=1)

21．已有定义：char c;，程序前面已在命令中包含 ctype.h 文件。不能用于判断 c 中的字符是否为大写字母的表达式是（　　　）。

  A．isupper(c)

  B．'A'<=c<='Z'

  C．'A'<=c&&c<='Z'

  D．c<=('z'-32)&&('a'-32)<=c

22. 有以下程序：

```c
#include <stdio.h>
void fun(char *t,char *s)
{ while(*t!=0)t++;
  while((*t++=*s++)!=0);
}
main()
{ char ss[10]="acc",aa[10]="bbxxyy";
  fun(ss,aa);printf("%s,%s\n",ss,aa);
}
```

程序的运行结果是（   ）。

    A．accxyy,bbxxyy   B．acc,bbxxyy

    C．accxxyy,bbxxyy   D．accbbxyy,bbxxyy

23. 若在定义语句：int a,b,c,*p=&c;之后，接着执行以下选项中的语句，则能正确执行的是（   ）。

    A．scanf("%d",a,b,c);   B．scanf("%d%d%d",a,b,c);

    C．scanf("%d",p);   D．scanf("%d",&p);

24. 若变量已正确定义，有以下程序段：

```c
i=0;
do printf("d,",i);while(i++);
printf("%d\n",i);
```

程序的运行结果是（   ）。

    A．0,0   B．0,1   C．1,1   D．程序进入无限循环

25. 设有定义：char p[]={'1','2','3'},*q=p，以下不能计算出一个 char 型数据所占字节数的表达式是（   ）。

    A．sizeof(p)   B．sizeof(char)

    C．sizeof(*q)   D．sizeof(p[0])

26. 以下叙述中正确的是（   ）。

    A．C 语言程序将从源程序中第一个函数开始执行

    B．可以在程序中由用户指定任意一个函数作为主函数，程序将从此开始执行

    C．C 语言规定必须用 main 作为主函数名，程序将从此开始执行，在此结束

    D．main 可作为用户标识符，用以命名任意一个函数作为主函数

27. 有以下程序：

```c
#include <stdio.h>
int fun(char s[])
{ int n=0;
  while(*s<='9'&&*s>='0'){n=10*n+*s-'0';s++;}
  return(n);
}
```

```
main()
{ char s[10]={'6','1','*','4','*','9','*','0','*'};
  printf("%d\n",fun(s));
]
```

程序的运行结果是（   ）。

    A．9   B．61490   C．61   D．5

28．若变量均已正确定义并赋值，以下合法的 C 语言赋值语句是（   ）。

    A．x=y==5;   B．x=n%2.5;   C．x+n=i;   D．x=5=5+1;

29．以下关于 typedef 的叙述错误的是（   ）。

    A．用 typedef 可以增加新类型

    B．typedef 只是将已存在的类型用一个新的名字来代表

    C．用 typedef 可以为各种类型说明一个新名，但不能用来为变量说明一个新名

    D．用 typedef 为类型说明一个新名，通常可以增加程序的可读性

30．在一个 C 程序文件中所定义的全局变量，其作用域为（   ）。

    A．所在文件的全部范围

    B．所在程序的全部范围

    C．所在函数的全部范围

    D．由具体定义位置和 extern 说明来决定范围

31．若有定义语句：int a[2][3],*p[3];，则以下语句正确的是（   ）。

    A．p=a;   B．p[0]=a;   C．p[0]=&a[1][2];   D．p[1]=&a;

32．若函数调用时的实参为变量时，以下关于函数形参和实参的叙述中正确的是（   ）。

    A．函数的实参和其对应的形参共占同一存储单元

    B．形参只是形式上的存在，不占用具体存储单元

    C．同名的实参和形参占同一存储单元

    D．函数的形参和实参分别占用不同的存储单元

33．若有定义语句：int a[3][6];，按在内存中的存放顺序，a 数组的第 10 个元素是（   ）。

    A．a[0][4]   B．a[1][3]   C．a[0][3]   D．a[1][4]

34．可在 C 程序中用作用户标识符的一组标识符是（   ）。

    A．and   B．Date   C．Hi   D．ab

      _2007   y-m-d   123   case

35．以下选项中，合法的一组 C 语言数值常量是（   ）。

    A．028   B．12.   C．.177   D．0x8A

      .5e-3   0Xa23   4e1.5   10,000

      -0xf   4.5e0   0abc   3.e5

36．有以下计算公式：

$$y = \begin{cases} \sqrt{x} & (x \geq 0) \\ \sqrt{-x} & (x \leq 0) \end{cases}$$

若程序前面已在命令行中包含 math.h 文件，不能正确计算上述公式的程序段

第 17 章

是（　　）。

  A．if(x>=0)y=sqrt(x);　 B．y=sqrt(x);

    else y=sqrt(-x);　 if(x<0) y=sqrt(-x);

  C．if(x>=0)y=sqrt(x);　 D．y=sqrt(x>=0?x:-x);

    if(x<0) y=sqrt(-x);

37．若已定义：int　a[9],*p=a;，并在以后的语句中未改变 p 的值，不能表示 a[1] 地址的表达式是（　　）。

  A．p+1　 B．a+1　 C．a++　 D．++p

38．有以下程序：

```c
#include <stdio.h>
#include <string.h>
void fun(char s[][10],int n)
{ char t;int i,j;
  for(i=0;i<n-1;i++)
    for(j=i+1;j<n;j++)
      if(s[i][0]>s[j][0]) {t=s[i][0];s[i][0]=s[j][0];s[j][0]=t;}
}
main()
{ char ss[5][10]={"bcc","bbcc", "xy","aaaacc","aabcc"};
  fun(ss,5); printf("%s,%s\n",ss[0],ss[4]);
}
```

程序的运行结果是（　　）。

  A．xy,aaaacc　 B．aaaacc,xy　 C．xcc,aabcc　 D．acc,xabcc

39．若程序中有宏定义行：#define　N　100，则以下叙述中正确的是（　　）。

  A．宏定义行中定义了标识符 N 的值为整数 100

  B．在编译程序对 C 源程序进行预处理时用 100 替换标识符 N

  C．对 C 源程序进行编译时用 100 替换标识符 N

  D．在运行时用 100 替换标识符 N

40．有以下程序：

```c
#include <stdio.h>
void fun(char **p)
{ ++p;printf("%s\n",*p);
}
main()
{ char *a[]={"Morning", "Afternoon", "Evening", "Night"};
  fun(a);
}
```

程序的运行结果是（　　）。

  A．Afternoon　 B．fternoon　 C．Morning　 D．orning

二、程序填空

下列给定程序中，函数 fun 根据所给 n 名学生的成绩，计算出所有学生的平均成绩，把高于平均成绩的学生成绩求平均值并返回。

例如，若有成绩为：50,60,70,80,90,100,55,65,75,85,95,99，则运行结果应为：91.5。

请在程序的下画线处填入正确的内容并把下画线删除，使程序得出正确的结果。

注意：不要改动 main 函数，不得增行或删行，也不得更改程序的结构。

```c
#include <stdio.h>
double  fun(double x[], int n)
{   int i, k=0;
    double avg=0.0, sum=0.0;
    for (i=0; i<n; i++)
        avg += x[i];
/********************found********************/
    avg /=    (1)   ;
    for (i=0; i<n; i++)
        if (x[i] > avg)
        {
/********************found********************/
            (2)    += x[i];
            k++;
        }
/********************found********************/
    return    (3)   ;
}
main( )
{   double score[12] ={50,60,70,80,90,100,55,65,75,85,95,99};
    double aa;
    aa= fun(score,12);
    printf("%f\n",aa);
}
```

三、程序修改

给定程序 MODI.C 中，函数 fun 的功能是：找出 n 的所有因子，统计因子的个数，并判断是否是"完数"。当一个数的因子之和恰好等于这个数本身时，就称这个数为"完数"。例如：6 的因子包括 1、2、3，而 6=1+2+3，所以 6 是完数。如果是完数，函数返回值为 1，否则函数返回值为 0。数组 a 中存放的是找到的因子，变量 k 存放的是因子的个数。

请改正函数 fun 中指定部位的错误，使它能得出正确的结果。

注意：不要改动 main 函数，不得增行或删行，也不得更改程序的结构。

```c
#include <stdio.h>
int  fun(int n, int a[], int *k)
{   int m=0, i, t;
```

```
      t = n;
/**********found**********/
    for( i=0; i<n; i++ )
      if(n%i==0)
      { a[m]=i;  m++;  t=t - i;  }
/**********found**********/
    k=m;
/**********found**********/
    if ( t=0 )  return  1;
    else  return  0;
}
main()
{ int  n , a[10], flag, i, k;
  printf("请输入一个整数:    "); scanf("%d",&n);
  flag = fun( n, a, &k );
  if(flag)
  { printf(" %d 是完数，其因子是: ", n);
    for(i=0;i<k;i++)  printf(" %d ", a[i]);
    printf("\n");
  }
  else printf(" %d 不是完数.\n ", n );
  getchar();
}
```

四、程序编写

请编写函数 fun，其功能是：判断 t 所指字符串中的字母是否由连续递增字母序列组成（字符串长度大于 2）。

例如，字符串 uvwxy 满足要求，uvxwyz 不满足要求。

注意：部分源程序存在 PROG1.C 中，请勿改动主函数 main 和其他函数中的任何内容，仅在函数 fun 指定的部分填入所编写的若干语句。

```
#include <stdio.h>
#include <string.h>
void NONO();
int fun( char  *t )
{


}
main()
{ char  s[26];
  printf("请输入一个字母组成的字符串 : "); gets(s);
  if( fun(s) )  printf("%s 是由连续字母组成的字符串.\n", s );
  else   printf("%s 不是由连续字母组成的字符串!\n", s );
```

```
    NONO();
    getchar();
}
void NONO()
{/* 本函数用于打开文件，输入数据，调用函数，输出数据，关闭文件。 */
  FILE *fp, *wf ;
  int i;
  char s[26], *p;

  fp = fopen("C:\\WEXAM\\000000000000\\in.dat","r") ;
  wf = fopen("C:\\WEXAM\\000000000000\\out.dat","w") ;
  for(i = 0 ; i < 10 ; i++) {
    fgets(s, 26, fp);
    p=strchr(s,'\n');
    if(p) *p=0;
    if (fun(s)) fprintf(wf, "%s\n", s+2);
    else  fprintf(wf, "%s\n", strrev(s));
  }
  fclose(fp) ;
  fclose(wf) ;
}
```

17.3   第二套试题

一、选择题

1. 第三范式是在第二范式的基础上消除了（   ）。

    A. 非主属性对键的传递函数依赖　　　B. 非主属性对键的部分函数依赖

    C. 多值依赖　　　　　　　　　　　　D. 其他 3 项都不对

2. 将数据库的结构划分成多个层次，是为了提高数据库的（   ）。

    A. 数据共享　　　　　　　　　　　　B. 数据处理并发性

    C. 管理规范性　　　　　　　　　　　D. 逻辑独立性和物理独立性

3. 关系数据模型的 3 个组成部分不包括（   ）。

    A. 关系的并发控制　　　　　　　　　B. 关系的数据操纵

    C. 关系的数据结构　　　　　　　　　D. 关系的完整性约束

4. 第二范式是在第一范式的基础上消除了（   ）。

    A. 非主属性对键的传递函数依赖　　　C. 非主属性对键的部分函数依赖

    B. 多值依赖　　　　　　　　　　　　D. 其他 3 项都不对

5. 在计算机中，算法是指（   ）。

    A. 查询方法　　　　　　　　　　　　B. 加工方法

    C. 解题方案准确而完整的描述　　　　D. 排序方法

6. 在关系表中，属性值必须是另一个表主键的有效值或空值，这样的属性是（   ）。

    A. 候选键   B. 主键

    C. 外键   D. 其他 3 项都不对

7. 数据库中存储的是（   ）。

    A. 数据的操作   B. 数据模型

    C. 数据信息   D. 数据以及数据之间的联系

8. 关系数据库规范化的目的是为了解决关系数据库中的（   ）。

    A. 数据安全性和完整性保障的问题

    B. 查询速度低的问题

    C. 数据操作复杂的问题

    D. 插入、删除异常和数据冗余问题

9. 下列叙述中正确的是（   ）。

    A. 循环队列中有队头和队尾两个指针，因此，循环队列是非线性结构

    B. 在循环队列中，只需要队头指针就能反映队列中元素的动态变化情况

    C. 在循环队列中，只需要队尾指针就能反映队列中元素的动态变化情况

    D. 循环队列中元素的个数由队头指针和队尾指针共同决定

10. 现有表示患者和医疗的关系如下：P(P#,Pn,Pg,By)，其中 P#表示患者编号，Pn 为患者姓名，Pg 为性别，By 为出生日期；Tr(P#,D#,Date, Rt)，其中 D#为医生编号，Date 为就诊日期，Rt 为诊断结果。检索 1 号医生处就诊且诊断结果为感冒的病人姓名的表达式是（   ）。

    A. $\pi_{Pn}(\pi_{P\#}(\sigma_{D\#=1 \wedge Rt='感冒'}(Tr)) \bowtie P)$ B. $\pi_{P\#}(\sigma_{D\#=1 \wedge Rt='感冒'}(Tr))$

    C. $\sigma_{D\#=1 \wedge Rt='感冒'}(Tr)$ D. $\pi_{Pn}(\sigma_{D\#=1 \wedge Rt='感冒'}(Tr))$

11. 有以下程序段：

```
typedef struct NODE
{ int numstruct NODE *next;
}OLD;
```

以下叙述中正确的是（   ）。

    A. 以上的说明形式非法   B. NODE 是一个结构体类型

    C. OLD 是一个结构体类型   D. OLD 是一个结构体变量

12. 以下不能正确计算代数式 $\frac{1}{3}\sin^2\left(\frac{1}{2}\right)$ 值的 C 语言表达式是（   ）。

    A. 1/3*sin(1/2)*sin(1/2)   B. sin(0.5)*sin(0.5)/3

    C. pow(sin(0.5),2)/3   D. 1/3.0* pow(sin(1.0/2),2)

13. 有以下程序段：

```
#include <sdtio.h>
main()
{ char c1='1',c2='2';
  c1=getchar();c2=getchar();putchar(c1);putchar(c2);
}
```

当运行时输入：a<回车>后，以下叙述正确的是（　　　）。

    A．变量 c1 被赋予字符 a，c2 被赋予回车符

    B．程序将等待用户输入第 2 个字符

    C．变量 c1 被赋予字符 a，c2 中仍是原有字符 2

    D．变量 c1 被赋予字符 a，c2 将无确定值

14．有以下程序段：

```
#include <string.h>
main()
{ char  p[]={'a','b','c'},q[10]= {'a','b','c'};
  printf("%d  %d\n",strlen(p), strlen(q));
}
```

以下叙述正确的是（　　　）。

    A．在给 p 和 q 数组置初值时，系统会自动添加字符串结束符，故输出的长度都
       为 3

    B．由于 p 数组中没有字符串结束符，长度不能确定；但 q 数组中字符长度为 3

    C．由于 q 数组中没有字符串结束符，长度不能确定；但 p 数组中字符长度为 3

    D．由于 p 和 q 数组中没有字符串结束符，故长度都不能确定

15．有以下程序段：

```
#include <string.h>
main()
{ char  a1='M',a2='m';
  printf("%c\n",(a1,a2));
}
```

以下叙述正确的是（　　　）。

    A．程序输出大写字母 M　　　　　　　B．程序输出小写字母 m

    C．格式说明符不足，编译出错　　　　D．程序运行时产生出错信息

16．设有定义：int　n1=0,n2,*p=&n2,*q=&n1;，以下赋值语句中与 n2=n1;语句等价的
是（　　　）。

    A．*p=*q;　　　　　B．p=q;　　　　　C．*p=&n1;　　　　D．p=*q;

17．有以下程序段：

```
void  sum(int  a[])
{ a[0]=a[-1]+a[1];}
main()
{ int  a[10]={1,2,3,4,5,6,7,8,9,10};
  sum(&a[2]);
  printf("%d\n",a[2]);
}
```

程序运行后的输出结果是（　　　）。

A. 6   B. 7   C. 5   D. 8

18. 有以下程序段:

```
void swap1(int c0[],int c1[])
{ int t;
    t=c0[0];c0[0]=c1[0];c1[0]=t;
}
void swap2(int *c0,int *c1)
{ int t;
    t=*c0;*c0=*c1;*c1=t;
}
main()
{ int a[2]={3,5},b[2]={3,5};
  swap1(a,a+1); swap2(&b[0],&b[1]);
  printf("%d %d  %d  %d \n",a[0], a[1], b[0], b[1]);
}
```

程序运行后的输出结果是（   ）。

A. 3 5 5 3   B. 5 3 3 5   C. 3 5 3 5   D. 5 3 5 3

19. 以下程序的功能是进行位运算:

```
main()
{ unsigned char a,b;
  a=7^3;b=~4&3;
  printf("%d %d\n",a,b);
}
```

程序运行后的输出结果是（   ）。

A. 4 3   B. 7 3   C. 7 0   D. 4 0

20. 有以下程序段:

```
int a=2;
int f(int n)
{ static int a=3;
  int t=0;
  if(n%2) { static int a=4;t+=a++; }
  else (static int a=5;t+=a++; }
  return t+a++;
}
main()
{ int s=a,i;
  for(i=0;i<3;i++) s+=f(i)
  printf("%d \n",s);
}
```

程序运行后的输出结果是（   ）。

A. 26   B. 28   C. 29   D. 24

21. 有以下程序段:

```
int  n,t=1, s=0;
scanf("%d" ,&n);
do { s=s+t;t=t-2;}while (t!=n);
```

为使此程序段不陷入死循环，从键盘输入的数据应该是（   ）。

      A．任意正奇数   B．任意负偶数

      C．任意正偶数   D．任意负奇数

22. 以下叙述中错误的是（   ）。

      A．C 语言中对二进制文件的访问速度比文本文件快

      B．C 语言中，随机文件以二进制代码形式存储数据

      C．语句 FILE fp;定义了一个名为 fp 的文件指针

      D．C 语言中的文本文件以 ASCII 码形式存储数据

23. 以下能正确定义且赋初值的语句是（   ）。

      A．int   n1=n2=10;   B．char   c=32;

      C．float   f=f+1.1;   D．double   x=12.3E2.5;

24. 有以下程序:

```
void  sort(int  a[],int  n)
{
int  i,j,t;
for(i=0;i<n;i++)
 for(j=i+1;j<n;j++)
  if(a[i]<a[j]) {t=a[i];a[i]=a[j];a[j]=t;}
}
main()
{ int  aa[10]={1,2,3,4,5,6,7,8,9,10},i;
 sort(aa+2,5)
 for(i=0;i<10;i++) printf("%d,",aa[i]);
 printf("\n");
```

程序运行后的输出结果是（   ）。

      A．1,2,3,4,5,6,7,8,9,10   B．1,2,7,6,3,4,5,8,9,10

      C．1,2,7,6,5,4,3,8,9,10   D．1,2,9,8,7,6,5,4,3,10

25. 以下程序的功能是：给 r 输入数据后计算半径为 r 的圆面积 s，程序在编译时出错。

```
main()
/*Beginning*/
{ int r;float s;
 scanf("%d",&r);
 s=*∏*r*r;printf("s=%f\n",s);
}
```

出错的原因是（   ）。

A. 注释语句书写位置错误

B. 存放圆半径的变量 r 不应该定义为整型

C. 输出语句中格式描述符非法

D. 计算圆面积的赋值语句中使用了非法变量

26. 有以下程序:

```
main()
{ char  p[]={'a','b','c'},q[]="abc";
  printf("%d  %d\n",sizeof(p), sizeof(q));
}
```

程序运行后的输出结果是（　　）。

A. 4　4　　　　　　B. 3　3　　　　　　C. 3　4　　　　　　D. 4　3

27. 以下叙述中错误的是（　　）。

　　A. C 语句必须以分号结束

　　B. 复合语句在语法上被看作一条语句

　　C. 空语句出现在任何位置都不会影响程序运行

　　D. 赋值表达式末尾加分号就构成赋值语句

28. 设变量已正确定义，则以下能正确计算 f=n!的程序段是（　　）。

　　A. f=0;for(i=1;i<=n;i++) f*=i;

　　B. f=1;for(i=1;i<n;i++) f*=i;

　　C. f=1;for(i=n;i>1;i++) f*=i;

　　D. f=1;for(i=n;i>=2;i--) f*=i;

29. 有以下程序:

```
float  f1(float  n)
{return  n*n;}
float  f2(float  n)
{return  2*n;}
main()
{ float  (*p1)(float), (*p2)(float), (*t)(float),y1,y2;
  p1=f1;p2=f2;
  y1= p2(p1(2.0));
  t=p1;p1=p2;p2=t;
  y2= p2(p1(2.0));
  printf("%3.0f,%3.0f\n",y1,y2);
}
```

程序运行后的输出结果是（　　）。

　　A. 8,16　　　　　B. 8,8　　　　　　C. 16,16　　　　　D. 4,8

30. 有以下程序:

```
#define  f(x)  (x*x)
main()
```

```
{ int  i1,i2;
  i1=f(8)/f(4);i2=f(4+4)/f(2+2);
  printf("%d,%d\n",i1,i2);
}
```

程序运行后的输出结果是（   ）。

  A. 64,28   B. 4,4   C. 4,3   D. 64,64

31．有以下程序：

```
main()
{ int k=5,n=0;
  while(k>0)
 {switch(k)
  {
  default:break;
  case  1:n+=k;
  case  2:
  case  3:n+=k;
  }
 k--;
 }
 printf("%d\n",n);
}
```

程序运行后的输出结果是（   ）。

  A. 0   B. 4   C. 6   D. 7

32．有以下程序：

```
#include <string.h>
void f(char *s,char *t)
{ char  k;
  k=*s;*s=*t,*t=k;
  s++;t--;
  if(*s) f(s,t);
}
main()
{ char  str[10]="abcdefg",*p;
  p=str+strlen(str)/2+1;
  f(p,p-2);
  printf("%s\n",str);
}
```

程序运行后的输出结果是（   ）。

A. abcdefg   B. gfedcba   C. gbcdefa   D. abedcfg

33．有以下程序：

```
main()
{ int  a[10]={1,2,3,4,5,6,7,8,9,10},*p=&a[3],*q=p+2;
  printf("%d\n",*p+*q);
}
```

程序运行后的输出结果是（　　　）。

  A. 16   B. 10   C. 8   D. 6

34. 有以下程序：

```
#include  <string.h>
struct  STU
{ char  name[10];
  int  num;
};
void  f(char  *name,int  num)
{ struct  STU  s[2]={{"SunDan",20044,{"Penghua",20045}};
  num=s[0].num;
  strcpy(name, s[0].name);
}
main()
{ struct  STU  s[2]={{"YangSan",20041,{"LiSiGao",20042}},*p;
  p=&s[1];f(p->name,p->num);
  printf("%s  %d\n", p->name,p->num);
}
```

程序运行后的输出结果是（　　　）。

A.　SunDan 20042   B.　SunDan 20044

C.　LiSiGao 20042   D.　YangSan 20041

35. 有以下程序，其中函数 f 的功能是将多个字符串按字典顺序排序：

```
#include  <string.h>
void  f(char  *p[],int  n)
{ char  *t;int  i,j;
  for(i=0;i<n-1;i++)
    for(j=i+1;j<n;j++)
      if(strcmp(p[i],p[j])>0){t=p[i];p[i]=p[j];p[j]=t; }
}
main()
{ char  *p[5]={"abc","aabdfg","abbd","dcdbe","cd"};
  f(p,5);
  printf("%d\n",strlen(p[1]));
}
```

程序运行后的输出结果是（　　　）。

  A. 2   B. 3   C. 6   D. 4

36. 有以下程序:

```
main()
{ int a[]={2,4,6,8,10},y=0,x,*p;
  p=&a[1];
  for(x=1;x<3;x++)y+=p[x];
  printf("%d\n",y);
}
```

程序运行后的输出结果是（　　　）。

    A．10　　　　　　　　B．11　　　　　　　　C．14　　　　　　　　D．15

37. 设有函数 fun 的定义形式为

```
void fun(char ch,float x){…}
```

则以下函数 fun 的调用语句中，正确的是（　　　）。

    A．fun("abc",3.0);　　　　　　　　B．t=fun('D',16.5);

    C．fun('65',3.0);　　　　　　　　D．fun(32,32);

38. 以下叙述中正确的是（　　　）。

    A．调用 printf 函数时，必须要有输出项

    B．使用 putchar 函数时，必须在之前包含头文件 stdio.h

    C．在 C 语言中，整数可以以十二进制、八进制或十六进制的形式输出

    D．调用 getchar 函数读入字符时，可以从键盘上输入字符所对应的 ASCII 码

39. 有以下程序:

```
#include<stdio.h>
main()
{   FILE *fp;int i,k,n;
    fp=fopen("data.dat","w+");
    for(i=1;i<6;i++)
     { fprintf(fp,"%d ",i);
       if(i%3==0) fprintf(fp,"\n");
     }
    rewind(fp);
    fscanf(fp,"%d%d",&k,&n);printf("%d %d",k,n);
    fclose(fp);
}
```

程序运行后的输出结果是（　　　）。

    A．0　0　　　　　B．123　45　　　　　C．1　4　　　　　D．1　2

40. 以下程序的输出结果是（　　　）。

```
#include<stdio.h>
main()
{int a,b,d=241;a=d/100%9;b=(-1)&&(-1);printf("%d,%d\n",a,b);}
```

A. 6,1　　　　　　B. 6,0　　　　　　　C. 2,1　　　　　　D. 2,0

二、程序填空

给定程序中，函数 fun 的作用是：不断从终端读入整数，用变量 a 统计大于 0 的个数，用变量 b 统计小于 0 的个数；当输入 0 时结束输入，并通过形参 px 和 py 把统计的数据传回主函数进行输出。

请在程序的下画线处填入正确的内容并把下画线删除，使程序得出正确的结果。

注意： 源程序存放在文件 BLANK1.C 中，不得增行或删行，也不得更改程序的结构。

```c
#include <stdio.h>
void  fun(int *px, int *py)
{
/**********found**********/
    int    (1)   ;
    scanf( "%d", &k );
/**********found**********/
    while    (2)
    {  if (k>0 ) a++;
       if(k<0 ) b++;
/**********found**********/
        (3)   ;
    }
    *px=a;  *py=b;
}
main()
{  int  x,  y;
   fun( &x,  &y );
   printf("x=%d  y=%d\n", x,y );
   getchar();
}
```

三、程序修改

给定程序 MODI.C 中规定输入的字符串全部为字母，fun 函数的功能是：统计 a 所指字符串中每个字母在字符串中出现的次数（统计时不区分大小写），并将出现次数最高的字母输出（如果有多个相同，输出一个即可）。

例如，对于字符串 dadbcdbabdb，对应的输出应为 b 或 d。

请改正函数 fun 中指定部位的错误，使它能得出正确的结果。

注意： 不要改动 main 函数，不得增行或删行，也不得更改程序的结构。

```c
#include <stdio.h>
#include <stdio.h>
#include <string.h>
void fun(char  a[])
```

```
{ int  b[26], i, n,max;
  for (i=0; i<26; i++)
    b[i] = 0;
/**********found**********/
  n=sizeof(a);
  for (i=0; i<n; i++)
/**********found**********/
    if (a[i] >='a' || a[i]<='z')
      b[a[i] - 'a']++;
  max = 0;
  for (i=1; i<26; i++)
    if (b[max] < b[i])
/**********found**********/
      i=max;
  printf("出现次数最多的字符是 :  %c\n", max + 'a');
}
main( )
{ char  a[200];
  printf("请输入一个待统计的字符串 :   ");   scanf("%s", a);
  fun(a);
  getchar();
}
```

四、程序编写

编写函数 fun，其功能是：将一组得分中的一个最高分和一个最低分去掉，然后求平均值，并通过函数返回。函数形参 a 指向存放得分的数组，形参 n 中存放得分个数（n>2）。

例如，若输入 9.9 8.5 7.6 8.5 9.3 9.5 8.9 7.8 8.6 8.4 十个得分，则输出结果为：8.687500。

注意：部分源程序存在文件 PROG1.C 中。

请勿改动 main 函数和其他函数中的任何内容，仅在函数 fun 的大括号中填入语句。

```
#include  <stdio.h>
void NONO();
double fun(double  a[ ] , int  n)
{



}
main()
{ double  b[10], r;    int  i;
  printf("输入10个分数放入b数组中 : ");
  for (i=0; i<10; i++)   scanf("%lf",&b[i]);
  printf("输入的10个分数是 : ");
  for (i=0; i<10; i++)   printf("%4.1lf ",b[i]);    printf("\n");
```

```
    r = fun(b, 10);
    printf("去掉最高分和最低分后的平均分： %f\n", r );
    NONO();
    getchar();
}
void NONO()
{/* 本函数用于打开文件，输入数据，调用函数，输出数据，关闭文件。 */
 FILE *fp, *wf;
 int i, j ;
 double b[10], r;

 fp = fopen("C:\\WEXAM\\000000000000\\in.dat","r") ;
 wf = fopen("C:\\WEXAM\\000000000000\\out.dat","w") ;
 for(i = 0 ; i < 10 ; i++) {
   for(j = 0 ; j < 10 ; j++) {
     fscanf(fp, "%lf ", &b[j]);
   }
   r = fun(b, 10) ;
   fprintf(wf, "%f\n", r);
 }
 fclose(fp);
 fclose(wf);
}
```

17.4　第三套试题

一、选择题

1．下面对软件描述错误的是（　　　）。

    A．程序和数据是可执行的

    B．软件文档是与程序开发、维护和应用无关的资料

    C．文档是不可执行的

    D．软件是程序、数据及相关文档的集合

2．软件测试用例包括（　　　）。

    A．输入数据和预期输出结果

    B．测试计划和测试数据

    C．被测试程序和测试规程

    D．输入数据和输出数据

3．下面对"对象"概念描述错误的是（　　　）。

    A．对象是属性和方法的封装体

    B．对象不具有封装性

    C．对象间的通信是靠消息传递

    D．一个对象是其对应类的实例

4. 对于循环队列，下列叙述中正确的是（　　　　）。

    A．队头指针是固定不变的

    B．队头指针一定大于队尾指针

    C．队头指针一定小于队尾指针

    D．队头指针可以大于队尾指针，也可以小于队尾指针

5. 设有下列二叉树：

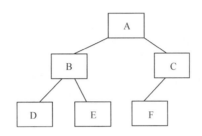

对此二叉树中序遍历的结果为（　　　　）。

    A．ABCDEF   B．DBEAFC   C．ABDECF   D．DEBFCA

6. 下列排序方法中，最坏情况下比较次数最少的是（　　　　）。

    A．冒泡排序   B．简单选择排序

    C．直接插入排序   D．堆排序

7. 支持子程序调用的数据结构是（　　　　）。

    A．栈   B．树   C．队列   D．二叉树

8. 算法的有穷性是指（　　　　）。

    A．算法程序的运行时间是有限的

    B．算法程序所处理的数据量是有限的

    C．算法程序的长度是有限的

    D．算法只能被有限的用户使用

9. 下列选项中，不是面向对象主要特征的是（　　　　）。

    A．封装   B．抽象   C．继承   D．复用

10. 下面不属于系统软件的是（　　　　）。

    A．编译系统   B．操作系统   C．杀毒软件   D．数据库管理系统

11. 若有以下程序段（n 所赋的是八进制）：

```
int  m=32767,n=032767;
printf("%d,%o\n",m,n);
```

执行后输出结果是（　　　　）。

    A．32767,32767   B．32767,032767

    C．32767,77777   D．32767,077777

12. 若有以下程序段：

```
int m=0xabc,n=0xabc;
m-=n;
printf("%X\n",m);
```

执行后输出结果是（　　　　）。

A．0X0 B．0x0 C．0 D．0XABC

13．以下程序试图把从终端输入的字符输出到名为abc.txt的文件中，直到从终端读入字符#号时结束输入和输出操作，但程序有错误。

```
#include <stdio.h>
main()
{ FILE *fout;char ch;
  fout=fopen('abc.txt','w');
  ch=fgetc(stdin);
  while(ch!='#')
  { fputc(ch,fout);
    ch=fgetc(stdin);
  }
    fclose(fout);
}
```

出错的原因是（ ）。

A．函数fopen调用形式有误 B．输入文件没有关闭

C．函数fgetc调用形式有误 D．文件指针stdin没有定义

14．有以下程序：

```
main()
{ union{ unsigned int n;
        Unsigned char c;
      }ul;
  ul.c='A';
  printf("%c\n",ul.n);
}
```

执行后输出结果是（ ）。

A．产生语法错 B．随机值 C．A D．65

15．设有如下定义：

```
struct  ss
{ char name[10];
  int age;
  char sex;
}std[3],*p=std;
```

下面各输入语句中错误的是（ ）。

A．scanf("%d",&(*p).age); B．scanf("%s",&std.name);

C．scanf("%c",& std[0].sex); D．scanf("%c",&(p->sex));

16．有以下程序：

```
main()
{ char a,b,c,*d;
  a='\';b='\xbc';
  c='\0xab';d="\0127";
```

```
      printf("%c%c%c%c\n",a,b,c,*d);
}
```

编译时出现错误，以下叙述中正确的是（   ）。

  A．程序中只有 a='\';语句不正确   B．b='\xbc';语句不正确

  C．b="\0127"; 语句不正确   D．a='\';和 C='\0xab';语句都不正确

17．以下叙述中不正确的是（   ）。

  A．C 语言中的文本文件以 ASCII 码形式存储数据

  B．C 语言中对二进制位的访问速度比文本文件快

  C．C 语言中，随机读写方式不适用于文本文件

  D．C 语言中，顺序读写方式不适用于二进制文件

18．以下函数的功能是：通过键盘输入数据，为数组中的所有元素赋值。

```
#define N 10
void arrin(int x[N])
{  int i=0;
   while(i<N)
   scanf("%d",_____);
}
```

在下画线处应填入的是（   ）。

  A．x+I   B．&x[i+1]   C．x+(i++)   D．&x[++i]

19．有以下程序：

```
int  *f(int *x,int *y)
{  if(*x<*y)
     return x;
   else
     return y;
}
main()
{  int a=7,b=8,*p,*q,*r;
   p=&a;q=&b;
   r=f(p,q);
   printf("%d,%d,%d\n",*p,*q,*r);
}
```

执行后输出结果是（   ）。

  A．7，8，8   B．7，8，7

  C．8，7，7   D．8，7，8

20．设有如下说明：

```
typedef struct
{ int n;char c;double x;}STD;
```

则以下选项中，能正确定义结构体数组并赋初值的语句是（　　　）。

  A．STD tt[2]={{1,'A',62},{2,'B',75}};

  B．STD tt[2]={1,"A",62,2,"",75};

  C．struct tt[2]={{1,'A'},{2,'B'}};

  D．struct tt[2]={{1,'"A",62.5},{2,"B",75.0}};

21．有以下程序：

```
main(int argc,char *argv[])
{  int n,i=0;
   while(argv[1][i]!='\0')
   {n=fun();i++;}
   printf("%d\n",n*argc);
}
int fun()
{  static int s=0;
   s+=1;
   return s;
}
```

假设程序编译、连接后生成可执行文件 exam.exe，若输入以下命令

```
exam 123
```

则运行结果是（　　　）。

  A．6   B．8   C．3   D．4

22．有以下程序：

```
main()
{  int i=10,j=1;
   printf("%d,%d\n",i--,++j);
}
```

执行后输出的结果是（　　　）。

  A．9,2   B．10,2   C．9,1   D．10,1

23．有以下程序：

```
main()
{  int i;
   for(i=0;i<3;i++)
      switch(i)
      {case 1:printf("%d",i);
       case 2:printf("%d",i);
       default:printf("%d",i);
      }
}
```

执行后输出的结果是（　　）。

      A. 011122   B. 012   C. 012020   D. 120

24．有以下程序：

```
main()
{  int i=1,s=0;
   do{
      if(i%2){i++;continue;}
      i++;
      s+=i;
      }while(i<7);
   printf("%d",s);
}
```

执行后输出的结果是（　　）。

      A. 16   B. 12   C. 28   D. 21

25．有以下程序：

```
void fun(int *a,int i,int j)
{  int t;
   if(i<j)
   { t=a[i];a[i]=a[j];a[j]=t;
     fun(a,++i,--j);
   }
}
main()
{   int a[]={1,2,3,4,5,6},i;
    fun(a,0,5);
    for(i=0;i<6;i++)
       printf("%d ",a[i]);
}
```

执行后输出的结果是（　　）。

      A. 6 5 4 3 2 1   B. 4 3 2 1 5 6   C. 4 5 6 1 2 3   D. 1 2 3 4 5 6

26．若有以下定义和语句：

```
#include<stdio.h>
int a=4,b=3,*p,*q,*w;
p=&a;q=&b;w=q;q=NULL;
```

则以下选项中错误的是（　　）。

      A. *q=0;   B. w=p;   C. *p=va;   D. *p=*w;

27．有以下程序：

```
main()
{  char str[]="xyz",*ps=str;
```

```
    while(*ps) ps++;
    for(ps--;ps-str>=0;ps--)puts(ps);}
```

执行后输出的结果是（   ）。

  A．yz   B．z   C．z   D．x

   xyz   yz   yz   xy

                  xyz   xyz

28．阅读以下函数：

```
fun(char *s1,char *s2)
{ int i=0;
  while(s1[i]==s2[i]&&s2[i]!='\0')i++;
  return(s1[i]=='\0'&&s2[i]=='\0');
}
```

此函数的功能是（   ）。

  A．将 s2 所指字符串赋给 s1

  B．比较 s1 和 s2 所指字符串的大小，若 s1 比 s2 的大，函数值为 1；否则，函数
    值为 0

  C．比较 s1 和 s2 所指字符串是否相等，若想相等，函数值为 1；否则，函数值为 0

  D．比较 s1 和 s2 所指字符串的长度，若 s1 比 s2 的长，函数值为 1；否则，函数
    值为 0

29．有以下程序：

```
void f(int x,int y)
{ int t;
  if(x<y) {t=x;x=y;y=t;}
}
main()
{ int a=4,b=3,c=5;
  f(a,b);f(a,c);f(b,c);
  printf("%d,%d,%d\n",a,b,c);
}
```

执行后输出的结果是（   ）。

  A．3,4,5   B．5,3,4   C．5,4,3   D．4,3,5

30．有以下程序：

```
main()
{ char s[]="\n123\\";
  printf("%d,%d\n",strlen(s),sizeof(s));
}
```

执行后输出的结果是（   ）。

  A．赋初值的字符串有错   B．6,7

C. 5,6　　　　　　　　　　　　D. 6,6

31．下列关于单目运算符++、--的叙述中正确的是（　　　）。

A．它们的运算对象可以是任何变量和常量

B．它们的运算对象可以是 char 型变量和 int 型变量，但不能是 float 型变量

C．它们的运算对象可以是 int 变量，但不能是 double 型变量和 float 型变量

D．它们的运算对象可以是 char 型变量、int 型变量和 float 型变量

32．有以下程序：

```
main()
{  int m[][3]={1,4,7,2,5,8,3,6,9};
   int i,j,k=2;
   for(i=0;i<3;i++)
   { printf("%d ",m[k][i]);}
}
```

执行后输出的结果是（　　　）。

A．4　5　6　　　B．2　5　8　　　　C．3　6　9　　　　D．7　8　9

33．以下叙述中正确的是（　　　）。

A．全局变量的作用域一定比局部变量的作用域范围大

B．静态（static）类别变量的生存期贯穿于整个程序的运行期间

C．函数的形参都属于全局变量

D．未在定义语句中赋初值的 auto 变量和 static 变量的初值都是随机值

34．有以下程序：

```
main()
{  int a=5,b=4,c=3,d=2;
   if(a>b>c)
     printf("%d\n",d);
   else if((c-1>=d)==1)
     printf("%d\n",d+1);
   else
     printf("%d\n",d+2);
}
```

执行后输出的结果是（　　　）。

A．2　　　　　　　　B．3　　　　　　　　C．4　　　　　　　　D．编译时有错，无结果

35．若要说明一个类型名 STP，使得定义语句 STP　s;等价于 char *s;，以下选项中正确的是（　　　）。

A．typedef　STP　char *s;　　　B．typedef　*char　STP;

C．typedef　STP　*char;　　　　D．typedef　char*　STP;

36．下列叙述中正确的是（　　　）。

A．C 语言中既有逻辑类型也有集合类型

B．C 语言中没有逻辑类型但有集合类型

    C. C 语言中有逻辑类型但没有集合类型

    D. C 语言中既没有逻辑类型也没有集合类型

37. 在一个 C 语言程序中，（　　　）。

    A. main 函数必须出现在所有函数之前

    B. main 函数可以在任何地方出现

    C. main 函数必须出现在所有函数之后

    D. main 函数必须出现在固定位置

38. 有以下程序：

```
main()
{ int a[][3]={{1,2,3},{4,5,0}},(*pa)[3],i;
  pa=a;
  for(i=0;i<3;i++)
   if(i<2) pa[1][i]=pa[1][i]-1;
   else pa[1][i]=1;
  printf("%d\n",a[0][1]+a[1][1]+a[1][2]);
}
```

执行后输出的结果是（　　　）。

    A. 7　　　　　　　B. 6　　　　　　　C. 8　　　　　　　D. 无确定值

39. 以下能正确定义数组并正确赋初值的语句是（　　　）。

    A. int N=5,b[N][N];　　　　　　　　　B. int a[1][2]={{1},{3}};

    C. int c[2][]={{1,2},{3,4}};　　　　　　D. int d[3][2]={{1,2},{3,4}};

40. 有以下程序：

```
main()
{ char *s[]={"one","two","three"},*p;
  p=s[1];
  printf("%c,%s\n",*(p+1),s[0]);
}
```

执行后输出的结果是（　　　）。

    A. n,two　　　　　B. t,one　　　　　C. w,one　　　　　D. o,two

二、程序填空

下列给定程序中，函数 fun 的功能是：计算

$$f(x)=1+x+\frac{x^2}{2!}+\cdots+\frac{x^n}{n!}$$

直到 $\left|\dfrac{x^n}{n!}\right|<10^{-6}$。若 x=2.5，函数值为：12.182494。

请在程序的下画线处填入正确的内容并把下画线删除，使程序得出正确的结果。

注意：不要改动 main 函数，不得增行或删行，也不得更改程序的结构。

```
#include <stdio.h>
```

```
#include <math.h>
double fun(double x)
{ double f, t; int n;
    f = 1.0+___(1)___ ;
    t = x;
    n = 1;
    do {
        n++;
        t *= x/___(2)___ ;
        f += ___(3)___ ;
    } while (fabs(t) >= 1e-6);
    return f;
}
main()
{ double x, y;
    x=2.5;
    y = fun(x);
    printf("\nThe result is :\n");
    printf("x=%-12.6f    y=%-12.6f\n", x, y);
}
```

三、程序修改

已知一个数列的前 3 项分别是 0、0、1，以后各项都是其相邻的前 3 项之和。给定程序 MODI.C 中函数 fun 的功能是：计算并输出该数列前 n 项的平方根之和 sum。n 的值通过形参传入。

例如，当 n=10 时，程序的输出结果应为 23.197745。

请改正函数 fun 中的错误，使它能得出正确的结果。

注意：不要改动 main 函数，不得增行或删行，也不得更改程序的结构。

```
#include <stdio.h>
#include <math.h>

/************found************/
fun(int n)
{ double  sum, s0, s1, s2, s; int k;
    sum = 1.0;
    if (n <= 2) sum = 0.0;
    s0 = 0.0; s1 = 0.0; s2 = 1.0;
    for (k = 4; k <= n; k++)
    { s = s0 + s1 + s2;
        sum += sqrt(s);
        s0 = s1; s1 = s2; s2 = s;
    }
/************found************/
```

```
    return sum
}
main ( )
{  int n;
   printf("Input N=");
   scanf("%d", &n);
   printf("%f\n", fun(n) );
   getchar();
}
```

四、程序编写

N 名学生的成绩已在主函数中放入一个带头节点的链表结构中，h 指向链表的头节点。请编写函数 fun，它的功能是：求出平均分，由函数值返回。

例如，若学生的成绩是 85，76，69，85，91，72，64，87；则平均分应当是 78.625。

注意：部分源程序在文件 prog.c 中。

请勿改动 main 函数和其他函数中的任何内容，仅在函数 fun 的大括号中填入语句。

```
#include <stdio.h>
#include <stdlib.h>
#define   N   8
struct  slist
{  double   s;
   struct slist  *next;
};
typedef  struct  slist  STREC;
double  fun( STREC *h  )
{

}
STREC * creat( double *s)
{ STREC  *h,*p,*q;   int  i=0;
  h=p=(STREC*)malloc(sizeof(STREC));p->s=0;
  while(i<N)
  { q=(STREC*)malloc(sizeof(STREC));
    q->s=s[i]; i++; p->next=q; p=q;
  }
  p->next=0;
  return  h;
}
outlist( STREC *h)
{ STREC  *p;
  p=h->next; printf("head");
  do
  { printf("->%4.1f",p->s);p=p->next;}
```

```
    while(p!=0);
    printf("\n\n");
}
main()
{  double  s[N]={85,76,69,85,91,72,64,87},ave;
    void NONO ( );
    STREC *h;
    h=creat( s );  outlist(h);
    ave=fun( h );
    printf("ave= %6.3f\n",ave);
    NONO ();
    getchar();
}
void NONO()
{/* 本函数用于打开文件，输入数据，调用函数，输出数据，关闭文件。 */
    FILE *in, *out ;
    int i,j ; double  s[N],ave;
    STREC *h ;
    in = fopen("C:\\WEXAM\\000000000000\\in.dat","r") ;
    out = fopen("C:\\WEXAM\\000000000000\\out.dat","w") ;
    for(i = 0 ; i < 10 ; i++) {
      for(j=0 ; j < N; j++) fscanf(in, "%lf,", &s[j]) ;
      h=creat( s );
      ave=fun( h );
      fprintf(out, "%6.3lf\n", ave) ;
    }
    fclose(in) ;
    fclose(out) ;
}
```

17.5　第四套试题

一、选择题

1. 面向对象方法中，继承是指（　　）。

    A．一组对象所具有的相似性质　　　　B．一个对象具有另一个对象的性质

    C．各对象之间的共同性质　　　　　　D．类之间共享属性和操作的机制

2. 下列叙述中正确的是（　　）。

    A．在栈中，栈中元素随栈底指针与栈顶指针的变化而动态变化

    B．在栈中，栈顶指针不变，栈中元素随栈底指针的变化而动态变化

    C．在栈中，栈底指针不变，栈中元素随栈顶指针的变化而动态变化

    D．上述 3 种说法都不对

3. 下面描述中，不属于软件危机表现的是（　　）。

    A．软件过程不规范　　　　　　　　　B．软件质量难以控制

C. 软件开发生产率低　　　　　　　　D. 软件成本不断提高

4. 数据库设计中反映用户对数据要求的模式是（　　　）。

    A. 内模式　　　　B. 概念模式　　　　C. 外模式　　　　　　D. 设计模式

5. 软件测试的目的是（　　　）。

    A. 执行测试用例　　　　　　　　　　B. 发现并改正程序中的错误

    C. 诊断和改正程序中的错误　　　　　D. 发现程序中的错误

6. 一个工作人员可以使用多台计算机，而一台计算机可被多个人使用，则实体工作人员、与实体计算机之间的联系是（　　　）。

    A. 一对一　　　　B. 一对多　　　　C. 多对多　　　　　　D. 多对一

7. 软件生命周期是指（　　　）。

    A. 软件产品从提出、实现、使用、维护到停止使用、退役的过程

    B. 软件产品的需求分析、设计与实现

    C. 软件的运行和维护

    D. 软件的实现和维护

8. 下列叙述中正确的是（　　　）。

    A. 线性表的链式存储结构与顺序存储结构所需的存储结构空间是相同的

    B. 线性表的链式存储结构所需的存储空间一般要多于顺序存储结构

    C. 线性表的链式存储结构所需的存储空间一般要少于顺序存储结构

    D. 上述 3 种说法都不对

9. 层次型、网状型和关系型数据库划分原则是（　　　）。

    A. 记录长度　　　　　　　　　　　　B. 文件的大小

    C. 联系的复杂程度　　　　　　　　　D. 数据之间的联系方式

10. 有 3 个关系 R、S 和 T 如下：

R

A	B	C
a	1	2
b	2	1
c	3	1

S

A	D
c	4

T

A	B	C	D
c	3	1	4

则由关系 R 和 S 得到关系 T 的操作是（　　　）。

    A. 自然连接　　　B. 交　　　　　　C. 投影　　　　　　D. 并

11. 以下叙述中正确的是（　　　）。

    A. C 程序中的注释只能出现在程序的开始位置和语句的后面

    B. C 程序书写格式严格，要求一行内只能写一个语句

    C. C 程序书写格式自由，一个语句可以写在多行上

    D. 用 C 语言编写的程序只能放在一个程序文件中

12. 在 C 语言中，只有在使用时才占用内存单元的变量，其存储类型是（　　　）。

    A. auto 和 register　　　　　　　　B. extern 和 register

    C. auto 和 static　　　　　　　　　D. static 和 register

13. 设变量已正确定义并赋值，以下正确的表达式是（   ）。

    A．x=y*5=x+z   B．int(15.8%5)

    C．x=y+z+5,++y   D．x=25%5.0

14. 有以下程序：

```
#include <stdio.h>
main()
{ int x=1,y=0,a=0,b=0;
  switch(x)
  {case 1:
     switch(y)
     { case 0:a++;break;
       case 1:a++;break;
     }
   case 2:a++;b++;break;
   case 3:a++;b++;
  }
  printf("a=%d,b=%d\n",a,b);
}
```

程序的运行结果是（   ）。

    A．a=1,b=0   B．a=2,b=2   C．a=1,b=1   D．a=2,b=1

15. 有以下程序：

```
#include <stdio.h>
main()
{ int a[]={1,2,3,4},y,*p=&a[3];
  --p;y=*p;printf("y=%d\n",y);
}
```

程序的运行结果是（   ）。

    A．y=0   B．y=1   C．y=2   D．y=3

16. 以下定义语句中正确的是（   ）。

    A．int a=b=0;   B．char A=65+1,b='b';

    C．float a=1,*b=&a,*c=&b;   D．double a=0.0;b=1.1;

17. 有以下程序：

```
#include<stdio.h>
int f(int x)
{ int y;
  if(x==0||x==1) return(3);
  y=x*x-f(x-2);
  return y;
}
main()
```

```
{ int z;
   z=f(3);printf("%d\n",z);
```

程序的运行结果是（　　）。

    A. 0　　　　　　　　B. 9　　　　　　　　C. 6　　　　　　　　D. 3

18. 有以下程序：

```
#include <stdio.h>
void fun(char *a,char *b)
{ while(*a=='*') a++;
   while(*b=*a) {b++;a++;}
}
main()
{ char *s="*****a*b****",t[80];
   fun(s,t);puts(t);
}
```

程序的运行结果是（　　）。

    A. *****a*b　　　　B. a*b　　　　　　C. a*b****　　　　D. ab

19. 有以下程序：

```
#include<stdio.h>
main()
{ int x=8;
   for( ;x>0;x--)
   {if(x%3) {printf("%d,",x--);continue;}
     printf("%d",--x);
   }
}
```

程序的运行结果是（　　）。

    A. 7,4,2　　　　　　B. 8,7,5,2　　　　　C. 9,7,6,4　　　　　D. 8,5,4,2

20. 有以下程序：

```
#include <stdio.h>
#include <string.h>
void fun(char *s[],int n)
{ char *t;int i,j;
   for(i=0;i<n-1;i++)
     for(j=i+1;j<n;j++)
       if(strlen(s[i])>strlen(s[j]))  {t=s[i];s[i]=s[j];s[j]=t;}
}
main()
{ char *ss[]={"bcc","bbcc","xy","aaaacc","aabcc"};
   fun(ss,5);printf("%s,%s\n",ss[0],ss[4]);
}
```

程序的运行结果是（　　　）。

    A．xy,aaaacc   B．aaaacc,xy   C．bcc,aabcc   D．aabcc,bcc

21．若变量已正确定义，有以下程序段：

```
int  a=3,b=5,c=7;
if(a>b)  a=b;c=a;
if(c!=a)  c=b;
printf("%d,%d,%d\n",a,b,c);
```

其输出结果是（　　　）。

    A．程序段有语法错   B．3,5,3

    C．3,5,5   D．3,5,7

22．若有定义：int a[2][3];，以下选项中对 a 数组元素正确引用的是（　　　）。

    A．a[2][!1]   B．a[2][3]   C．a[0][3]   D．a[1>2][!1]

23．有以下程序：

```
#include <stdio.h>
#include <string.h>
typedef struct{ char name[9]; char sex; float score[2]; }STU;
void  f(STU  a)
{  STU  b={"Zhao",'m',85.0,90.0};int i;
   strcpy(a.name,b.name);
   a.sex=b.sex;
   for(i=0;i<2;i++)  a.score[i]=b.score[i];
}
main()
{  STU  c={"Qian",'f',95.0,92.0};
   f(c);printf("%s,%c,%2.0f,%2.0f\n",c.name,c.sex,c.score[0];c.score[1]);
}
```

程序的运行结果是（　　　）。

    A．Qian,f,95,92   B．Qian,m,85,90

    C．Zhao,m,95,92   D．Zhao,m,85,90

24．以下选项中不合法的标识符是（　　　）。

    A．print   B．FOR   C．&a   D．_00

25．以下叙述中错误的是（　　　）。

    A．在程序中凡是以"#"开始的语句行都是预处理命令行

    B．预处理命令行的最后不能以分号表示结束

    C．#define MAX 是合法的宏定义命令行

    D．C 程序对预处理命令行的处理是在程序执行的过程中进行的

26．以下选项中不属于字符常量的是（　　　）。

    A．'C'   B．"C"   C．'\xCC'   D．'\072'

27．设有定义语句 int(*f)(int);，则以下叙述正确的是（　　　）。

A．f 是基类型为 int 的指针类型

B．f 是指向函数的指针变量，该函数具有一个 int 类型的形参

C．f 是指向 int 类型一维数组的指针变量

D．f 是函数名，该函数的返回值是基类型为 int 类型的地址

28．有以下程序段：

```
char ch;int k;
ch='a';k=12;
printf("%c,%d,",ch,ch,k); printf("k=%d\n",k);
```

已知字符 a 的 ASCII 十进制代码为 97，则执行上述程序段后输出结果是（　　）。

A．因变量类型与格式描述符的类型不匹配输出无定值

B．输出项与格式描述符个数不符，输出为零值或不定值

C．a,97,12k=12

D．a,97,k=12

29．变量 a 中的数据用二进制表示的形式是 01011101，变量 b 中的数据用二进制表示的形式是 11110000。若要求将 a 的高 4 位取反，低四位不变，所要执行的运算是（　　）。

A．a^b　　　　　B．a|b　　　　　C．a&b　　　　　D．a<<4

30．已知字母 A 的 ASCII 代码值为 65，若变量 kk 为 char 型，以下不能正确判断出 kk 中的值为大写字母的表达式是（　　）。

A．kk>='A'&&kk<='Z'　　　　　B．!(kk>='A'||kk<='z')

C．(kk+32)>='a'&&(kk+32)<='z'　　D．isalpha(kk)&&(kk<91)

31．有以下程序：

```
#include <stdio.h>
void fun(int *s,int n1,int n2)
{ int i,j,t;
  i=n1;j=n2;
  while(i<j) {t=s[i];s[i]=s[j];s[j]=t;i++;j--;}
}
main()
{ int a[10]={1,2,3,4,5,6,7,8,9,0},k;
  fun(a,0,3);fun(a,4,9);fun(a,0,9);
  for(k=0;k<10;k++) printf("%d",a[k]);printf("\n");
}
```

程序的运行结果是（　　）。

A．0987654321　　　　　B．4321098765

C．5678901234　　　　　D．0987651234

32．设有如下程序段：

```
char s[20]="Beijing",*p;
p=s;
```

则执行 p=s;语句后，以下叙述正确的是（   ）。

    A．可以用*p 表示 s[0]

    B．s 数组中元素的个数和 p 所指字符串长度相等

    C．s 和 p 都是指针变量

    D．数组 s 中的内容和指针变量 p 中的内容相同

33．以下叙述中错误的是（   ）。

    A．gets 函数用于从终端读入字符串

    B．getchar 函数用于从磁盘文件读入字符

    C．fputs 函数用于把字符串输出到文件

    D．fwrite 函数用于以二进制形式输出数据到文件

34．有定义语句：char s[10];，若要从终端给 s 输入 5 个字符，错误的输入语句是（   ）。

    A．gets (&s[0]);   B．scanf("%s",s+1);

    C．gets(s);   D．scanf("%s",s[1]);

35．以下结构体类型说明和变量定义中正确的是（   ）。

    A．typedef struct   B．struct REC;

       {int n;char c;}REC;   {int n;char c;};

       REC t1,t2;   REC t1,t2;

    C．typedef struct REC;   D．struct

       {int n=0;char c='A';}t1,t2;   {int n;char c;}REC;

                              REC t1,t2;

36．以下错误的定义语句是（   ）。

    A．int x[][3]={{0},{1},{1,2,3}};

    B．int x[4][3]={{1,2,3},{1,2,3},{1,2,3},{1,2,3}};

    C．int x[4][]={{1,2,3},{1,2,3},{1,2,3},{1,2,3}};

    D．int x[][3]={1,2,3,4};

37．有以下程序：

```
#include<stdio.h>
main()
{ int s[12]={1,2,3,4,4,3,2,1,1,1,2,3},c[5]={0},i;
  for(i=0;i<12;i++) c[s[i]]++;
  for(i=1;i<5;i++)  printf("%d",c[i]);
  printf("\n");
}
```

程序的运行结果是（   ）。

    A．1 2 3 4   B．2 3 4 4   C．4 3 3 2   D．1 1 2 3

38．有以下程序：

```
#include<stdio.h>
main()
```

```
{ FILE *fp;int a [10]={1,2,3},i,n;
  fp=fopen("d1.dat","w");
  for(i=0;i<3;i++) fprintf(fp,"%d",a[i]);
  fprintf(fp," \n");
  fclose(fp);
  fp=fopen("d1.dat","r");
  fscanf(fp,"%d",&n);
  fclose(fp);
  printf("%d\n",n);
}
```

程序的运行结果是（　　　）。

  A．12300   B．123   C．1   D．321

39．以下不构成无限循环的语句或语句组是（　　　）。

  A．n=0;   B．n=0;

    do{++n;}while(n<=0);   while(1){n++;}

  C．n=10;   D．for(n=0,i=1;;i++)n+=i;

    while(n);{n--;}

40．当变量 c 的值不为 2、4、6 时，值也为"真"的表达式是（　　　）。

  A．(c==2)||(c==4)||(c==6)   B．(c>=2&&c<=6)||(c!=3)||(c!=5)

  C．(c>=2&&c<=6)&&!(c%2)   D．(c>=2&&c<=6)&&(c%2!=1)

二、程序填空

给定如下程序，函数 fun 的功能是：将形参 s 所指字符串中的所有字母字符顺序前移，其他字符顺序后移，处理后新字符串的首地址作为函数值返回。

例如，s 所指字符串为：asd123fgh543df，处理后新字符串为：asdfghdf123543。

请在程序的下画线处填入正确的内容并把下画线删除，使程序得出正确的结果。

注意：不要改动 main 函数，不得增行或删行，也不得更改程序的结构。

```
#include <stdio.h>
#include <stdlib.h>
#include <string.h>
char *fun(char *s)
{ int i, j, k, n; char *p, *t;
  n=strlen(s)+1;
  t=(char*)malloc(n*sizeof(char));
  p=(char*)malloc(n*sizeof(char));
  j=0; k=0;
  for(i=0; i<n; i++)
  { if((((s[i]>='a')&&(s[i]<='z'))||((s[i]>='A')&&(s[i]<='Z')))) {
/**********found**********/
    t[j]=__(1)__; j++;}
    else
    { p[k]=s[i]; k++; }
```

```
      }
/**********found**********/
  for(i=0; i<___(2)___; i++)  t[j+i]=p[i];
/**********found**********/
  t[j+k]= ___(3)___ ;
  return t;
}
main()
{ char s[80];
  printf("Please input: ");  scanf("%s",s);
  printf("\nThe result is: %s\n",fun(s));
  getchar();
}
```

三、程序修改

给定程序 MODI.C 中函数 fun 的功能是：给一维数组 a 输入任意 4 个整数，并按下例的规律输出。例如输入 1、2、3、4，程序运行后将输出以下方阵。

```
4  1  2  3
3  4  1  2
2  3  4  1
1  2  3  4
```

请改正函数 fun 中指定部位的错误，使它能得出正确的结果。

注意：不要改动 main 函数，不得增行或删行，也不得更改程序的结构。

```
#include <stdio.h>
#define    M   4
/*************found*************/
void fun(int a)
{ int i,j,k,m;
  printf("Enter 4 number : ");
  for(i=0; i<M; i++)  scanf("%d",&a[i]);
  printf("\n\nThe result :\n\n");
  for(i=M;i>0;i--)
  { k=a[M-1];
    for(j=M-1;j>0;j--)
/*************found*************/
      aa[j]=a[j-1];
    a[0]=k;
    for(m=0; m<M; m++)  printf("%d  ",a[m]);
    printf("\n");
  }
  getchar();
}
main()
```

```
{   int  a[M];
    fun(a); printf("\n\n");
    getchar();
}
```

四、程序编写

编写程序，实现矩阵（3 行 3 列）的转置（即行列互换）。

例如，输入下面的矩阵：

100   200   300

400   500   600

700   800   900

程序输出：

100   400   700

200   500   800

300   600   900

部分源程序存在如下所示的程序中，请勿改动 main 函数和其他函数中的任何内容，仅在函数 fun 的大括号中填入语句。

```c
#include <stdio.h>
void fun(int array[3][3])
{



}
main()
{
    int i,j;
    int array[3][3]={{100,200,300},{400,500,600},{700,800,900}};

    for (i=0;i<3;i++)
    {   for (j=0;j<3;j++)
        printf("%7d",array[i][j]);
        printf("\n");
    }
    fun(array);
    printf("Converted array:\n");
    for (i=0;i<3;i++)
    {   for (j=0;j<3;j++)
        printf("%7d",array[i][j]);
        printf("\n");
    }
    getchar();
}
```

17.6   第五套试题

一、选择题

1. 表示学生选修课程的关系模式是 SC（S#，C#，G），其中 S#为学号，C#为课程号，G 为成绩，检索选修了课程号为 2 的课且成绩不及格的学生学号的表达式是（   ）。

    A. $\sigma_{C\#=2 \wedge G<60}(SC)$ B. $\sigma_{G<60}(SC)$

    C. $\pi_{S\#}(\sigma_{C\#=2 \wedge G<60}(SC))$ D. $\pi_{S\#}(\sigma_{C\#=2}(SC))$

2. 在关系数据库设计中，关系模式设计属于（   ）。

    A. 需求分析   B. 概念设计   C. 物理设计   D. 逻辑设计

3. 学生选修课程的关系模式是 SC（S#，C#，G），其中 S#为学号，C#为课程号，G 为成绩，学号为 20 的学生所选课程中成绩及格的全部课号为（   ）。

    A. $\pi_{C\#}(\sigma_{S\#=20 \wedge G>=60}(SC))$ B. $\sigma_{G>=60}(SC)$

    C. $\sigma_{S\#=2 \wedge G>=60}(SC)$ D. $\pi_{C\#}(\sigma_{S\#=20}(SC))$

4. 生产每种产品需要多种零件，则实体产品和零件间的联系是（   ）。

    A. 多对一   B. 一对多   C. 多对多   D. 一对一

5. 下列数据结构中，能够按照"先进后出"原则存取数据的是（   ）。

    A. 循环队列   B. 栈   C. 队列   D. 二叉树

6. 数据模型包括数据结构、数据完整性约束和（   ）。

    A. 关系运算   B. 数据类型   C. 数据操作   D. 查询

7. 某二叉树有 5 个度为 2 的节点，则该二叉树中的叶子节点数是（   ）。

    A. 10   B. 8   C. 6   D. 4

8. 下列叙述中正确的是（   ）。

    A. 算法的效率只与问题的规模有关，与数据的存储结构无关

    B. 算法的时间复杂度是指执行算法所需要的计算工作量

    C. 数据的逻辑结构与存储结构是一一对应的

    D. 算法的时间复杂度与空间复杂度一定相关

9. 按照传统的数据模型分类，数据库系统可分为（   ）。

    A. 层次、网状和关系   B. 大型、中型和小型

    C. 西文、中文和兼容   D. 数据、图形和多媒体

10. 下列数据结构中，能用二分法进行查找的是（   ）。。

    A. 顺序存储的有序线性表   B. 线性链表

    C. 二叉链表   D. 有序线性链表

11. 若有表达式(w)?(--x):(++y)，则其中与 w 等价的表达式是（   ）。

    A. w==1   B. w==0   C. w!=1   D. w!=0

12. 若变量已正确定义为 int 型，要通过语句 scanf("%d,%d,%d",&a,&b,&c);给 a 赋值 1、给 b 赋值 2、给 c 赋值 3，以下输入形式中错误的是（   ）（□代表一个空格符）。

    A. □□□1,2,3<回车>   B. 1□2□3<回车>

    C. 1,□□□2,□□□3<回车>   D. 1,2,3<回车>

13. 以下选项中不能作为 C 语言合法常量的是（   ）。

    A. 'cd'　　　　　B. 0.1e+6　　　　　C. "\a"　　　　　D. '\011'

14. 若有定义语句：char s[10]="1234567\0\0";,则 strlen(s)的值是（   ）。

    A. 7　　　　　　B. 8　　　　　　C. 8　　　　　　D. 10

15. 有以下程序：

```
#include<stdio.h>
struct st
{ int x,y;} data[2]={1,10,2,20};
main()
{ struct st *p=data;
  printf("%d,",p->y);printf("%d\n",((++p)->x);
}
```

程序的运行结果是（   ）。

    A. 10,1　　　　　B. 20,1　　　　　C. 10,2　　　　　D. 20,2

16. 以下叙述中错误的是（   ）。

    A. 用户定义的函数中可以没有 return 语句

    B. 用户定义的函数中可以有多个 return 语句，以便可以调用一次返回多个函数值

    C. 用户定义的函数中若没有 return 语句，则应当定义函数为 void 类型

    D. 函数的 return 语句中可以没有表达式

17. 有以下程序：

```
#include<stdio.h>
void fun(int a,int b)
{ int a;
  t=a;a=b;b=t;
}
main()
{ int c[10]={1,2,3,4,5,6,7,8,9,0},i;
  for(i=0;i<10;i+=2)fun(c[i],c[i+1]);
  for(i=0;i<10;i++) printf("%d,",c[i]);
  printf("\n");
}
```

程序的运行结果是（   ）。

    A. 1,2,3,4,5,6,7,8,9,0　　　　　　B. 2,1,4,3,6,5,8,7,0,9

    C. 0,9,8,7,6,5,4,3,2,1　　　　　　D. 0,1,2,3,4,5,6,7,8,9

18. 计算机能直接执行的程序是（   ）。

    A. 源程序　　　　B. 目标程序　　　　C. 汇编程序　　　　D. 可执行程序

19. 以下选项中正确的定义语句是（   ）。

    A. double a;b;　　　　　　　　　　B. double a=b=7;

    C. double a=7,b=7;　　　　　　　　D. double,a,b;

20. 函数调用语句 func(f2(v1,v2),(v3,v4,v5),(v6,max(v7,v8)));中，func 函数的实参个数是（　　）个。

  A. 3   B. 4   C. 5   D. 8

21. 若有定义语句：int m[ ]={5,4,3,2,1},i=4;，则下面对 m 数组元素的引用中错误的是（　　）。

  A. m[--i] B. m[2*2] C. m[m[0]] D. m[m[i]]

22. 有以下程序：

```
#include<stdio.h>
main()
{ int i=5;
  do
  {  if(i%3==1)
       if(i%5==2)  {printf("*%d",i);break;}
     i++;
}while(i!=0);
printf("\n");
}
```

程序的运行结果是（　　）。

  A. *7   B. *3*5   C. *5   D. *2*6

23. 以下不能正确表示代数式 $\dfrac{2ab}{cd}$ 的 C 语言表达式是（　　）。

  A. 2*a*b/c/d B. a*b/c/d*2 C. a/c/d*b*2 D. 2*a*b*c*d

24. 有以下程序：

```
#include <stdio.h>
int fun(int (*s)[4],int n,int k)
{ int m,i;
  m=s[0][k];
  for(i=1;i<n;i++) if(s[i][k]>m)m=s[i][k];
  return m;
}
main()
{ int a[4][4]={1,2,3,4},(11,12,13,14),{21,22,23,24},{31,32,33,34}};
  printf("%d\n",fun(a,4,0));
}
```

程序的运行结果是（　　）。

  A. 4   B. 34   C. 31   D. 32

25. 有以下程序：

```
#include <stdio.h>
main()
{  FILE *pf;
```

```
    char *s1="China",*s2="Beijing";
    pf=fopen("abc.dat","wb+");
    fwrite(s2,7,1,pf);
    rewind(pf);
    fwrite(s1,5,1,pf);
    fclose(pf);
}
```

以上程序执行后 abc.dat 文件的内容是（　　）。

    A．China   B．Chinang   C．ChinaBeijing   D．BeijingChina

26．假定已建立以下链表结构，且指针 p 和指针 q 已指向如图所示的节点。

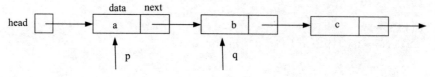

则以下选项中可将 q 所指节点从链表中删除并释放该节点的语句组是（　　）。

    A．(*p).next=(*q).next;free(p);   B．p=q->next;free(q);

    C．p=q;free(q);   D．p->next=q->next;free(q);

27．有以下程序：

```
#include <stdio.h>
int fun(int a,int b)
{  if(b==0) return a;
   else  return(fun(--a,--b));
}
main()
{  printf("%d\n",fun(4,2)); }
```

程序的运行结果是（　　）。

    A．1   B．2   C．3   D．4

28．有以下程序：

```
#include <stdio.h>
#define N 4
void fun(int a[][N],int b[])
{  int i;
   for(i=0;i<N;i++) b[i]=a[i][i];
}
main()
{  int x[][N]={{1,2,3},{4},{5,6,7,8},{9,10}},y[N],i;
   fun(x,y);
   for(i=0;i<N;i++) printf("%d,",y[i]);}
   printf("\n");
}
```

程序的运行结果是（   ）。

  A. 1,2,3,4,   B. 1,0,7,0,   C. 1,4,7,9,   D. 3,4,8,10,

29. 有以下程序：

```
#include<stdio.h>
main()
{ int  x=1,y=2,z=3;
  if(x>y)
    if(y<z) printf("%d",++z);
    else  printf("%d",++y);
  printf("%\n",x++);
}
```

程序的运行结果是（   ）。

  A. 331   B. 41   C. 2   D. 1

30. C 源程序中不能表示的数制是（   ）。

  A. 二进制 B. 八进制 C. 十进制 D. 十六进制

31. 有以下程序：

```
#include <stdio.h>
main()
{ int  i,j;
  for(i=3;i>=1;i--)
  { for(j=1;j<=2;j++) printf("%d",i+j)'
    printf("\n");
  }
}
```

程序的运行结果是（   ）。

  A. 2 3 4   B. 4 3 2   C. 2 3   D. 4 5

    3 4 5   5 4 3   3 4   3 4

                      4 5   2 3

32. 有以下程序：

```
#include <stdio.h>
#include <stdlib.h>
int  fun(int n)
{ int *p;
  p=(int*)malloc(sizeof(int));
  *p=n;return *p;
}
main()
{ int  a;
  a=fun(10);printf("%d\n",a+fun(10));
}
```

程序的运行结果是（　　）。

    A. 0　　　　　　　B. 10　　　　　　　C. 20　　　　　　　D. 出错

33. 有以下程序：

```
#include <stdio.h>
void  fun(int z[],int n)
{  int i,t;
   for(i=0;i<n/2;i++)  {t=a[i];a[i]=a[n-1-i];a[n-1-i]=t;}
}
main()
{  int  k[10]={1,2,3,4,5,6,7,8,9,10},i;
   fun(k,5);
   for(i=2;i<8;i++) printf("%d",k[i]);
   printf("\n");
}
```

程序的运行结果是（　　）。

    A. 345678　　　　B. 876543　　　　C. 1098765　　　　D. 321678

34. 有以下程序：

```
#include <stdio.h>
main()
{  struct  STU{ char name[9];char sex;double score[2];};
   struct  STU a={ "Zhao",'m',85.0,90.0},b={"Qian",'f', 95.0,92.0};
   b=a;
   printf("%s,%c,%2.0f,%2.0f \n",b.name,b.sex,b.score[0],b.score[1]);
}
```

程序的运行结果是（　　）。

    A. Qian,f,95,92　　B. Qian,m,85,90　　C. Zhao,f,85,90　　D. Zhao,m,85,90

35. 以下叙述正确的是（　　）。

    A. C 程序的基本组成单位是语句

    B. C 程序中的每一行只能写一条语句

    C. 简单 C 语句必须以分号结束

    D. C 语句必须在一行内写完

36. 以下关于宏的叙述中正确的是（　　）。

    A. 宏名必须用大写字母表示

    B. 宏定义必须位于源程序中所有语句之前

    C. 宏替换没有数据类型限制

    D. 宏调用比函数调用耗费时间

37. 若有定义语句：double x[5]={1.0,2.0,3.0,4.0,5.0},*p= x;，则错误引用 x 数组元素的是（　　）。

    A. *p　　　　　　B. x[5]　　　　　　C. *(p+1)　　　　　　D. *x

38. 有以下程序：

```
int  a,b,c;
a=1;b=5;c=3;
if(a>b) a=b,b=c;c=a;
printf("a=%d b=%d c=%d\n",a,b,c);
```

程序的运行结果是（　　）。

    A. a=1 b=5 c=1　　　　　　　B. a=1 b=5 c=3

    C. a=1 b=3 c=1　　　　　　　D. a=5 b=3 c=5

39. 有以下程序：

```
#include <stdio.h>
main()
{ char  a=4;
  printf("%d\n",a=a<<1);
}
```

程序的运行结果是（　　）。

    A. 40　　　　　B. 16　　　　　C. 8　　　　　D. 4

40. 执行以下程序段后，w 的值为（　　）。

```
int  w='A',x=14,y=15;
w=((x||y)&&(w<'a'));
```

    A. -1　　　　　B. NULL　　　　　C. 1　　　　　D. 0

二、程序填空

给定如下程序，对于函数 void fun(int *dt,int n)，传递给形参 dt 整型数组名、传递给形参 n 该数组的数据个数，函数的功能是在数组中找出值最小的元素并将其与第 1 个元素交换。

如原数组数据为 30，20，15，64，86，28，则经函数处理后为 15，20，30，64，86，28。

请在程序的下画线处填入正确的内容并把下画线删除，使程序得出正确的结果。

注意：源程序存放在文件 BLANK1.C 中，不得增行或删行，也不得更改程序的结构。

```
#include<stdio.h>
void fun(int  *dt,int n)
{
    int i,m,t;
/**********************found***********************/
    ___(1)___ ;
    for(i=1;i<n;i++)
/**********************found***********************/
        if(___(2)___)
            m=i;
```

```
        t=dt[0];
/*********************found*********************/
        ____(3)____
        dt[m]=t;
}
main()
{
        int a[10]={30,20,15,64,85,28};
        int i,n=6;
        for(i=0;i<n;i++)
            printf("%4d",a[i]);
        printf("\n");
        fun(a,n);
        for(i=0;i<n;i++)
            printf("%4d",a[i]);
        printf("\n");
}
```

三、程序修改

给定程序 MODI.C 中，函数 fun 将字符串 s1 和 s2 交叉合并形成新字符串 s3，合并方法为：先取 s1 的第 1 个字符存入 s3，再取 s2 的第 1 个字符存入 s3，以此类推；若 s1 和 s2 的长度不等时，较长字符串多出的字符顺序放在新生成的 s3 后。

例如，当 s1 为"123456789"，s2 为"abcdefghijk"时，输出结果应该是 1a2b3c4d5e6f 7g8h9ijk。

请改正函数 fun 中指定部位的错误，使它能得出正确的结果。

注意：不要改动 main 函数，不得增行或删行，也不得更改程序的结构。

```
#include <stdio.h>
#include <string.h>
void fun( char *s1, char *s2, char *s3)
{   int i,j;
/*********************found*********************/
    for(i = 0, j = 0; (s1[i] != '\0') && (s2[i] != '\0'); i++, j = j + 1)
    {   s3[j] = s1[i];
        s3[j+1] = s2[i];
    }
    if (s2[i] != '\0')
    {   for(; s2[i] != '\0'; i++, j++)
/*********************found*********************/
            s3[i] = s2[j];
    }
    else if (s1[i] != '\0')
    {   for(; s1[i] != '\0'; i++, j++)
            s3[j] = s1[i];
    }
/*********************found*********************/
```

```
        s3[j-1] = '\0';
}
void main()
{   char s1[128], s2[128], s3[255];
    printf("Please input string1:");
    gets(s1);
    printf("Please input string2:");
    gets(s2);
    fun(s1,s2,s3);
    printf("string:%s\n", s3);
}
```

四、程序编写

编写程序 fun，其功能是：求 n（n<10000）以内的所有四叶玫瑰数并逐个存放到 result 所指的数组中，四叶玫瑰数的个数作为函数值返回。

如果一个 4 位正整数等于其各个数字的 4 次方之和，则称该数为四叶玫瑰数。

例如，1634=1×1×1×1+6×6×6×6+3×3×3×3+4×4×4×4，因此 1634 就是一个四叶玫瑰数。

注意：部分源程序存在文件 PROG1.C 中。

请勿改动 main 函数和其他函数中的任何内容，仅在函数 fun 的大括号中填入语句。

```
#include<stdio.h>
int fun(int n, int result[])
{



}
main( )
{
    int result[10], n, i;
    void NONO(int result[], int n);
    n = fun(9999, result);
    for(i=0; i<n; i++) printf("%d\n", result[i]);
    NONO(result, n);
}
void NONO(int result[], int n)
{/* 本函数用于打开文件，输入数据，调用函数，输出数据，关闭文件。 */
    FILE *fp ;
    int i;
    fp = fopen("C:\\WEXAM\\000000000000\\out.dat","w");
    fprintf(fp, "%d\n", n);
    for(i=0; i<n; i++) fprintf(fp, "%d\n", result[i]);
    fclose(fp);
}
```

测试题参考答案

第1章

一、选择题

1. C 2. B 3. A 4. D 5. D 6. D

二、填空题

1. 函数 2. 32 3. main 4. 编译 5. scanf 6. printf 7. 编译程序

8. 语法错误 9. 语法错误

第2章

一、选择题

1. C 2. A 3. A 4. D 5. A 6. A 7. D 8. D 9. D 10. B

11. D 12. A 13. B 14. A

二、填空题

1. 【1】双目 【2】整型 【3】字符型 2. 7 3. a&00000000 4. 3

5. sqrt(fabs(pow(y,x)+log(y))) 6. fabs(pow(x,3.0)+log10(x)) 7. −60

第3章

一、选择题

1. D 2. B,C 3. A 4. C 5. A 6. B 7. B 8. B 9. A 10. A

二、填空题

1. 3.140000,3.142

2. 【1】scanf("%d%f%f%c%c",&a,&b,&x,&c1,&c2); 【2】36.512.6aA

第4章

一、选择题

1. D 2. C 3. C 4. B 5. B 6. B

二、填空题

1. 【1】0 【2】1 2. 1 3. 【1】&& 【2】|| 【3】! 4. 0

第5章

一、选择题

1. C 　　2. D 　　3. C 　　4. A 　　5.【1】C 　　【2】A 　　6. B 　　7. A

8.【1】B 　　【2】C 　　9. D 　　10. B 　　11. B

二、填空题

1.【1】c!=' \ n' 　　【2】c>='0' && c<='9'

2.【1】float 　　【2】pi+1.0/(i*i)

3.【1】x1>0 　　【2】x1/2−2

4.【1】m=n 　　【2】m%n

5. 2*x+4*y==90

6. sgn=−sgn

7.【1】&a,&b 　　【2】fabs(b−a)/n 　　【3】sin（i）*cos（i）

8.【1】e=1.0 　　【2】new>=1e−6

9.【1】m=0,i=1 　　【2】m+=i

10.【1】1000−i*50−j*20 　　【2】k>=0

第6章

一、选择题

1. C 　　2. A 　　3. A 　　4. B 　　5. B 　　6. C 　　7. D 　　8. A 　　9. D

10. A 　　11. C 　　12. B 　　13. D 　　14. C 　　15. A 　　16. A

二、填空题

1. 按行存放

2.【1】0 　　【2】4

3.【1】0 　　【2】6

4.【1】j<=2 　　【2】b [j] [i] =a [i] [j] 　　【3】i<=2

5.【1】break 　　【2】i==5

6.【1】i-1 　　【2】a [j+1] =a [j] 　　【3】a [j+1]

7.【1】a [i] >b [j] 　　【2】i<3 　　【3】j<5

8. 6 1 2 3 4 5
　 5 6 1 2 3 4
　 4 5 6 1 2 3
　 3 4 5 6 1 2
　 2 3 4 5 6 1
　 1 2 3 4 5 6

9. 600

10.【1】strlen(t) 　　【2】t [k] ==c

11. 【1】str［0］   【2】strcpy(s,str［1］)   【3】s

第7章

一、选择题

1. B   2. D   3. D   4. C   5. D   6. B   7. A   8. A   9. D   10. B

11. C   12. D   13. B   14. C   15. B   16. A   17.【1】A   【2】B

18. C   19. A   20. D   21. C   22. B   23. A   24. D

二、填空题

1. main 函数

2.【1】函数说明   【2】函数体

3. 自动(auto)

4.【1】x+y，x−y   【2】z+y,z−y

5. f(r)*f(n)<0

6. 1010

7.【1】j=1   【2】y>=1   【3】--y（或 y--）

8.【1】y>x && y>z   【2】j%x1==0 && j%x2==0 && j%x3==0

9. temp!=0

10. sum=6

11.【1】age(n−1)+2   【2】age(5)

12. 是否调用函数本身

13.【1】a［i］   【2】a［10-i］

第8章

一、选择题

1. A   2. B   3. B   4. C   5. A   6. D   7. C   8. D   9. A

10.【1】B   【2】B   【3】C   11.【1】A   【2】D

12.【1】B   【2】A   【3】A   13. A

二、填空题

1.【1】指针变量   【2】变量类型

2.【1】首地址   【2】元素的首地址

3.【1】字符类型   【2】首地址   【3】第一个字符的地址

4.【1】&x   【2】y   【3】&y［0］   【4】&y［3］   【5】y+3

5.【1】下标法   【2】指针法

6.【1】字符数组   【2】字符指针

7. 首地址

8.【1】*min>b   【2】min=&c   【3】*min

9. 12345how do you do

10. 8

11. 110

12. 71

13. printf("%s \ n",name [i]);

14. 【1】p=&ch;   【2】scanf("%c",p);   【3】*p='a';   【4】printf("%c",*p);

15. 【1】s=p+3;   【2】s=s-2   【3】a [4]   【4】*(s+1)

第 9 章

一、选择题

1. A   2. C   3. A   4. D   5. D   6. D   7. C   8. B

9.【1】B   【2】B   10. B   11. C

二、填空题

1.【1】共用体   【2】枚举

2. struct st 或 ex

3.【1】2   【2】3

4. 10，x

5.【1】max= person [i] .age   【2】min= person [i] .age   【3】&&

6.【1】&rec->s [i]   【2】sum+rec->s [i] ;   【3】(*(s+k)).s [i]

7.【1】结构体   【2】位数

第 10 章

一、选择题

1. A   2. B   3. B   4. D

二、填空题

1.【1】宏定义   【2】文件包含

2.【1】3   【2】4

3. 9 10 11 12

4. 100010

5. 11

6. MIN

7. 0 1 1

8. 10,10,12.5

第 11 章

一、选择题

1. D   2. D   3. D   4.【1】B   【2】D   【3】B   5. D

二、填空题

1. 【1】p->next 　　【2】p->data<m

2. 【1】struct list 　　【2】(struct list *) 　　【3】returnh 　　【4】p->data

3. 【1】struct list* 　　【2】q 　　【3】printf("%d \ n",p->data);

第 12 章

一、选择题

1. A 　2. D 　3. C 　4. B 　5. B 　6. C 　7. D

二、填空题

1. 【1】ASCII 文件 　　【2】二进制文件 　　【3】记录式文件 　　【4】字节流文件
　　【5】缓冲文件系统

2. 【1】fscanf() 　　【2】fprintf() 　　【3】磁盘文件 　　【4】rewind() 　　【5】fseek()

3. 【1】"r" 　　【2】(!feof(fp)) 　　【3】fgetc(fp)

4. 【1】顺序 　　【2】随机

5. 【1】ASCII 码 　　【2】二进制位

6. 【1】3 　　【2】!feof(f1) 　　【3】f2 　　【4】fclose(f1) 　　【5】fclose(f2)

第 13 章

测试 1

一、选择题

1. A 　2. D 　3. B 　4. A 　5. B 　6. D 　7. B 　8. A 　9. D
10. D

二、填空题

1. 消息 　2. 可重用性 　3. 抛出异常 　4. 宏 　5. 属性 　6. 静态多态
7. 函数模板 　8. 数据结构 　9. 数据结构 　10. cout

三、阅读程序题

1. 300100200

2. 20 　　　80 　　　80

3. −5

4. EFGH 　20 　　　20.6

5. 指针为空

四、改错题

1. #5 行改为 const char *s = "abcdef";。

2. #3 行改为 const int &f(const int &x, const int &y);。

3. #17 行改为::f();。

4. #3 行改为 double f(double x, double y);。

5. #3 行改为 cout << "max = " << max(1, 2, 3) << endl;。

   或 cout << "max = " << max(1.0, 2.0, 3.0) << endl;。

五、编程题（略）

测试 2

一、选择题

1．C 　2．C 　3．D 　4．B 　5．D 　6．A 　7．A 　8．D 　9．B

10．C

二、填空题

1．对象程序设计 　2．可维护性 　3．inline 　4．父类或基类

5．动态多态 　6．类模板 　7．算法 　8．数据结构 　9．delete 　10．ofstream

三、阅读程序题

1．500

2．200

3．20

4．5,−1

5．0 　1 　2 　3 　4 　5 　6 　7 　8 　9

四、改错题

1．#3 行改为 const char *f(const char *s1, const char *s2);。

2．#11 行改为 cout << name::x << endl;。

3．#13 行改为 cout <<f(5,0) << endl;。

4．#3 行改为 int f(const int &a, const   int &b);。

5．#10 行改为 cout << sum(10.5, 20.0) << endl;。

   或 #4 行改为 T sum(T a, int b);。

五、编程题（略）

第 14 章

测试 1

一、选择题

1．D 　2．C 　3．B 　4．B 　5．B 　6．A 　7．A 　8．D 　9．D

10．A

二、填空题

1．对象 　2．封装 　3．权限 　4．class 　5．析构函数 　6．复制构造

7．this 　8．封装和隐藏 　9．数据 　10．成员函数

三、阅读题

1．students,study,hard

2．In CEx1,In CEx

四、改错题

1. 题目 1：#5 行改为 CEx(const char *s) {;。题目 2：#13 行改为 CEx(CEx &x){;。

2. 题目 1：#5 行改为 protected: int x;。题目 2：#12 行改为 CEx2(int x):CEx(x) { };。题目 3：#17 行改为 return *this;。

五、编程题（略）

测试 2

一、选择题

1. A   2. B   3. C   4. A   5. D   6. C   7. D   8. C   9. D
10. C

二、填空题

1. 多态性   2. 操作或方法   3. 空类   4. 构造函数   5. friend   6. const

7. 成员函数   8. 泛型算法   9. 运算符   10. 父类

三、阅读题

1. m*n=600;x+y=30;x+y=30

2. In CEx2;In CEx1

四、改错题

1. 题目 1：#13 行改为 CEx(CEx &x){;。题目 2：#18 行改为 void show(){;。

2. 题目 1：#5 行改为 virtual void f() {;。题目 2：#17 行改为 void f() {;。题目 3：#21 行改为 void show(CEx *x) {;。

五、编程题（略）

第 15 章

测试 1

一、选择题

1. C   2. B   3. C   4. C   5. A   6. D   7. A   8. B   9. D
10. D

二、填空题

1. 消息   2. 应用程序框架   3. 资源编辑器   4. CDialogEx   5. 初始化

6. 事件处理程序   7. CGdiObject   8. 位图   9. ID   10. OnChar()

三、阅读题

1. 在对话框窗口（0，10）的位置显示资源 ID 为 IDB_BITMAP_01 位图。

2. 在创建对话框窗口后立即将 ID 为 IDC_EDIT1 的控件设置为禁用状态。

3. 当用户在对话框窗口单击鼠标右键弹起时，会弹出消息窗口显示弹起时鼠标的坐标。

4. 当用户按下按钮 Button1 奇数次，启动定时器，按下按钮 Button1 偶数次，则关闭定时器。

5. 当接到定时器消息，在窗口内绘制亮度高低、低高渐变的灰白矩形。

四、改错题

1. #5 行改为 static CFont MyFont;。

2. #5 行改为 COLORREF OldColor, NewColor = RGB(255, 255, 0);。

3. #6 行改为 BITMAP bm;。

4. #4 行改为 SetTimer(1,1000,NULL);。

5. #4 行改为;Invalidate();。

五、编程题（略）

测试 2

一、选择题

1. D　　2. C　　3. B　　4. C　　5. A　　6. B　　7. D　　8. B　　9. C
10. D

二、填空题

1. 标准化　　2. Unicode　　3. 对话框模板　　4. 事件处理程序　　5. OnPaint
6. CEdit　　7. CDC　　8. 窗口变化　　9. ASCII　　10. OnClose 函数

三、阅读题

1. 绘制一倒置蓝色等腰三角形，顶点坐标依次为：（10，10）、（110，110）、（210，10）。

2. 在创建对话框窗口后立即将 ID 为 IDC_EDIT1 的控件隐藏。

3. 当用户在对话框窗口双击鼠标左键，提示用户是否退出程序，单击"确定"按钮即可退出。

4. 重载对话框窗口类的 PreTranslateMessage 函数，将键盘消息发往对话框窗口。

5. 当用户按下键盘字符键，会弹出消息窗口显示用户刚刚按下的字符。

四、改错题

1. #5 行改为 UpdateData(FALSE);。

2. #5 行改为 dc.TextOut(point.x, point.y,"在鼠标处使用 TextOut 输出");。

3. #5 行改为 pOldBrush=dc.SelectObject(&NewBrush);。

4. #11 行改为 CBitmap*pOldBitmap = MemDC.SelectObject(&bmp);。

5. #01 行改为 BOOL CMyTestDlg::OnInitDialog();。

五、编程题（略）

第 16 章

测试 1

一、选择题

1. B　　2. C　　3. A　　4. B　　5. C　　6. A　　7. D　　8. B　　9. C
10. D　　11. A　　12. C　　13. B　　14. A　　15. D　　16. C　　17. D　　18. B
19. D　　20. A　　21. B　　22. D　　23. A　　24. B　　25. C　　26. B　　27. A

28．B　　29．B　　30．B

二、填空题

1．时间复杂度．空间复杂度　　2．非线性结构　　3．双向链表　　4．先进先出

5．(46,56,38,40,79,84)　　6．清晰　　7．易维护　　8．对象　　9．文档

10．数据流图　　11．组装　　12．功能，性能　　13．逻辑数据模型　　14．属性

15．增加

测试 2

一、选择题

1．D　　2．D　　3．B　　4．A　　5．D　　6．C　　7．C　　8．C　　9．A

10．C　　11．C　　12．D　　13．B　　14．D　　15．A　　16．D　　17．D　　18．C

19．B　　20．D　　21．A　　22．B　　23．B　　24．A　　25．C　　26．A　　27．C

28．A　　29．A　　30．C

二、填空题

1．有穷性　　2．相邻　　3．读栈顶元素　　4．O(nlog2n)　　5．非线性结构

6．存储结构　　7．n/2　　8．上溢　　9．中序　　10．DEBFCA

11．重复（或循环）　　12．实例　　13．调试　　14．一对多　　15．关系模型

第 17 章

第一套试题

一、选择题

1．A　　2．C　　3．C　　4．A　　5．C　　6．A　　7．D　　8．C　　9．B

10．B　　11．C　　12．A　　13．B　　14．A　　15．D　　16．D　　17．D　　18．D

19．D　　20．B　　21．B　　22．D　　23．C　　24．B　　25．A　　26．C　　27．D

28．A　　29．A　　30．D　　31．C　　32．D　　33．B　　34．A　　35．B　　36．B

37．C　　38．D　　39．B　　40．A

二、程序填空

（1）n

解析：第一个 for 循环遍历所有数并求和，将和赋值给变量 avg 中，题目要求进行平均值的比较，所以第一个空所在语句应该求平均值，所以第一个空为成绩的总数 n。

（2）sum

解析：第二个 for 循环是找出大于平均值的成绩和个数。所以第二个空所在语句应该是求和，为 sum。"k++；"语句是记录大于平均成绩的成绩个数。

（3）sum/k

解析：题目要求返回高于平均成绩的平均成绩，所以第三个空为 sum/k。

三、程序修改

1．for(i=0;i<n;i++)应改为 for(i=1;i<n;i++)

解析：fun 函数中的 for 循环语句用来找出 n 的因子，并将其存放在数组中，由于因子从整数 1 开始计算，所以 "for(i=0;i<n;i++)" 应改为 "for(i=1;i<n;i++)"。

2．k=m;应该为*k=m;

解析：k 是一个指针变量，在赋值时需要在前面加上说明符，所以"k=m;"应该为"*k=m;"。

3．t=0 应改为 t==0。

解析：if 的作用是，当 t 为 0 时，即 n 正好等于各因子之和时，函数返回值为 1。这里"="是赋值运算符，所以"t=0"应改为"t==0"。

四、程序编写

解题思路：对于一个任意输入的字符串，fun 函数中的形参指针 t 指向它的第一个元素的地址，首先对数组中的第一个元素与第二个元素进行比较，如果第二个字符的 ASCII 码比第一个字符的 ASCII 大 1，则这两个字符连续递增；同理对第二个元素和第三个元素进行比较，直到将倒数第二个元素和最后一个元素进行比较。如果一直符合条件，则返回非零的 int 型整数，如果中间有一处不符合，则结束循环，返回值为 0。

参考答案：

```
int  fun(char *t)
{ int k=0,i=0;
  while(t[i+1])
    { if(t[i+1]==t[i]+1)
       { k++;
         i++;
       }
      else
         { k=0;
           break;
         }
    }
return k;
}
```

第二套试题

一、选择题

1. A	2. D	3. A	4. C	5. C	6. C	7. D	8. D	9. D
10. A	11. C	12. A	13. A	14. B	15. B	16. A	17. A	18. D
19. A	20. C	21. D	22. C	23. B	24. C	25. D	26. C	27. C
28. D	29. A	30. C	31. D	32. B	33. B	34. A	35. D	36. C
37. D	38. B	39. D	40. C					

二、程序填空

（1）a=0,b=0,k

解析：fun 函数中，首先需要定义 a、b、k，由于变量 a 和 b 在下面的运行语句中有自增操作，所以需要赋初值，所以第一空填"a=0,b=0,k"。

（2）k

解析：第二空是 while 循环条件，题目要求中提到当输入 0 时结束输入，所以当 k 不等于 0 时，即执行 while 语句，故第二空填"k"或其他等价形式。

（3）scanf("%d", &k)

解析：题目要求不断从终端读入整数，直到输入 0 时结束，所以当 k 不为 0 时，需要继续输入整数，故第三空填"scanf("%d", &k)"。

三、程序修改

1．n=strlen(a);

解析：判断字符数组的长度应该用 strlen 函数。

2．if(a[i]>='a'&&a[i]<='z');

解析：根据题意，两个判断条件应该同时存在，所以用逻辑与"&&"。

3．max=i;

解析：此处应将 i 赋值给变量 max。

四、程序编写

解题思路：首先可以通过 for 循环语句遍历数组 a 中元素，找出最大值和最小值，并求出数组 a 中所以元素之和；然后将所得的和减去最大值和最小值，以便求出所需的平均值。

参考答案：

```
double fun(double  a[ ] , int  n)
{
  double min,max,s,avg;
  int  i;
  min=a[0];
  max=a[0];
  s=0.0;
  avg=0.0;
  for(i=0;i<n;i++)
  {  if(min>a[i])
       min=a[i];
     if(max<a[i])
       max=a[i];
     s+=a[i];
  }
  avg=(s-min-max)/(n-2);
  return  avg;
  }
```

第三套试题

一、选择题

1．B　　2．A　　3．B　　4．D　　5．B　　6．D　　7．A　　8．A　9．D

10. C	11. A	12. C	13. A	14. C	15. B	16. D	17. D
18. C	19. B	20. A	21. A	22. B	23. A	24. A	25. A
26. A	27. C	28. C	29. D	30. C	31. D	32. C	33. B
34. B	35. D	36. D	37. B	38. A	39. D	40. C	

二、程序填空

（1）x

（2）n

（3）t

三、程序修改

1. fun(int n)改为 float fun(int n)

解析：C 语言规定，凡不加类型说明的函数，一律自动按整型处理。根据题意，函数返回值为实型。

2. return sum 改为 return sum;。

四、程序编写

参考答案：

```
double  fun(STREC *h)
{ STREC  *p;
  double aver=0;
  p=h->next;
  while(p!=0)
    { aver=aver+p->s;
      p=p->next;
    }
  aver=aver/N;
  return aver;
```

第四套试题

一、选择题

1. D	2. C	3. A	4. C	5. D	6. C	7. A	8. B
9. D	10. A	11. C	12. A	13. C	14. D	15. D	16. B
17. C	18. C	19. D	20. A	21. B	22. D	23. A	24. C
25. D	26. B	27. B	28. D	29. A	30. B	31. C	32. A
33. B	34. D	35. A	36. C	37. C	38. B	39. A	40. B

二、程序填空

（1）*(s+i)或与此语句相同功能的语句

（2）k

（3）0

三、程序修改

1. 函数名 void fun(int a)应改为 fun(int *a)

2. aa[j]=a[j-1]应改为 a[j]=a[j-1]

四、程序编写

参考答案：

```
void fun(int array[3][3])
{ int i,j;int b[3][3];
  for(i=0;i<3;i++)
  for(j=0;j<3;j++)
  b[j][i]=array[i][j];
  for(i=0;i<3;i++)
  for(j=0;j<3;j++)
  array[i][j]=b[i][j];
}
```

第五套试题

一、选择题

1. C	2. D	3. A	4. C	5. B	6. C	7. C	8. B
9. A	10. A	11. D	12. B	13. A	14. A	15. C	16. B
17. A	18. D	19. C	20. A	21. C	22. A	23. D	24. C
25. B	26. D	27. B	28. B	29. D	30. A	31. D	32. C
33. D	34. D	35. C	36. C	37. B	38. A	39. C	40. C

二、程序填空

（1）m=0

（2）dt[i]<dt[m]

（3）dt[0]=dt[m]

三、程序修改

1．j=j+2

解析：for 循环的作用是遍历 s1 和 s2，条件是 s1 和 s2 都没有到结尾，若其中一个到结尾，则退出循环，循环体中是按题目要求给 s3 赋值，每循环一次，s3 赋两个值，所以其下标 j 的步长应将 j=j+1 修改为 j=j+2。

2．s3[j]=s2[i];

解析：for 循环结束后，判断 s1、s2 是哪一个先到结尾的，本题判断是 s2，若 s2 没到结尾，则把 s2 余下的依次赋给 s3；否则则是 s1 没到结尾，将 s1 余下的依次赋给 s3，即 s3[j]=s1[i]。同理需修改的"s3[i]=s2[j];"应改为"s3[j]=s2[i];"

3．s3[j]='\0';

解析：给 s3 赋字符串结束标准 0 或'\0'，位置应为最后一个字符的下一位，即 j。所以"s3[j-1]='\0';"应该改成"s3[j]='\0';"

四、程序编写

参考答案：

```
{ int i,j,k=0,s;
  for(i=1000;i<n;i++)
  {s=0;j=i;
   while(j>0)
     {s+=(j%10)* (j%10)* (j%10)* (j%10);
      j=j/10;}
   if(s==i) result[k++]=i;
  }
  return k;
}
```

参 考 文 献

1. 谭浩强. C 程序设计[M]. 3 版. 北京：清华大学出版社，2005.

2. 郭来德，吕宝志，常东超. C 语言程序设计[M]. 北京：清华大学出版社，2010.

3. 杨路明. C 语言程序设计教程[M]. 北京：北京邮电大学出版社，2005.

4. 牛志成，徐立辉，刘冬莉. C 语言程序设计[M]. 北京：清华大学出版社，2009.

5. 何钣铭，颜辉. C 语言程序设计[M]. 北京：高等教育出版社，2008.

6. 田淑清. 全国计算机等级考试二级教程——C 语言程序设计[M]. 北京：高等教育出版社，2009

7. 常东超，高文来. 大学计算机基础教程[M]. 北京：高等教育出版社，2009.

8. 常东超，高文来. 大学计算机基础实践教程[M]. 北京：高等教育出版社，2009.

9. 张志强，Windows 编程技术[M]. 北京：机械工业出版社，2003.

10. 张志强. 周克兰. C 语言程序设计[M]. 北京：清华大学出版社，2011.

11. 张志强，张博文. VC++高级编程技术[M]. 北京：机械工业出版社，2016.

12. 张志强. 计算机等级考试(C 语言)试卷汇编与解析[M]. 苏州：苏州大学出版社，2017.

13. 张志强. 计算机等级考试(VC++)试卷汇编与解析[M]. 苏州：苏州大学出版社，2017.

14. Bruce Eckel. Thinking in C++[M]. Prentice Hall,Inc. ,1995.

15. Chris H Pappas,William H Murray. The Visual C++ Handbook[M]. McGraw-Hill,1994.